U0302294

中华泰山文库·著述书系

泰山风景名胜区管理委员会　编

陆松年
相振群
王惠初
牛健

编著

泰山新太古代
地质演化史（上）

山东人民出版社·济南

图书在版编目（CIP）数据

泰山新太古代地质演化史（上）／陆松年等著.－－济南：山东人民出版社，2018.12
（中华泰山文库．著述书系）
ISBN 978-7-209-11357-1

Ⅰ．①泰… Ⅱ．①陆… Ⅲ．①泰山－前寒武纪地质－研究 Ⅳ．①P562.523

中国版本图书馆CIP数据核字(2018)第041964号

项目统筹　胡长青
责任编辑　张艳艳
装帧设计　武　斌　王园园
项目完成　文化艺术编辑室

泰山新太古代地质演化史（上）
TAISHAN XINTAIGUDAI DIZHI YANHUASHI (SHANG)

陆松年　相振群　王惠初　牛　健　编著

主管部门　山东出版传媒股份有限公司
出版发行　山东人民出版社
出 版 人　胡长青
社　　址　济南市英雄山路165号
邮　　编　250002
电　　话　总编室（0531）82098914
　　　　　市场部（0531）82098027
网　　址　http://www.sd-book.com.cn
印　　装　北京图文天地制版印刷有限公司
经　　销　新华书店

规　　格　16开（210mm×285mm）
印　　张　19
字　　数　270千字
版　　次　2018年12月第1版
印　　次　2018年12月第1次
ISBN 978-7-209-11357-1
印　　数　1-1000
定　　价　260.00元
　　　　　如有印装质量问题，请与出版社总编室联系调换。

《中华泰山文库》编委会

总编纂 姚 霆

主　编 刘　慧　叶　涛

学术委员会

　　主　任 袁行霈

　　委　员（按姓氏笔画排列）

　　　　　　王秋桂　叶　涛　汤贵仁　刘　慧　刘晓峰

　　　　　　刘魁立　孙玉平　李法曾　陆松年　周　郢

　　　　　　郑　岩　赵世瑜　科大卫　朝戈金

编纂委员会

主　任　姚　霆　王光锋

委　员　万庆海　吕继祥　刘　慧　王建雷　马生平

　　　　张春国　苏庆华　闫　腾　袁庆敏

出版委员会

主　任　胡长青

副主任　王　路

委　员　刘　晨　杨云云　孙　姣　张艳艳　赵　菲

　　　　李　涛　刘娇娇　吕士远

特约编审　张玉胜　王玉林　郑　澎　孟昭水

立岱宗之弘毅

——序《中华泰山文库》

一生中能与泰山结缘，是我的幸福。

泰山在中国人民生活中有着广泛而深远的影响，人们常说"重于泰山""泰山北斗""有眼不识泰山"……在中国人心目中，泰山几乎是"伟大""崇高"的同义语。秉持泰山文化，传承泰山文化，简而言之，主要就是学做人，以德树人，以仁化人，归于"天人合德"的崇高境界。

自1979年到现在，我先后登临岱顶46次，涵盖自己中年到老年的生命进程。在这漫长岁月里，纵情山水之间，求索天人之际，以泰山为师，仰之弥高，探之弥深。从泰山文化的博大精深中，感悟到"生有涯，学泰山无涯"。

我学习泰山文化，经历了一个由美学考察到哲学探索的过程。美学考察是其开端。记得在20世纪80年代，为给泰山申报世界文化与自然遗产做准备，许多专家学者对泰山的文化与自然价值进行了考察评价。当时，北京大学有部分专家教授包括我在内参加了这一工作。按分工，我研究泰山的美学价值，撰写了《泰山美学考察》一文，对泰山的壮美——阳刚之美的自然特征、精神内涵以及对审美主体的重要作用，有了较深的体悟。除了理论上的探索，我还创作了三十多首有关泰山的诗作，如《泰山颂》：

高而可登，雄而可亲。

松石为骨，清泉为心。

呼吸宇宙，吐纳风云。

海天之怀，华夏之魂。

这是我对泰山的基本感受和认识。这首诗先后刻在了泰山的朝阳洞与天外村。

我认为泰山的最大魅力在于激发人的生命活力。我对泰山文化的学习，开端于美学，深化在哲学。两者往往交融在一起。在攀登泰山时，既有审美的享受，又有哲学的启迪（泰山自然景观和人文景观的结合，体现了一种天人合一的艺术境界）。对泰山的审美离不开形象、直觉，哲学的探索则比较抽象。哲学关乎世界观，在文化体系中处于核心地位，对人的精神影响更为深沉而持久。有朋友问我：能否用一个词来概括泰山对自己的最深刻的影响？我回答：这个词应该是生命的"生"。可以说，泰山文化是以生命为中心的天人之学，其内涵非常丰富，可谓中国文化史的一个缩影。泰山文化包容儒释道，但起主导作用的是儒家文化，与孔子思想有千丝万缕的联系。《周易·系辞下》中讲"天地之大德曰生"，天地生育万物，既不图回报，也不居功，广大无私，包容万物，这是一种大德。天生人，人就应当秉承这种德行，对于人的生命来说，德是其灵魂。品德体现了如何做人。品德可以决定一个人的人生方向、道路乃至生命质量。人的价值和意义离开德便无从谈起。蔡元培先生讲："德育实为完全人格之本，若无德，则虽体魄智力发达，适足助其为恶，无益也。"

"天行健，君子以自强不息；地势坤，君子以厚德载物。"这两句话深刻地体现了"天人合德"的思想。学习泰山文化要与时代精神相结合。泰山文化中"生"的精神对我影响很大，近四十年，我好像上了一次人生大学，感到生生不已，日新又新，这种精神感召自己奋斗、攀登，为人民事业做奉献。虽然我已经97岁，但生活仍然过得充实愉快，是泰山给了我新的生命。

泰山文化是中华民族优秀传统文化的主要象征之一，是我们民族文化的瑰宝。在这方面，历史为我们留下了浩瀚的资料，亟待整理。挖掘、整理泰山文化，是推动中华优秀文化遗产的创造性转化、创新性发展的迫切需要。

日前，泰山风景名胜区管理委员会的同志来舍下，告知他们正在编纂《中华泰山文库》。丛书分为古籍、著述、外文及口述影像四大书系，拟定120卷本，洋洋五千万言，计划三到五年完成。我听了非常振奋！这是关乎泰山文化的一件大事，惠及当今，功在后世，是一项了不起的文化工程。我对泰山风景名胜区管理委员会领导同志的文化眼光、文化自觉、文化胆识和文化担当，表示由衷钦佩；对丛书的编纂，表示赞成。我认为，编纂《中华泰山文库》丛书，将其作为一个新的文化平台，重要意义在于：

首先，对于泰山文化的集成，善莫大焉。关于泰山的文献，正所谓"经典沉深，载籍浩瀚"（刘勰《文心雕龙》）。从大汶口文化时期的象形符号，到文字记载的《诗经》，再到二十五史，直至今天，在各个历史阶段都不曾缺项。一座山留下如此完整、系统、海量的资料，这是任何山岳都无法与其比肩的，在世界范围内也具有唯一性。《中华泰山文库》的编纂，进一步开拓了泰山文化的深度和广度，对于古今中外泰山文化资料及研究成果的发掘、整理、集成、保存，都具有无与伦比的综合性、优越性和权威性，可谓集之大成；同时，作为文化平台，其建设有利于文化资源和遗产共享。

其次，对于泰山文化的研究，善莫大焉。文献资料是知识的积累，是前人智慧的结晶，是文化、文明的成果。任何研究离开资料，都是无米之炊。任何研究成果都是建立在资料的基础上。同时，每当新的资料出现，都会给研究带来质的变化。《中华泰山文库》囊括了典籍志书、学术著述、外文译著、口述影像多个门类，一方面为学术研究提供了所必需的文献资料，大大方便了研究者的工作；另一方面，宏富的文献资料便于研究者海选、检索、取舍、勘校，将其应用于研究，以利于更好地去伪存真、去粗取精，提高研究效率和研究质量。

再次，对于泰山文化的创新，善莫大焉。文化唯有创新，才会具有更强大的生命力。所以说，文化创新工作永远在路上。新时代泰山文化的创新，质言之，泰山文化如何引领新时代的精神文明，服务于新时代的精神文明建设，是一个重大课题。就其创新而言，《中华泰山文库》丛书的编纂本身就是一种立意高远的文化创新。它有目的、有计划、有系统地广泛征集、融汇泰山文献资料，集腋成裘，聚沙成塔，夯实了泰山文化的基础，成为泰山文化创新的里程碑。另外，外文书籍的编纂，开阔了泰山走向世界、世界了解泰山的窗口，对于泰山更好地走向世界、融入世界，具有重要的现实意义。而口述泰山的编纂，则是首开先河，把音频、影像等鲜活的泰山文化资料呈现给世人。《中华泰山文库》的富藏，为深入研究泰山的文化自然遗产，提供了坚实的物质保障。

最后，对于泰山文化的传承，善莫大焉。从文化的视角着眼，随着经济社会的发展变革，亟须深化对优秀传统文化重要性的认识，以进一步增强文化自觉和文化自信；通过深入挖掘优秀传统文化价值内涵，进一步激发其生机与活力；着力构建优秀传统文化传承发展体系，使人民群众得到深厚的文化滋养，不断提高文化素养，以增强文化软实力。毋庸讳言，《中华泰山文库》负载的正是这样一个优秀传统文化传承发展体系。如上所述，集成、研究、创新的最终目的，就是为了增强泰山文化的生命力，祖祖辈辈传承下去，延续、共享这一人类文明的文化成果。这是一个民族兴旺发达的源泉所在。《中华泰山文库》定会秉承本初，薪火相传，继往开来。

更为可喜的是，泰山自然学科资料的整理和研究，也是《中华泰山文库》的重要组成部分，无论是地质的还是动植物的，同样是珍贵的世界遗产。

中国共产党第十九次全国代表大会报告中指出："文化自信是一个国家、一个民族发展中更基本、更深沉、更持久的力量。必须坚持马克思主义，牢固树立共产主义远大理想和中国特色社会主义共同理想，培育和践行社会主义核心价值观，不断增强意识形态领域主导权和话语权，推动中华优秀传统文化创造性转化、创新性发展，继承革命文化，发展社会主义先进文化，不忘本来、吸收外来、面向未来，更好构筑中国精神、中国价值、中国力量，为人民提供精神指引。"这是我们编纂《中华泰山文库》丛书工作的指南。

编纂《中华泰山文库》丛书是一项浩繁的文化系统工程，要充分考虑到它的难度、强度和长度。既要有气魄，又要有毅力；既要正视困难，又要增强信心。行百里者半于九十，知难而进，迎难而上，才能善始善终地完成这项工作。这也是我的一点要求和希望。

值此《中华泰山文库》即将付梓之际，泰山风景名胜区管理委员会的同志嘱我为之作序，却之不恭，写下了以上文字。我晚年的座右铭是："品日月之光辉，悟天地之美德，立岱宗之弘毅，得荷花之尚洁。"所谓"弘毅"，曾子有曰："士不可以不弘毅，任重而道远。仁以为己任，不亦重乎？死而后已，不亦远乎？"故而，名序为：立岱宗之弘毅。

杨辛
2018年7月

前　言

　　2006年9月18日，对山东省泰安市政府和市民、对山东省地质工作者特别是对国内研究早前寒武纪的地质工作者来说，是一个激动人心、值得永远铭记的日子。因为这一天在英国北爱尔兰贝尔法斯特国际会议上泰山被联合国教科文组织评为世界地质公园（图1），它标志着泰山所蕴含的地质特色在全球地质科学中的重要地位及百余年来泰山地质工作所取得的成就得到了国际有关权威机构的认可和高度评价。泰山不仅属于中国，也属于全世界和全人类！

　　泰山的自然风景和人文历史早已享誉国内外。泰山以"五岳独尊"名扬天下，五岳中的"岳"，意即高峻的山。中国古代认为高山"峻极于天"，将位于中原地区的东、南、西、北和中央的五座高山定为"五岳"。根据2007年4月

图1　中国泰山世界地质公园

27日我国公布的第一批19座著名风景名胜山峰高程数据，五岳分别是：东岳泰山（海拔1532.7m），位于山东泰安市；西岳华山（海拔2154.9m），位于陕西华阴县；南岳衡山（海拔1300.2m），位于湖南长沙以南的衡山县；北岳恒山（海拔2016.1m），位于山西浑源县；中岳嵩山（海拔1491.7m），位于河南登封县。五岳是远古先民崇敬山神、五行观念和帝王封禅相结合的产物，它们以象征中华民族的高大形象而名闻天下。古代封建帝王把五岳看成是神的象征，但在中国的群山中泰山的海拔高度并不高，五岳中比西岳华山低近600米，地位所以如此崇高，缘于地理和历史两方面因素。从地理上看，首先泰山为黄河下游地区第一高山，其山南的大汶口文化和山北的龙山文化充分说明泰山地区是古代文明的发祥地之一。黄河流域经常发生大水，先民借泰山以躲避水灾，在他们心目中泰山是生命、种族、生活的地理依托。泰山的保佑使先人产生敬畏，泰山渐渐被神化。从历史上看，由于先人活动范围小、泰山在这个区域的第一高度，使祭天崇拜出现在泰山。这种崇拜并没有随生产力和知识的进步而消失，反而因中国古代帝王为加强自己的统治，不约而同地宣传"君权神授"的理论而加强。为了使这种理论得以证明，便有了封禅泰山的活动，使泰山祭天的作用得以延续。封建统治者的这种行为让泰山在人们心中的神山地位进一步强化，随后成为每代帝王一生必须做的大事之一。帝王登泰山始于秦始皇，相继有汉武帝、光武帝，唐代的高宗、武则天、玄宗，宋代的真宗，清代的康熙、乾隆等，他们到泰山巡游，留下了不少文物古迹。同时，泰山又是佛、道两教盛行之地，因而庙宇、道观遍布全山。泰山的自然风景和人文景观，也吸引着历代文人墨客，如李白、杜甫等漫游泰山，留下了许多优美的诗篇。

泰山文化内涵很深，历代文人墨客多慕名到此登临游览，留下了众多赋诗题词。孔子有"登泰山而小天下"之语；唐大诗人杜甫有"会当凌绝顶，一览众山小"的佳句。"会当凌绝顶，一览众山小"出自杜甫《望岳》一诗，一提起泰山，大家首先想到的，往往就是这篇名作。《望岳》中写道："岱宗夫如何？齐鲁青未了。造化钟神秀，阴阳割昏晓。荡胸生层云，决眦入归鸟。会当凌绝顶，一览众山小。"青年杜甫以这首诗热情赞美了泰山的雄伟气象，同时表现了自己的凌云壮志。

泰山还拥有2000多处摩崖石刻，其规模之大、精品之多、时代之久、书体之全，在国内外名山当中是无与伦比的。巍巍泰山就像一座民族的丰碑屹立于中华大地，举世瞩目。虽然到宋朝之后不再进行封禅，但崇拜活动却进一步扩大，黎民百姓无不知神山泰山。因此，在我国著名的五大山岳中，以泰山独尊，在玉皇顶附近有"五岳独尊"石刻一座（图2），标志着泰山的历史和社会地位。她是国泰民安和中国人精神的象征。"稳如泰山""重如泰山"分别是这两种象征的精辟概括。

由于优美的自然风景和独特的社会文化地位，1982年泰山被列入国家重点风景名胜区，1987年联合国教科文组织世界遗产委员会根据文化遗产和自然遗产遴选标准将泰山列入"世界遗产目录"，泰山从而成为全人类的珍贵遗产（图3）。世界遗产委员会对泰山的评价是："庄严神圣的泰山，两千年来一直是帝王朝拜的对象，其山中的人文杰作与自然景观完美和谐地融合在一起。泰山一直是中华人民共和国艺术家和学者的精神源泉，是古代文明和信仰的象征。"泰山东望黄海，西襟黄河，前瞻孔孟故里，背依泉城济南，以拔地通天之势雄峙于中国东方，以五岳独尊的盛名称誉古今，可视为中华民族的精神象征、华夏历史文化的缩影，是融自然与文化遗产为一体的世界名山。

然而，泰山的风景、历史和文化均与泰山地质紧密相连。绚丽多彩的现

图2 清光绪丁未年间的"五岳独尊"石刻

图3　泰山世界文化与自然遗产纪念碑

代文明是人类历史发展的产物，美丽奇特的自然景观是地质历史的演变结果。现代科学研究表明，泰山具有极高的历史文化价值、风格独特的美学价值和世界意义的地质科学价值。泰山的历史从石头开始，泰山的文化由石刻延续。本书将从近28亿年前的地质历史回溯泰山演变过程，并重点揭开地史中"新太古代"泰山神秘的面纱，探讨泰山在全球地质科学中的意义。

　　泰山地处我国山东省，按地貌特征划分，属鲁中南山地丘陵区。山东境内中部山地突起，西南、西北低洼平坦，东部缓丘起伏，形成以山地丘陵为骨架、平原盆地交错环列其间的地形大势。泰山雄踞中部，主峰海拔1532.7m（原测量数据为1545m），为全省最高点。黄河三角洲一般海拔2～10m，为全省陆地最低处。按地形的空间分布特征，山东分为鲁中南山地丘陵区、胶东丘陵区、鲁西南—鲁西北平原区及现代黄河三角洲4个地貌分区。

　　对泰山所属大地构造位置在不同研究阶段，有不同的划分方案。按曹国权早年划分（1987，1996），泰山地处我国东部大陆边缘构造活动带的西部，位于华北地台鲁西地块鲁中隆断区内，是华北地台的一个次级构造单元。作者在新出版的《中国变质岩大地构造》（陆松年等，2017）中将泰山划为华北陆块区（克拉通）鲁西陆块的一部分，属泰安—蒙阴新太古代岩浆弧。泰山岩群是华北地区最古老的地层之一，记录了自新太古代以来漫长而复杂的演化历史。泰山是天造地设的自然地质博物馆，也是当前国际地学界早前寒武纪、早古生代地层和新构造运动的地质研究前缘热点和经典地区。

泰山2005年9月19日正式被国务院批准为国家地质公园，瞬即在山东省和泰安市有关部门的领导下开展了申报世界地质公园的各项准备工作，并于2006年9月18日在英国北爱尔兰贝尔法斯特国际会议上被联合国教科文组织评为世界地质公园。

一、研究史简要回顾

泰山地质研究历史至今已有近150年之久，作者将这150年基础地质研究史大致划分为4个阶段：第一阶段从1872年到1949年新中国成立前为泰山基础地质工作的启动阶段，仅有少数地质学家开展了地质调查和研究。第二阶段从1949年新中国成立到1976年，大面积的地质调查工作全面启动，特别是20世纪五六十年代末期对山东西部山区的大片结晶基底杂岩进行了区域地质调查，取得重要资料和进展。毋庸讳言，这一阶段发生的"文化大革命"曾使地质工作受到过极大冲击。第三阶段为从1976年到2006年的30年，泰山及邻区地质工作不断深化，使泰山地质工作处于前所未有的发展阶段。从1976年开始，山东省开展了第二轮区域地质调查，第一代《山东区域地质志》于1991年出版，一系列涉及泰山及邻区地质的研究成果问世。在大量区域地质调查工作的基础上，泰山及邻区地质获得了丰富的基础地质资料，构建了与现今大致相近的认识，地质工作得到飞速发展。2005年国家地质公园及2006年世界地质公园的申请，对泰山地质工作做了较全面的总结。国家地质公园和世界地质公园的申报成功，让人们对泰山深厚的地质内涵及重要的科学意义有了更多了解。第四阶段从2006年至今，泰山正从中国走向世界，地质研究水平不断提高，山东省第二代《区域地质志》不久将正式出版。泰山地质与自然及人文历史的有机融合，使泰山向更高水平的集保护、科研、普及、交流于一体的基地迈进。

第一阶段　中华人民共和国成立前

泰山是中国早前寒武纪地质研究的经典地区之一，早在一百多年前，德国地质学家李希霍芬（F.V.Richthofen）首先将泰山地区变质岩命名为"泰山系"；1907年美国地质学家维里斯（B.Willis）和布莱克威尔德（E.Blackwelder）认为泰山地区主要由太古宙火成变质岩组成，改称为"泰山杂岩"。但直至1949年的数十年间，泰山地区的地质调查和科学研究仅有少数地质学家开展过地质工作（表1）。

表1　　　　　　　　　　　　**泰山地质研究工作简表**

序号	时间（年）	作者	主要成果
1	1872	李希霍芬（F.V.Richthofen）	将泰山地区变质岩命名为泰山系
2	1903～1907	维里斯（B.Willis）布莱克威尔德（E.Blackwelder）	认为泰山地区变质岩以火成变质岩为主，称为"泰山杂岩"，形成时代为太古代，并称为泰山纪
3	1913	华可托Walcott	研究了张夏、崮山一带寒武纪地层中古生物化石
4	1923～1943	孙云铸	对张夏、崮山一带的寒武纪地层做了划分，划分了三叶虫化石带
5	1935	冯景兰、王植	对泰山进行地质路线考察，划分了岩浆旋回
6	1939～1943	远腾隆次（S.Endo）、小林真一（R.Imaizumi）	将泰山地区的岩浆旋回划分为"泰山期"

（据吕朋菊等，2002）

除上述表1中所列研究工作外，20世纪20年代前后，中国地质工作者开始在山东省开展地质工作。如谭锡畴（1924）编制了1∶100万中国地质图说明书（北京、济南幅），首次对山东地质构造进行了较为详细的论述，尤其是对鲁西各主要断裂和潍河断裂的性质、活动方式都有了一定的说明，是当时重要的研究报告。王恒升的《山东东部地质》（1930），较详细地论述了鲁东地区的一些地质构造。30年代早中期，部分学者对山东省个别区段进行了较为详细的调查，如：《山东东部荣成、青岛段地质构造》（杨杰，1936）；《山东胶东各县地质概要》（王绍文，1934）等。40年代，秦鼐（1948）据前人资料编绘了中国地质图（1∶100万青岛幅），是旧中国有关山东省构造方面较为完善的专著。民国时期李四光在很多文章中提到了东亚地质构造问题，创建了新华夏系，将山东的东部划归大背斜（后来的第二隆起带），西部划归大向斜（第二沉降带）。潍河断裂划归新华夏系，并对伴生的泰山式、大义山式断裂有精辟的论述。此外，对鲁西系旋转构造的确立也起了重要作用。

第二阶段　1949～1976年

中华人民共和国成立以后，以山东省地质局为主的地质工作者开展了大面积的地质调查工作，一批省外的地质工作者也开展了不同领域的研究。根据《山东省区域地质志》资料，20世纪50年代末期对山东西部山区的大片结晶基底杂岩进行了区域地质调查。60年代初中国地质科学院程裕淇、沈其韩、王泽九、郑良峙等合作对新泰县雁翎关一带的地层、混合花岗岩及变质基性火山沉积岩做了深入研究。与此同时，山东省地质局805队在程裕淇教授指导下，在泰山附近填制了1∶5万泰安幅地质图，应思淮（1980）等也在泰山做了岩石学方面的研究。

50年代，因为当时的技术力量薄弱，主要围绕已知矿床外围做一些构造地质工作。刘国昌、马子骥（1950）著有《胶东北部地质概测》；刘国昌、杨博泉1951年在莱芜、新泰、蒙阴测制了1∶40万地质图，面积6000km^2，其中对区内的构造有详细的论述。强调北西向断裂是省内主要断裂，它们组合呈一个"多"字形构造，进一步确立了莱芜弧形断裂的存在。张治洮（1957）对淄博盆地构造做了某些探讨。张文佑、黄汲清等在一些文章中多次采用了"山东中部沂沭断裂带"一词，是"沂沭断裂带"的最早命名者。

1958～1961年，在山东省内基岩裸露区全面开展了1∶20万区域地质调查工作。其中，东经120°以西由山东地质局和北京地质学院区测一大队完成；东经120°以东由长春地质学院山东区测队完成。这次区域地质调查工作投入了大量的人力、物力，形成了丰富的地质资料，取得了丰硕的地质成果，首次对山东的地质构造有了全面的了解，建立了山东省主要断裂和褶皱构造，基本弄清了全省的构造轮廓和格架。从传统的大地构造概念出发，对山东大地构造属性给予了明确的分类和命名，并对构造的生成和发展过程给予了分析和论述。这次工作的另一个重要成果就是确定了"沂沭断裂带"的存在和命名，准确地圈定了沂沭断裂带中四条主干断裂的空间分布、产出状态及运动性质，而且对不同时期的活动方式都做出了深刻的判断，确认它是一条规模巨大、深切地幔、长期活动的深大断裂。沂沭断裂带自太古宙就开始活动，新元古代和白垩纪为裂谷活动，且是地震危险区。总之，这一轮区调奠定了山东省地质工作的基础，并在较长一段时期内广为地质工作者所引用。

60年代，地质综合研究取得了丰硕的成果。1963~1968年山东省地质局805地质队对东经120°以东的地区进行了重测和修编，使该区的地质构造研究得到了进一步完善。在此基础上，山东省地质研究所于1961年发表了《山东省大地构造单位划分及命名的初步意见》、李志超1962年《胶东地区断裂构造初步认识》及《山东半岛地质构造发展过程中基底断裂的作用》、于丕休和强祖基1963年的《沂沭断裂地质构造及其形成机理的一些问题》等。为了系统整理和研究这些成果，李宝诒和沙业学于1965和1966年分别编制了1∶100万山东省地质图及说明书和1∶100万山东省大地构造图及说明书。山东省805地质队也编制了1∶50万山东省地质图及说明书。

同期，因石油、煤田普查的需要，先后对鲁西南和鲁北第四系覆盖区进行了一些物探和钻探工作。70年代初期，山东省煤田勘探公司对鲁西南第四系覆盖区编制和出版了1∶20万地质图（1974），基本查清了覆盖区的构造格架、断裂性质及其对煤田的控制，并指出了找矿方向，为后来在济宁、兖州等地找到巨大煤田打下了坚实的基础。在鲁北第四系覆盖区，胜利油田指挥部和华东石油学院开展了大规模石油普查和勘探工作，测制了各种比例尺的地质构造图件，基本查清了古近纪的含油构造，并对凹陷区内的潜凸起和凹陷的分布及成生发展过程进行了分析，代表性的是刘泽蓉1977年著的《冀鲁帚状构造体系及其油气关系》等。

第三阶段　1976~2006年

在第三阶段的30年间，山东省于1976年开始开展了第二轮区域地质调查，完成了大量基础地质工作。1991年编制出版《山东省区域地质志》，对山东区域地质进行了第一轮的全面总结。此后从"文革"结束的1976年至2006年，在著名地质学家、中国科学院院士程裕淇和山东省地质局曹国权总工等领导下，山东地质工作又取得了一批重要的地质资料和研究成果。除程裕淇院士、曹国权总工外，沈其韩、江博明、王泽九、庄育勋、王世进、万渝生等及山东省地质局的一批地质科学家均做出重要贡献。

　　泰山及邻区是华北克拉通的重要组成部分，是新太古代花岗岩–绿岩带的典型地区，也是揭示新太古代花岗岩–绿岩带乃至华北克拉通形成与演化的关键地区。泰山地区是建立鲁西早前寒武纪地质演化框架的标准地区。对这一时期的工作，曹国权等在1987年发表的《鲁西山区与早、中前寒武系有关的几个地质问题的新认识》一文中做了阶段性总结。

　　这一时期的工作明确了"泰山群"包括三种性质不同的火山沉积旋回。最早为雁翎关基性火山沉积岩系，相继有山草峪硬砂质沉积岩系，最后为柳杭中酸性火山沉积岩系。"泰山群"的岩性，程裕淇等（1982）认为"与世界上有名的太古宙绿岩带有一定相似之处"。雁翎关组下部达300 m处的透闪片岩、阳起石岩（原岩为熔岩），可认为是高铁镁、高Ca/Al比，低钛低钾而SiO_2含量又大于45%的超基性科马提岩。同时还明确了古老结晶基底均出露于断块南侧，它们大多是变质火山沉积岩及几经变质改造的英云闪长岩类和花岗闪长岩类共同组成的庞大杂岩。对此前划分为地层部分的"万山庄组""太平顶组"的性质，是地层还是岩体的问题提出了新认识，认为是地层中的原岩遭受强烈混合岩化的结果，无疑这些认识为后续工作奠定了基础。

　　80年代末以来，中法合作对泰山杂岩的研究（Jahn et al，1988）以及山东区调队1∶20万泰安市幅、新泰幅修测研究表明，原划的五个岩组主体上是一套经强烈变形作用改造形成的具条带状、层状外貌的英云闪长岩。同时提出泰山地区乃至鲁西地区前寒武纪地壳演化框架为：约2700 Ma形成望府山期灰色片麻岩（江博明等，1988）或新甫山期TTG花岗质杂岩（王世进，1991），之后在2600 Ma发育中天门期闪长质杂岩，再后是傲徕山期二长花岗质岩浆侵位。庄育勋等（1995）等在该区1∶5万区域地质调查过程中，新发现了诸多很有意义的关键性证据，从而对前人提出的泰山乃至鲁西地区的地壳形成演化框架做出重要修正。这无疑对认识鲁西乃至华北克拉通新太古代的地壳形成演化历史和特点有着重要意义。

第四阶段　2006年至今

　　2006年至今，泰山及邻区的地质研究继续深化。在泰山风景管理区的资助下，2007年中国地质调查局天津地质矿产研究所陆松年、陈志宏、相振群等完成并于2008年出版了《泰山地区古老侵入岩系精细年代构造格架研究报告》专著，重点介绍了泰山新太古代主要侵入岩岩石类型和同位素年龄新资料，在前人资料基础上概述了泰山新太古代地质演化史特征。2008年以来，山东省地质调查院开展了"地质系列图件编制与综合研究"和"山东省侵入岩形成时代和期次划分研究"，特别是通过山东省地质调查院王世进总工与中国地质科学院SHRIMP测试中心万渝生等紧密合作，获得了大量锆石SHRIMP U-Pb测年数据，对全省侵入岩重新进行了期次划分，并对鲁东和鲁西两个地区做了期次划分对比，取得许多重要的研究成果。这些新资料和新认识业已包含在由山东省地质调查院王来明、王世进等编著的第二代《山东省区域地质志》中。泰山成为世界地质公园后，对泰山地质遗迹的保护迈上了新台阶，进入全球化规范阶段。与此同时地质研究工作不断深化，突出表现在两方面；一是取得一批数量足够多和极有科学价值的锆石U-Pb同位素年龄数据，构建了具有世界水平的新太古代花岗岩-绿岩带地质演化年代格架；二是对泰山及邻区新太古代地球动力学机制进行了探索，取得了引人注目的进展，为后续研究提供了新思路。

从2006年至今，泰山世界地质公园已逐步向地质科研基地、科学普及基地、国际交流基地、地质遗迹保护基地迈进。

二、新太古代重大地质事件

地质事件是地史演化过程中，不同于正常地史发展的突发性、灾变性或具有特殊意义的地质记录。地史中许多地质事件是一个过程，延续了一段或长或短的地质时间，传统上往往以地质事件的首次出现来讨论它们的意义。重大地质事件或关键地质事件则是地史过程中具有里程碑意义的地质记录，是地球系统气圈、水圈、生物圈、岩石圈，乃至软流圈重大转折的反映。对重大地质事件的认识和研究影响到地球科学整体水平的进展。但重大地质事件不是孤立出现的，它是地史演化过程中特定阶段的产物，事件与事件之间有内在的联系，是地球系统演化阶段性的反映。

地球演化历史被划分为四个"宙"一级年代单位，即冥古宙、太古宙、元古宙和显生宙。冥古宙是没有岩石记录的历史，从地球形成的约4568Ma到最老的Acasta片麻岩出现的约4030Ma，被称为"黑暗时代（Dark Age）"。太古宙则从4030Ma至2500Ma，从2500Ma至带壳动物出现的541Ma称为元古宙，此后则称为显生宙。每个宙之下又分成若干"代"，为二级年代单位，如在国际地质科学联合会出版的Geological Time Scale中太古宙划分为4个代，分别是始太古代（4030～3600Ma）、古太古代（3600～3200Ma）、中太古代（3200～2800Ma）和新太古代（2800～2500Ma）。但2014年国际地层委员会组织一批知名专家撰写的专著中（Van Kranendonk 2012），提出新太古代年代界线为2780～2420Ma，这一建议比较符合地质演化的客观实际，本书采纳这一划分意见，将新太古代界定为2780～2420Ma这一时间段（表2）。

表2　　　　　　　　　　两种太古宙地质年表划分对比

左表为国际地层委员会对太古宙的划分方案，右表为Van Kranendonk et al.的建议方案。

太古宙是一个还原性地球时代，以花岗岩－绿岩带型地壳、还原的大气圈和海洋、丰富的条带状铁建造（BIF）、原始的微生物生命为特色。而演化到元古宙，则进入较冷的、更现代化的地球，以超大陆旋回、氧化的大气圈、较寒冷的气候和疑源类（eukaryotic）生命的发育为特征。这种变化大致出现在2420Ma左右，与哈默斯利型（Hamersley-type）BIF的消失及广泛出现的冰川沉积物年代相近。

太古宙最重大的地质事件莫过于2.78～2.42Ga时期的新太古代超级事件：包括2.78～2.63Ga地壳快速形成（大规模花岗岩－绿岩带地壳及高级变质片麻岩地壳形成）和微生物爆发、大洋氧化（rusting）和广泛的喜氧微生物的形成；2.63～2.42Ga以缓慢的大陆地壳生长为特点（waning crustal growth），同时大陆地壳刚性程度增强并抬升出露地表。在2.63Ga以后，大陆生长速度明显下降，仅在少数克拉通有这一时期大陆生长记录，如加拿大斯拉夫（Slave）和Rae省、澳大利亚的Gawler克拉通、中国的华北克拉通和印度的Dharwar克拉通。

许多研究者将新太古代条带状铁建造（BIF）和大气氧的上升视为与蓝藻细菌的进化有关，认为是在大陆地壳迅速生长和超大陆汇聚时在广泛的大陆架之上蓝藻细菌的蓬勃发展的结果，所以称为"新太古代超级事件"（Neoarchean Superevent）。显然新太古代是大量地壳生长和再循环、重大成矿事件（包括广泛的BIF的沉积）以及微生物繁盛期。新太古代之上出现大气圈中氧含量巨增及广泛的冰川活动，从而进入元古宙演化阶段。

在2.78～2.63Ga的150Ma期间，在表壳岩层序中出现科马提岩——一种MgO含量大于18%的超镁铁质熔岩。科马提岩的广泛喷发、大规模的造壳和岩石学证据指示该时期是地幔活动的异常期，指示存在一个较热的地幔。异常的地幔活动造成长期、广泛和强烈的火山活动，使大量异常的火山气体（CO_2，H_2S，SO_2）进入大气圈和海洋，形成强还原的环境。该时期块状硫化物矿床的形成，以及地史中最大值的$\delta^{33}S$异常是2.78～2.63Ga期间地幔异常活动的反映。

新太古代绿岩序列中通常赋存条带状铁建造（BIF），包括硅质、碳酸盐和硫化物等类型。多数情况下，"阿尔戈马型（Algoma）"的BIF直接与火山作用共生，代表局部的喷气作用。相反，年轻的"苏必利尔湖型（Lake Superior）"或克拉通型BIFs则沉积在大陆边缘，系还原的深部海水上涌与较氧化的近表层水相互作用的结果。

华北克拉通太古宙有与世界各地太古宙相似的演化历史，包括两类岩石组合的发育：花岗岩-绿岩带地壳及高级变质片麻岩地壳、广泛的TTG（英云闪长岩-奥长花岗岩-花岗闪长岩）片麻岩、古陆陆壳的出露（略老于3.8Ga）、BIF等。现将科马提岩、BIF、花岗质侵入体等做一简述。

（一）科马提岩

科马提岩是从含MgO18%～32%的高温岩浆中结晶出来的一类超镁铁质熔岩，成分与深成的橄榄岩相当。在岩石学研究的早期，曾认为超基性岩是一种无喷出相的岩石。科马提岩的发现对证实超镁铁质火山岩的岩浆成因具有重要意义。它是地幔高度部分熔融的产物，是地球早期富镁原始岩浆的代表。1969年首次发现于南非巴伯顿山地的科马提（Komati）河流域，故名。原意只限于太古宙绿岩中枕状岩流顶部的、具鬣刺结构的超镁铁质熔岩。科马提岩可喷发在不同的构造位置，多数形成于洋环境，其中一些构成洋壳的一部分，但主体为洋底高原。另一些科马提岩喷发在洋弧之上，或沉没的大陆台地之上。洋的构造位置可与现代板块构造环境对比，但地幔的温度要比现代的高。较高的地幔温度导致厚洋壳和更大体积洋盆的形成，以及比现代地幔柱更多、更大和更热的地幔柱的形成。

如仅按化学成分特点，华北克拉通绿岩带层序内可鉴别出不少科马提岩层位，如内蒙古固阳绿岩带底部的科马提岩产于大规模镁铁质变质火山岩背景中，是夹在镁铁质火山岩层中的变质变形和蚀变强烈的角闪石岩和蛇纹岩小透镜体（马旭东等，2010）。在固阳发现最大的一块科马提岩是产于与镁铁质变质火山岩密切共生的石英闪长岩侵入体中，部分样品$MgO = 29.51\% \sim 26.56\%$，$Al_2O_3 = 4.82\% \sim 4.16\%$，$TiO_2$ $0.308\% \sim 0.236\%$，符合科马提岩的化学组成，但野外产状难以判别这类超镁铁岩是古侵入体还是火山岩。

鲁西陆块蒙阴县苏家沟是迄今为止中国唯一保留鬣刺结构的新太古代科马提岩出露地点。科马提岩主要由蛇纹石化橄榄科马提岩、透闪石岩、绿泥透闪片岩、黑云阳起片岩、绿泥绿帘石岩等组成，属于泰山岩群雁岭关岩组。其中，蛇纹石化橄榄科马提岩发育典型的鬣刺结构。苏家沟科马提岩岩石化学成分平均值为：$SiO_2=45.26\%$、$MgO = 27.52\%$、$TiO_2 = 021\%$、$K_2O = 0.07\%$、$CaO/Al_2O_3 = 0.92\%$（张荣隋等，2001）。鲁西科马提岩尚未直接测得年龄，根据共生岩石的时代，推测形成时代为$2.75 \sim 2.70Ga$。

根据实验岩石学资料，具有鬣刺结构的科马提岩形成于1650℃至1700℃的极高温条件下，可能与洋内地幔柱的成因有关。

（二）条带状铁建造（BIF）

新太古代条带状铁建造型铁矿是世界上最重要的铁矿类型，其特点是规模大、易开采、易选矿。该类铁矿床形成的富矿占世界富铁矿储量的70%左右，占全球铁矿产量90%以上（张连昌等，2012）。我国是世界上条带状铁矿重要发育区之一，条带状铁资源在我国具有特别重要地位，而华北克拉通的条带状铁矿最为丰富，所有新太古代5个陆块中都赋存BIF。大型—超大型铁矿床主要集中于渤海东陆块鞍山—本溪、晋冀陆块的密云—冀东、五台—吕梁、陕豫皖陆块的霍邱—舞阳和鲁西陆块。尽管华北克拉通存在3.8Ga以上的演化历史，但最强烈的早前寒武纪构造变质热事件和BIF时代为新太古代晚期（2.60～2.52Ga）。例如，冀东石人沟铁围岩（火山岩）形成时代为2553～2540Ma，而变质年龄为2510～2520Ma左右。固阳绿岩带中的科马提岩、高镁闪长岩、玄武岩和BIF，形成时代均在2.53～2.58Ga范围内；本溪歪头山铁矿斜长角闪岩原岩形成于2.53Ga，代表了歪头山BIF的成矿年龄；山东济宁及鲁西地区BIF铁矿围岩时代在2.52～2.60Ga等（张连昌等，2011；万渝生等，2012）。

（三）花岗岩类侵位

在新太古代地质体中，无论是花岗岩–绿岩带地壳还是高级变质片麻岩地壳，最广泛的岩石类型为花岗岩类，其分布面积通常达到70%～80%。这些花岗岩类包括富钠的TTG（英云闪长岩–奥长花岗岩–花岗闪长岩）组合和富钾的GMS（花岗岩–二长花岗岩–正长花岗岩）组合。在华北新太古代变质基底中，这两类花岗岩组合在所有岩石类型中占据了主导地位，是新太古代超级事件中最重要的侵入岩浆事件。

值得指出的是除大面积分布的TTG片麻岩外，在一些地区还发育2.45Ga左右的花岗质侵入体。例如，出露在乌拉山黑云二长花岗质片麻岩、花岗闪长质片麻岩及紫苏花岗岩等。刘建辉等（2013）利用LA-ICPMS锆石U-Pb定年方法对它们开展了详细的锆石U-Pb年代学分析，获得2459±6.9Ma、2454±6.8Ma、2430±7.7Ma及2455±15Ma的$^{207}Pb/^{206}Pb$加权平均年龄，表明该区花岗质岩的形成时代为～2.45Ga。内蒙古乌拉山地区2.45Ga花岗质岩类的岩石地球化学分析结果显示，它们主要为镁质，准铝质至弱过铝质，高钾钙碱性系列，A/CNK比值集中在0.88～1.12之间，不含白云母、堇青石等矿物，暗色矿物主要为黑云母、角闪石及辉石，显示出活动大陆边缘岛弧环境花岗质岩浆岩的地球化学特征。这套岩石属于GMS组合，相对于TTG，它们富钾，是洋俯冲形成近陆一侧的侵入弧，而TTG则是洋俯冲形成近洋一侧的侵入弧。

赞岐状岩是新太古代晚期富镁的花岗岩类，被认为是俯冲带地壳和地幔熔体相互反应的产物（Semprich et al，2015）。钟长汀等（2014）报道，内蒙古大青山地区沿固阳—武川断裂带南侧发现一条新太古代末期花岗岩岩带，由石英闪长岩-闪长岩-角闪二长花岗岩组合构成。该组合在地球化学上具有埃达克岩-赞岐状花岗岩特征。其中，埃达克质花岗岩为低硅埃达克质岩，赞岐状岩以高 TiO_2 赞岐岩为主，它们形成于俯冲带环境。通过详细 SHRIMP 锆石 U–Pb 定年，获得石英闪长岩形成年龄为 $2435 \pm 12\,Ma$，闪长岩（赞岐岩）形成年龄为 $2429 \pm 41\,Ma$，角闪二长花岗岩形成年龄为 $2416 \pm 8\,Ma$。因此这套花岗质岩石组合是新太古代俯冲作用的继续，以2420Ma，而不是以2500Ma作为太古宙与元古宙的分界建议是可以接受的。

三、本书内容简介

作者等有幸参与了泰山申报世界地质公园的全过程，并持续关注泰山地质工作的进展，也参与了部分研究工作。此次应泰山风景名胜区管理委员会邀请承担了《中华泰山文库》系列丛书中有关泰山地质方面的编撰，力图以泰山新太古代地质演化史为主线，在前人大量工作和实际资料基础上，重点阐述泰山古老岩石在全球地质研究中的科学意义和最新取得的科学成就。因此，本书是前人进行泰山地质调查和科学研究资料的搜集和汇总。同时，在综合集成过程中，我们尝试性地应用"洋板块地质学"和"洋陆转换"的理念来理解泰山新太古代地质演化史的特点和轨迹。因此书中某些部分的划分或对演化规律的认识与前人一些流行的观点不尽相同，这些观点不一定正确，希望得到同行们的指导与斧正。

这本专著除前言、结语外，包括了上、中、下三篇共七章内容。上篇"泰山及邻区新太古代花岗岩-绿岩带地质特征"包括三章内容。第一章是泰山及邻区的地质背景，首先介绍了华北克拉通新太古代花岗岩-绿岩带的一般特征。华北克拉通几个经典的花岗岩-绿岩带如色尔腾山、五台山、冀东、辽西、清原、和龙、登封等，地质发展历史相似之处颇多，如表壳岩主体形成于新太古代晚期，主要由镁铁质火山岩、变安山岩和变质碎屑岩组成，变酸性火山岩所占比重较低，以不同规模的包体形式赋存于大面积出露的花岗质片麻岩中。因此，本章重点介绍了上述花岗岩-绿岩带中表壳岩及深成侵入体的组成、特点及时代依据。此外，本章还概述了我国自20世纪70年代以来至20世纪末期我国新太古代花岗岩-绿岩带研究所取得的主要进展。为了与世界上经典的南非巴伯顿花岗岩-绿岩带进行对比，作者等曾承担了中国—南非巴伯顿花岗岩-绿岩对比研究。因此，本章最后还介绍了巴伯顿花岗岩-绿岩带主要特征。第二章集中介绍了泰山及邻区新太古代花岗岩-绿岩带物质组成及地质特点，分别从表壳岩-泰山岩群的组成及深成侵入体空间展布，依据大量前人获得的实际资料，介绍了泰山岩群二分和深成侵入活动岩浆旋回的新认识。随着我国改革开放的逐步深入，我国地质科学取得令人瞩目的进展，特别是积累了丰富的同位素测年资料。因而，第三章专门介绍了我国近年来泰山同位素地质年代学方面取得的重大进展，从而构建具有世界水平的新太古代地质演化过程的年龄谱系。

中篇"泰山及邻区新太古代地球动力学研究进展"也包括三章内容。其中第四章介绍了研究地球动力学的基本思路和方法。进入21世纪以来，国内外地质学家对新太古代地史阶段的动力学机制进行了深入探讨，对"板块运动何时启动""板块运动的地质学标志"等一系列重大基础地质问题进行了正、反两方面的阐述。作者在解读过程中，认为从新太古代以来，板块运动业已启动。此外，对蛇绿岩类型的划分、洋板块地层学（Oceanic Plate Stratigraphy-OPS）、初始弧研究进展及洋板块地质学（Oceanic Plate Geology-OPG）内涵、意义和地史中大洋板块残留鉴别标志还进行了较深入的分析和介绍。与此同时，中外地质学家发表多篇论文介绍在华北克拉通诸多新太古代地质构造单元中发现的与洋板块有关的岩石学遗迹。对这一最新研究动向作者在第五章进行了比较深入的分析。而第六章则是对泰山这一方面的进展做了介绍和简要评述，并遵从洋板块地质学的理念对泰山岩群和深成岩浆活动的形成提出了可供讨论和思考的意见。依据（超）镁铁质岩研究成果，从现有资料分析泰山及邻区在新太古代早期以洋内地幔柱形成的科马提岩及与其共生的玄武岩为特色，而晚期则发育与弧有关的岩石组合。

下篇"走进泰山世界地质公园"仅包括一章内容，第七章在泰山风景区地质考察路线基础上，介绍了泰山十六个顶级的地质遗迹景点，对每个地质景点的成因和意义从地质科学的角度给出了解释。在泰山众多风景点基础上选择醉心石—桶状构造、望府山片麻岩、大众桥石英闪长岩体、扇子崖、三大断裂、黑龙潭、拔地通天—云母鱼构造、拱北石—仙人桥、唐摩崖、极顶石—玉皇顶岩体、彩石溪、苏家湾科马提岩自然剖面、栗杭等，赋予其地质内涵，从而将泰山地质与自然及人文历史有机结合，揭示泰山世界地质公园的科学意义和社会地位。本书最后附录有作者等于2007年编写的泰山野外地质考察英文版资料，目的是为国外学者和旅游者提供一份了解泰山地质特点的英文简要读物。

这本专著紧紧围绕泰山新太古代地质特点，从早期研究程度较低的"杂岩"，到经20世纪70年代以来长达30年的"花岗岩–绿岩带"深入研究，进入本世纪后又随着大量SHRIMP和LA-ICPMS锆石U-Pb年龄的积累，泰山及邻区新太古代地质研究已达到较高的水平，在国内外地学界产生重要影响，使泰山及邻区成为我国及世界研究新太古代地质的窗口。随着地球动力学研究工作的深化，泰山地质研究领域不断拓展，从"洋板块地质""洋陆转换"及"早期大陆生长"等角度研究新太古代地质成为重要的学科生长点。百年来，泰山地质学研究从单纯的地层及岩石学角度，经过岩石组合＋变质程度（花岗岩–绿岩带），发展到现代构造岩石组合＋构造背景的研究思路，反映了我国及世界太古宙地质学发展的历程，也充分反映泰山新太古代地质研究工作与时俱进，永不停息。

这本专著主要阐述泰山新太古代地质学特点，专业性较强，非专业人员阅读时可能感到有一定难度。2006年自泰山成为世界地质公园后，在泰山若干景点都有浅显的地质内容简介。本书第七章还专门介绍了区内16个地质景点的地质现象和成因，不同的读者可根据自身特点选择专著中的不同内容进行阅读。

毋庸讳言，在短短的一年时间内完成这本专著无论在时间上或在作者的精力上都存在很大的困难。虽然作者尽可能努力地完成该项任务，但受业务水平的限制，本书存在的缺陷和不足是显而易见的。恳请读者不吝指正，并望在后续工作中不断改进和提高。

在编写本专著过程中，得到李廷栋院士、肖庆辉研究员、潘桂棠研究员、丁孝忠研究员和邓晋福教授、吕朋菊教授等的大力支持与帮助，在此谨表我们衷心和诚挚的谢意！我们还要深深感谢泰山风景名胜区管理委员会万庆海、刘慧、许光明等领导和郑元、高慧等对我们的指导和鼓励；感谢陈志宏、李怀坤、郝国杰、牛广华等参与了我们对泰山的前期调研工作；感谢万渝生、王世进、王来明、张承基、宋明春、宋志勇等同行提供了大量实际资料。感谢美国Haverford College的Alice H对附录中的英文进行了校对和修饰。最后，我们借《泰山新太古代地质演化史》一书出版之际，感谢上文未提及但对我们工作关心、支持和帮助过我们的所有单位、领导和同行，对他们表示我们深深的谢意。

　　谨以此书敬献给五岳之首——神圣的泰山和百年来为揭开泰山神秘的地质面纱而辛勤耕耘的地质工作者们！

目　录

上篇 · 泰山及邻区新太古代花岗岩－绿岩带地质特征

本篇包括三章内容：第一章"华北克拉通新太古代区域地质背景"、第二章"泰山新太古代地质"、第三章"泰山岩石形成的年龄谱系"。第一章作为泰山及邻区的区域地质背景，首先介绍了华北克拉通新太古代花岗岩－绿岩带的一般特征。在此基础上重点阐述了色尔腾山、五台山等几个代表性花岗岩－绿岩带中表壳岩及深成侵入体的组成、特点及时代依据；第二章集中介绍了泰山及邻区新太古代花岗岩－绿岩带的组成及地质特点；第三章专门介绍了我国近年来泰山同位素地质年代学方面取得的重大进展，从而构建具有世界水平的新太古代地质演化过程的年龄谱系。

第一章
华北克拉通新太古代区域地质背景

泰山地理位置位于山东省西部，大地构造位置中一级大地构造单元属于华北克拉通，二级大地构造单元属鲁西陆块（陆松年等，2016），因此泰山地质演化特征与华北克拉通，特别是与鲁西陆块十分相近。在本书阐述泰山地质背景时，必然要涉及华北克拉通（本章内容），特别是鲁西陆块（参见第二、三章）的地质演化特征。

第一节　概　述

克拉通，是由前寒武纪岩层组成的地质构造单元，均具前寒武纪变质基底+沉积盖层的二元结构特征。与造山系相比较，克拉通具较厚的岩石圈和大陆地壳，因而有一个深插岩石圈的大陆根，其刚性程度较高。一个克拉通平面上往往为椭球形或不规则状，与其周围的线状造山系构造带成鲜明对比，其面积达数十万至数百万平方千米。克拉通是地球上相对稳定的地质构造单元，由于厚度大、范围广，除大陆边界外，内部结构及古老岩石经常得以保存，与造山系中的古老地块形成鲜明对照。

中国大陆主要有三个克拉通，分别是华北、塔里木和扬子，其地理范围与前人阐述的地台相近。我国幅员辽阔，前寒武纪岩层分布广泛，具有30多亿年的地质记录。早前寒武纪岩石主要出露在华北克拉通，另在扬子克拉通的西缘和北缘、塔里木克拉通的周边也有零星出露。华北克拉通早前寒武纪岩石构造组合发育，露头良好，矿产丰富，为研究地球早期大陆演化及成矿提供了极好的自然条件。

一、一般地质特征

华北克拉通的基底与全球主要太古宙克拉通具有类似的演化历史，形成于古太古代—古元古代，Sm–Nd和U–Pb同位素资料也证实华北克拉通在3.3Ga以前既已存在强烈的壳幔分离（陆松年等，1996），最早的岩石地质记录达3.8Ga（刘敦一等，1994）。新太古代广泛出露的TTG（英云闪长岩–奥长花岗岩–花岗闪长岩）片麻岩，标志着太古宙末期是华北克拉通地壳生长的主要阶段。最近几年的研究表明，华北克拉通的最终形成可能是在古元古代末期由多个分散的太古宙小陆块碰撞拼合而成。

华北克拉通内的变质岩主要为时代大于1.8Ga的前中元古代变质基底，其特点是变质基底分布广泛、时代跨度大、变质相和变质相系类型复杂。根据大量变质成因锆石U–Pb年龄测定资料，变质作用时代主要出现在古元古代晚期，局部地区也有新太古代晚期变质时代的报道。值得注意的是在华北克拉通内，迄今未出现早于古元古代的榴辉岩相和蓝片岩相变质作用，指示了早前寒武纪变质基底热构造状态和动力学机制的特殊性。

华北克拉通最古老的地质体，也是中国大陆最古老的地质体主要出露于辽宁鞍山地区，包括略大于3.8Ga的古侵入体和表壳岩。此外，冀东曹庄岩群部分岩石的时代接近3.3Ga，麻粒岩相变质的迁西岩群、密云岩群、唐家庄岩群、兴和岩群等及相伴的TTG片麻岩中部分岩石的时代被推测为中太古代。这些前新太古代地质体的大地构造相被确定为陆核。

太古宙地质体中分布最广的是新太古代花岗质片麻岩和表壳岩。花岗岩片麻岩可粗略地分为TTG和GMS两种组合，前者以富钠的英云闪长岩–奥长花岗岩–花岗闪长岩（TTG）为主，有时包括闪长质侵入体，构成DTTG组合；后者为富钾的花岗（闪长）岩–二长花岗岩–正长花岗岩组合（GMS）。以绿片岩–角闪岩相为主的变火山–沉积表壳岩呈不等规模的包体形式赋存在由古侵入体构成的花岗质片麻岩中，构成"花岗岩–绿岩带"（granite-greenstone belt）。TTG片麻岩与GMS片麻岩分别指示了与俯冲作用有关的岩浆弧外带

（靠洋一侧）和内带（近陆一侧），根据其形成时代，可分别归属新太古代早期或晚期。

古元古代早期地质记录相对匮乏，主要是2.3Ga以后，特别是2.2Ga后的表壳岩和规模比太古宙花岗岩小得多的侵入体。古元古代晚期表壳岩依据构造环境可分为陆缘弧盆系中的内蒙古中部及邻区具孔兹岩系特征的贺兰山岩群、千里山岩群、乌拉山岩群、集宁岩群、冀北的红旗营子岩群；胶辽吉构造带北侧的老岭岩群、北辽河岩群、粉子山岩群和南侧的集安岩群、南辽河岩群和荆山岩群等。它们变质相级别差异大，可从绿片岩相至麻粒岩相，局部还发育高压麻粒岩及超高温变质岩。这些岩群记录了华北古元古代俯冲—碰撞过程的造山作用信息，是研究华北克拉通最终拼贴和大地构造环境的重要载体。

古元代另一类地层系统是以绿片岩相为主的陆内裂谷系，包括山西的滹沱群、吕梁群、岚河野鸡山群、黑茶山群，河北的甘陶河群，河南的嵩山群等，是一套从地堑至碳酸盐台地的变质砾岩–砂、页岩–浅海碳酸盐岩的被动裂谷盆地地层序列。

与太古宙侵入体比较，古元古代晚期侵入体分布范围要小得多，其类型也较复杂，除钙–碱性侵入体外，还出现A型花岗岩和与碰撞有关的侵入岩组合，如约2.2Ga的辽吉A型花岗岩和近1.9Ga的石榴子石花岗岩等。

古元古代变质作用与新太古代比较，出现了中低压麻粒岩、高压麻粒岩、超高温变质岩，有一些太古宙地质体发生了高压麻粒岩相变质，主要出现在五台—太行北侧的山西恒山和内蒙古凉城等地。

显然，华北早前寒武纪变质基底从新太古代至古元古代，无论是盆地构造类型、地层系统、变质作用、变形特征和侵入岩组合都发生了明显变化，指示华北克拉通规模不断扩大、地壳和岩石圈不断增厚、地壳成熟度不断增高。

二、大地构造分区

自20世纪90年代以来，有关华北克拉通的早前寒武纪岩石组合、构造样式、变质作用演化、岩石成因和同位素年代学等方面的研究取得了长足的进展，对华北克拉通的形成也提出了多个演化模式。华北克拉通被划分出不同陆块，如Wang et al（1995）的五分、白瑾等（1994，1996）的六分、伍家善等（1998）的五分、邓晋福等（1999）的十分、翟明国等（2000）的六分、赵国春等（2002）和Zhao et al（2001）的三分等。不同作者划分构造单元的依据及其方案均有较大差异。多数研究者倾向于华北克拉通在古太古代已开始形成初始陆核，嗣后陆核在不同的时代有不同规模的增生，到新太古代末期，华北克拉通已具雏形，但对最终碰撞时间及古元古代吕梁运动的构造性质仍有不同认识（董申保等，1986；白瑾等，1993；程裕淇等，1994；沈其韩等，1995）。

　　依据板块构造和全球构造思想，综合前人研究成果和多年来的工作积累，我们将华北克拉通划分为7个二级构造单元，包括5个新太古代陆块和2个古元古代弧盆系（表1-1），分别是阴山、晋冀、渤海东、鲁西和陕豫皖等新太古代陆块，以及贺兰山—平凉—恒山—承德和胶辽吉等古元古代弧盆系。这些地质构造单元形成了早前寒武纪时期华北变质域多块体碰撞的镶嵌构造图像。划分

表1-1　　　　华北克拉通三级大地构造单元划分表

一级	二级	三级
华北克拉通	I-1 阴山陆块	I-1-1 色尔腾山新太古代古岩浆弧（Ar_3）
		I-1-2 固阳新太古代古岩浆弧（Ar_3）
		I-1-3 狼山古岩浆弧 Ar_3
	I-2 贺兰山—恒山—承德古弧盆系	I-2-1 贺兰山—凉城孔兹岩带（古弧后盆地Pt_1）
		I-2-2 红旗营子古岛弧 Pt_1
		I-2-3 恒山—桑干古高压麻粒岩带 Pt_1
		I-2-4 承德—建平古高压麻粒岩带 Pt_1
		I-2-5 界河口古岩浆弧 Pt_1
	I-3 晋—冀陆块	I-3-1 遵化—建昌古岩浆弧 Ar_3
		I-3-2 冀东古陆核 Ar_{1-2}
		I-3-3 青龙河古裂谷 Ar_3
		I-3-4 绥中—秦皇岛古岩浆弧 Ar_3
		I-3-5 阜平古岩浆弧 Ar_3，古裂谷 Pt_1
		I-3-6 五台古岛弧 Ar_3
		I-3-7 滹沱古裂谷 Pt_1^2
		I-3-8 吕梁古裂谷 Pt_1^1
		I-3-9 赞皇—霍山古岩浆弧 Ar_3，古裂谷 Pt_1

（续表）

一级	二级	三级
华北克拉通	I-4 渤海东陆块	I-4-1 陈台沟古陆核 Ar_1
		I-4-2 鞍山—龙岗古岩浆弧 Ar_3
		I-4-3 胶东古岩浆弧 Ar_3
		I-4-4 唐家庄古陆核 Ar_2
	I-5 胶辽吉 吉古弧盆系	I-5-1 辽—吉古陆缘盆地 Pt_1
		I-5-2 辽东古俯冲增生杂岩 Pt_1
		I-5-3 粉子古陆缘盆地 Pt_1
		I-5-4 荆山高压麻粒岩带（俯冲增生杂岩）Pt_1
	I-6 鲁西陆块	I-6-1 肥城—枣庄古岩浆弧（TTG，外带）Ar_3^2
		I-6-2 泰安—蒙阴古岩浆弧（TTG，内带）Ar_3^1
		I-6-3 傲徕山古岩浆弧（GGM）Ar_3^2
		I-6-4 沂水古岩浆弧 Ar_3
	I-7 陕豫皖陆块	I-7-1 中条古陆缘裂谷 Ar^3–Pt_1
		I-7-2 嵩山古陆内裂谷 Pt_1
		I-7-3 登封古岩浆弧 Ar_3
		I-7-4 太华古岩浆弧（古陆缘增生带）Ar_3–Pt_1

的主要依据是：（1）前新太古代地质体均看作是每个构造块体的基底岩石，基底的特点是划分不同构造块体的重要标志；（2）新太古代/古元古代的地质记录保存较好，分布较广，可用来限定该时期陆壳物质的组成、物质来源和形成环境；（3）以弧盆性质的岩石构造组合作为划分早前寒武纪陆块边界的标志，如绿岩带和由侵入岩构成的岩浆弧以及它们的时空分布特点，特别是对岛弧火山岩、TTG岩套成因类型的划分和对GMS（花岗岩–二长花岗岩–正长花岗岩）岩套的鉴别；（4）变质和变形作用特点及条件（P–T–t 轨迹）的差异；（5）反映构造边界的岩石构造组合及特殊变质作用；（6）重大地质事件（Major events）的性质、特点、序列、时代和空间分布特征，重视各变质地质构造单元地质事件年代格架的差异；（7）沉积盖层的时代、组成及特点，包括碎屑岩层中碎屑锆石年龄谱特征；（8）区域地球物理场特征。7个二级地质单元主要地质特征可参见表1–2。

表1-2　华北克拉通二级大地构造单元主要地质特征表

	阴山陆块	贺兰山—凉城—恒山—承德古弧盆系	晋冀陆块	渤海东陆块	胶辽古弧盆系	鲁西陆块	陕豫皖陆块
相对地理位置	北侧为天山—兴蒙造山系，南侧为贺兰山—凉城—恒山—承德古弧盆系，西侧为阿拉善陆块	介于阴山陆块和晋冀陆块之间	东侧以郯庐断裂带与渤海东陆块相邻，西侧主要为贺兰山—凉城—恒山—承德古弧盆系，南为鲁西陆块	以郯庐断裂为界与晋冀及鲁西陆块相邻	主体与渤海东陆块相邻	东以郯庐断裂与渤海东陆块相邻，北为晋冀陆块，南为陕—豫—皖陆块	北与晋冀、鲁西陆块相邻，南为秦—昆造山系
新元古代	贺兰山西部郑目观地层冰碛岩层，其地层位置及成因与罗圈组相当；内蒙古中部的什那干群为一套含叠层石的碳酸盐地层，时代可能为新元古代		大部分地区仅发育新元古代青白口系，缺失南华纪至震旦纪地层记录；青白口系地层中碎屑锆石主要来源于该构造单元内部>1.8Ga的早前寒武纪蚀源区	以辽东金县群、五行山群、细河群，永宁群为代表的青白口系至震旦纪地层，为碎屑岩-碳酸盐层序，碳酸盐层中叠层石发育，层序中无强烈火山活动，无典型冰川活动的地质记录；山东长岛蓬莱群中发现多粒新元古代早期碎屑锆石，蚀源区与冀—辽（西）构造单元有明显区别		时代可能为新元古代的土门群分布局限，为一套碎屑岩建造，碎屑中有经典格林威格碎屑锆石	东秦岭地区震旦纪地层中赋存罗圈组冰碛层；冰碛层之下为砂页-页岩建造，时代可归属新元古代；嵩山地区的五佛山群不整合在古元古代，或直接覆盖于太古宙变质基底之上，为一套具海进序到的砾岩-砂岩-页岩-碳酸盐地层序列；祁—昆造山系相邻的滦川群中出现新元古代中期碱性玄武岩

（续表）

	阴山陆块	贺兰山—凉城—恒山—承德古弧盆系	晋冀陆块	渤海东陆块	胶辽吉古弧盆系	鲁西陆块	陕豫皖陆块
中元古代	在渣尔泰—白云鄂博裂谷中发育的渣尔泰群和白云鄂博群为一套云岩-砂岩-碳酸盐地层和含炭质页岩层序，白云鄂博群中赋存超大型铁-稀土矿床，但地层尚未能建立；山西全口群位于王全口群上部，下部黄旗口群则为碎屑岩地层，目前尚无精确地层年龄控制地层时代		1.65~1.35Ga的中元古代地层广泛分布，以天津蓟县剖面保存较完整，为典型盖层沉积，下部以碎屑岩为主，上部为巨厚含盐建造碳酸盐层；岩浆活动以与裂解作用有关的~1.78Ga基性岩墙群、~1.70Ga的ACMS组合、~1.62Ga富钾火山岩群及1.32Ga辉绿岩活动为特色	中元古界分布局限，层序上介于辽河群及永宁群之间的榆树砬子群为一套浊流沉积的硬砂岩层，沉积环境与冀一辽（西）构造单元大相径庭；未发现中元古代早期大规模与裂解作用有关的岩浆活动		无该时期的地层记录；鲁西发育侵入新太古代辉绿岩山岩群的辉绿岩墙；侵位时代为1.62Ga	东秦岭地区下部以熊耳群裂谷型酋火山岩的发育为特色，下部时代~1.78Ga，熊耳群之上为一套以紫红色砂岩为主的汝阳群/管道口群，时代待定；高山地区缺失中元古界；南部龙王疃一带出现~1.62Ga的A型花岗岩

（续表）

	阴山陆块 贺兰山—凉城—恒山—承德古弧盆系	晋冀陆块	渤海东陆块 胶辽吉古弧盆系	鲁西陆块	陕豫皖陆块
古元古代	以红旗营子岩群、集宁岩群、乌拉山岩群、千里山岩群和贺兰山岩群为代表的古元古界为具孔兹岩特点的副变质岩系，形成时代为古元古代中—晚期，主体是古弧盆边缘的产物，变质时代～1.85Ga；鄂尔多斯盆地北缘的早前寒武纪岩层中有有关的古元聚作用晚期带成岩组合；该带还出现超高温变质岩		发育于胶辽吉地区，可分为北部的北辽浅变质地层系统和南部较深变质地层系统，分别由老岭群、北辽河群、"南辽河群"和"集安群"和"荆山群"组成，形成于陆缘弧盆系环境；在胶东地区荆山群变质作用发育高压变质，时代接近1.85Ga；岩浆活动包括1.85Ga含矽线石、石榴子石的巨斑状花岗岩及2.2Ga的辽吉花岗岩等	无该时期的地层记录	东秦岭地区发育上太华岩群，为一套类孔兹岩建造，发育近条带状磁铁矿，近似BIF；嵩山地区出露的嵩山岩群，为一套强变形、低级变质岩系，原岩以浅海相碎屑岩为主

（续表）

	阴山陆块	贺兰山—凉城—恒山—承德古弧盆系	晋冀陆块	渤海东陆块	胶辽吉古弧盆系	鲁西陆块	陕豫皖陆块
新太古代	主体为色尔腾山岩群，在火山岩层序中识别出富Nb玄武岩、高镁安山岩两类具有特殊构造意义的岩石；新太古代花岗岩类岩石主要由TTG、GMS及少量赞岐岩组成，呈带状、线侵入到绿岩带下部的层位中，同位素年龄集中在2480~2550Ma之间，为古岛弧岩石组合	迄今未发现该时期的岩石露头	保留了大量2.78~2.42Ga岩浆活动记录及变质以角闪岩相至麻粒岩相的表壳岩，表壳岩中局部赋存大型—超大型BIF铁矿床；末期出现以双峰式为主的岩浆活动	保留了大量2.78~2.42Ga岩浆活动记录及以角闪岩相变质作用为主的表壳岩；含大型—超大型BIF铁矿床及大型BIF铁矿床及Cu-Zn矿		新太古代晚期济宁岩群为一套低级变质碎屑岩建造，含大型BIF矿床；新太古代泰山岩群主要由科马提岩、斜长角闪岩、黑云变粒岩组成，原岩为超基性-基性火山岩及碎屑岩建造，含大型BIF矿床；古侵入岩体岩石类型复杂，出现三期从TTG至GMS的转变；地层及侵入岩体时代集中在2.75~2.48Ga之间	东秦岭地区下太华岩群中大量发育TTG片麻岩；嵩山地区登封岩群中发育大规模的斜长角闪岩和原岩为辉长岩及TTG的古侵入体
中—古太古代	迄今未发现该时期的岩石露头	迄今未发现该时期的岩石露头	多处存在古老陆壳信息，如河北冀东的曹庄岩组、麻粒岩相变质的迁西岩群和密云岩群	胶东地区存在古侵入体>2.78Ga古侵入体及表壳岩的地质记录；鞍山地区有我国最老的~3.8Ga的古侵入体及3.6Ga、3.3Ga、3.0Ga的陆核	迄今未发现该时期的岩石露头	迄今未发现该时期的岩石露头，但测得大于3.0Ga的继承性锆石	迄今未发现该时期的岩石露头
始太古代							

（据陆松年等，2017修改）

三、华北克拉通地质演化构造阶段的划分

华北克拉通早前寒武纪变质基底可分为前新太古代陆核生长阶段、新太古代大陆地壳快速增生阶段与古元古代裂谷发育和最终拼合等三个重要阶段。

（一）陆核生长阶段

大于2.78Ga的岩石在华北克拉通内分布并不广泛，很难从中解析大陆早期演化重要且确凿的地质信息。我们所称的"陆核"并不等同地球最早期生成的岩石，且后期地质作用围绕它逐步生长扩大，只是仅仅代表地质历史中形成时代大于2.78Ga的始—中太古代岩层。但在陆核生长阶段，邓晋福等（1999）所称T_1T_2（英云闪长岩–奥长花岗岩）组合占据主导地位，形成的表壳岩以角闪岩相至麻粒岩相变质火山或火山–沉积变质岩为主。

（二）新太古代大陆地壳快速增生阶段及部分陆块拼合期

2.78～2.42Ga的新太古代是华北克拉通最重要的陆壳增生期，形成的主要岩石构造组合为岛弧火山岩、与弧有关的沉积岩及大规模的TTG及GMS组合的深成侵入体。其中鲁西中部泰山岩浆弧形成时代最早，为2.75～2.6Ga时期的产物，且泰山岩群下亚群形成时代限制在2.75～2.70Ga之间，望府山英云闪长片麻岩侵位时代在2.74Ga左右。新太古代中—晚期（2.60～2.42Ga）岩层分布面积最广，除鲁西泰山外，几乎包括了华北所有新太古代表壳岩和侵入体，它们均表现出与弧有关的岩石组合及地球化学特征。因此，新太古代是华北克拉通通过洋/陆俯冲作用形成规模较小的陆块（诸如晋冀、鲁西等陆块）的时期。

这一时期的花岗质侵入体早期以TTG组合为主，但晚期出现GMS组合，说明大陆地壳从不成熟陆壳向成熟陆壳过渡。这一时期变质作用特点以中压角闪岩相为主，局部地区出现麻粒岩或高绿片岩相变质。

在陆内裂谷形成前，华北克拉通经历了部分陆块之间的"碰撞"，形成了克拉通的雏形。虽然由于长期地质作用的叠加、破坏，以及年轻沉积物的覆盖，"碰撞带"的证据几乎消失殆尽，但下列信息可能提供一些线索：

第一，克拉通内多处报道新太古代晚期变质作用的年代学信息，如冀东

2500～2490Ma的麻粒岩相变质（Nutman et al.，2011）、建平地区的麻粒岩相变质事件（～2485Ma）等（Liu，et al，2011）；

第二，多处出现标志新太古代造山末期富K岩浆侵入体的发育，如晋冀陆块怀安淡色正长花岗岩（2493±6Ma）、菅等白云母正长花岗岩（2490±22Ma）、陕豫皖陆块鲁家沟正长花岗岩（2424±24Ma）等均认为是陆块碰撞的产物；

第三，古元古代多个陆内裂谷盆地的形成需要规模较大、具一定地壳厚度的刚性陆壳，这些陆壳的形成应在吕梁群、滹沱群等裂谷沉积层以前；

根据上述信息，我们倾向晋冀与陕豫皖陆块等在新太古代末期已拼合形成华北克拉通的雏形。

（三）古元古代裂谷发育及华北克拉通最终拼合阶段

华北克拉通进入古元古代以后经历了三个重要时期，分别是形成裂谷发育期、最终拼合期和隆升、剥蚀期。

1. 裂谷发育期

古元古代大致包括两个裂谷期，早期约在2.3Ga形成吕梁、湾子等裂谷地层，晚期2.2Ga以后形成黑茶山—岚河、滹沱、中条、嵩山等裂谷中的地层。

2. 最终拼合期

华北克拉通的最终拼合完成于古元古代末期，在北缘和南缘分别形成两条近东西向的俯冲增生杂岩，其地质体分别为古元古代集宁岩群、乌拉山岩群上亚群、千里山岩群和太华岩群上亚群。此外，在俯冲一侧还出现近1.9Ga的高压麻粒岩（怀安—恒山麻粒岩带及承德麻粒岩），而在仰冲一侧则出现活动大陆边缘的沉积（二道洼群、红旗营子群）及侵入岩浆弧（丰宁—隆化带）。

东缘的古元古代岩层总体上自北向南表现出被动大陆边缘沉积、前渊盆地深海硅–泥质岩（部分高家峪及里尔峪组）、海山（枕状玄武岩–大理岩组合）、SSZ蛇绿岩（含硼岩系）、岩浆弧（TTG）等复杂岩石组合构成的多个构造岩片的叠覆构造，该带同样指示华北克拉通东缘最终拼合完成于古元古代末期。

古元古代晚期拼合过程中的变质作用类型最复杂，首次出现确凿的高压麻粒岩相变质、超高温变质等特殊变质作用，指示华北克拉通的最终统一。

3. 隆升、剥蚀期

华北克拉通最终拼合后，进入陆内隆升期，由于中元古代前的剥蚀，这一时期形成的山间磨拉石盆地仅保留在个别地点，代表性岩石组合为不整合覆于滹沱群东冶亚群之上的郭家寨亚群及不整合覆盖在中条群之上的担山石群，其形成时代在1.90~1.80Ga之间。

中元古代底部碎屑岩地层中赋存大量这一时期的碎屑锆石，佐证在古元古代最终拼合后曾出现大规模的隆升和剥蚀。

综上所述，华北克拉通的形成经历了2.78Ga前的陆核生长期、新太古代弧/陆俯冲形成的小陆块形成期和新太古代末的部分陆块拼合阶段、古元古代2.3~1.9Ga的裂谷盆地发育期及稍晚的最终拼合阶段，嗣后进入陆内隆升剥蚀，并在吕梁造山运动结束后的1.8Ga，进入一个全新的构造期——与哥伦比亚（Columbia）超大陆破裂有关的全球裂解及罗迪尼亚超大陆的形成（表1-3）。

表1-3　　　　　　　华北克拉通前寒武纪地质演化主要特征

寒武系，含三叶虫化石

────── 平行不整合 ──────

南华纪至震旦纪（约830~542Ma）的裂解沉积记录：华北未出现早期与裂解有关的大规模热事件和南华纪冰碛层，但从徐淮胶辽地区新元古代中—晚期砾岩-砂岩和含叠层石碳酸盐地层亦反映与大陆裂解有关的沉积盆地特征。此外，南缘发育约830Ma与裂解有关的辉长岩和栾川群大红口组碱性火山岩。

徐淮胶辽地区：震旦系金县群碎屑岩及碳酸盐地层，五行山群含叠层石碳酸盐地层。

南华系细河群砾岩、砂岩、页岩，陆内裂谷沉积，指示与罗迪尼亚超大陆破裂有关的构造旋回的开始。

────── 不整合 ──────

新元古代青白口纪：受全球罗迪尼亚超大陆汇聚作用影响，形成长龙山—景儿峪组及徐淮胶辽的青白口系，根据碎屑锆石年龄谱，沿郯庐断裂带两侧的榆树砬子群、蓬莱群和土门群中含经典格林威尔期1.2~1.0Ga的碎屑锆石永宁群，后碰撞红色磨拉石，指示与罗迪尼亚超大陆形成有关的沉积榆树砬子群等，含经典格林威尔期碎屑锆石。

────── ？？？ ──────

中元古代与大陆裂解有关的被动陆缘及裂谷盆地：包括燕辽坳拉槽、豫陕裂谷、贺兰山裂谷和渣尔泰—白云鄂博裂谷，后者含重要Cu-Pb-Zn、Fe-REE矿产。

中元古代分别在1.78Ga、1.70Ga、1.62Ga和1.32Ga、1.20Ga发生5次与裂解有关的岩浆事件。

晋冀陆块蓟县纪巨厚含叠层石碳酸盐地层发育，包括高于庄组、扬庄组、雾迷山组、

（续表）

洪水庄组、铁岭组（1.60～1.40Ga），其上不整合覆盖下马岭组（1.40～1.35Ga）。

中元古代长城纪（1.80～1.60Ga）沉积盖层下部的熊耳群（1.78～1.65Ga）和上部的长城群（1.65～1.40Ga）的地堑沉积，长城群群包括常州沟组、团山子组、串岭沟组和大红峪组，从河流相砂砾岩，滨海相砂岩，经泻湖相页岩至浅海碳酸盐地层，夹超钾质火山系，一个与哥伦比亚超大陆破裂有关的新的构造旋回开始—盖层发育阶段。

—— 变质、变形、地层不整合及同构造期岩浆岩组合，吕梁运动 ——

古元古代裂谷盆地和华北克拉通统一形成期：华北克拉通在已统一的雏形基础上，约2.3Ga发生第一次裂解，形成吕梁群和磁铁矿–赤铁矿共生的袁家村铁矿床；大规模裂解发生在2.20～2.15Ga以后，包括具有板内裂谷特征的黑茶山—岚河群—野鸡山群、滹沱群豆村亚群—东冶亚群、嵩山群等从河流相砾岩至浅海相碳酸盐夹板内玄武岩的地层序列。

然而，在克拉通的南、北两缘，则发育了一套"孔兹岩系"。根据其形成时代、变质时代、变形特征，将其视为被动陆缘–俯冲增生杂岩的产物，一部分相当板块边界。依据变质时代的年代学信息，主体形成于古元古代中期约2.3Ga以后，变质时代接近1.9Ga。因此，华北克拉通通过南北两缘的最终碰撞，形成统一的规模更大的陆壳单元。

郯庐断裂带以东的渤海东陆块与西部的汇聚应发生在辽河群等地层以后，因为这一套地层没有越过郯庐断裂带，因而应有一个古构造带控制了辽河群等的分布。目前，我们推断渤海东陆块与华北其他陆块的最终汇聚也发生在约1.9Ga前后。渤海东陆块内部高压变质作用发生的时代可能与此有关。

值得注意的是在晋冀交界处和冀北承德一带，也发育了1.9Ga的高压麻粒岩带，它们的形成与古元古代华北克拉通最终统一应有成因联系，和克拉通北部强烈挤压有关。

晋冀陆块古元古代末期郭家寨亚群后碰撞磨拉石组合及同构造期岩浆岩组合，古元古代构造旋回的结束，指示与哥伦比亚超大陆最终汇聚有关的地质事件。

古元古代中—晚期滹沱群、中条群、辽河群等。

—— 不整合，五台运动 ——

新太古代陆壳快速增生：大致可分早期和晚期两个阶段，早期以泰山岩群下亚群及同构造期TTG片麻岩为代表，形成于2.75～2.60Ga期间，是新太古代早期俯冲作用形成的岛弧火山岩组合和深成侵入体；晚期分布面积最广，包括色尔腾山岩群、五台岩群、阜平岩群、赞皇岩群、遵化岩群、建平岩群、泰山岩群上亚群、龙岗岩群、清源岩群、鞍山岩群、胶东岩群及同构造岩浆侵入岩，包括TTG、GMS等，形成时代介于2.6～2.42Ga之间。这一时期主要表现为洋/陆俯冲作用形成大面积的岩浆弧，除少数地区外，新太古代表壳岩呈孤舟状被与弧有关的花岗质片麻岩所包裹。新太古代是我国BIF形成的重要时期，清源岩群则发育Cu–Zn矿床。

尽管新太古代末华北克拉通还未最终统一，但克拉通中部的晋冀和皖豫陕陆块在新太古代末期至古元古代初期已拼合成一个统一的陆壳，其主要证据来自变质作用、富K花岗岩及古元古代中、晚期裂谷型盆地的发育。

新太古代晚期五台岩群、鞍山岩群、泰山岩群上亚群（原柳杭岩组及山草峪组，含BIF）（＜2524Ma）等及同构造期岩浆岩组合。

新太古代早期泰山岩群下亚群及TTG岩浆岩组合，泰山岩群下部包括孟家屯岩组、雁翎关岩组和原柳杭岩组下亚组（2.75～2.70Ma），TTG可从2.74Ga延至2.48Ga。

（续表）

—— ？？？ ——

　　前新太古代陆核：大于2.8Ga的所有地质体划归陆核，它不代表地球最初形成的岩层，而仅指时代上大于2.8Ga的岩层。鉴于目前的研究现状，不进一步阐述它们形成的构造背景，但将花岗质片麻岩和表壳岩的不同岩石构造组合进行细化。
　　中太古代密云岩（群？）、迁西岩（群？）、唐家庄岩群、立山和铁架山表壳岩；铁架山花岗岩2962±4Ma、东、西鞍山花岗岩3001±8Ma、立山奥长花岗岩3142±7Ma。
　　渤海东陆块区古太古代陈台沟表壳岩；陈台沟花岗岩3306±13Ma。
　　始太古代白家坟奥长花岗岩3804±5Ma、东山奥长花岗岩3812±4Ma。

第二节　华北新太古代花岗岩-绿岩带简介

　　大致从20世纪70年代开始，我国太古宙地质工作在全球地学进展的引领下，进入花岗岩-绿岩带的研究阶段。这一时期的地质工作在前期地层学和变质岩岩石学的基础上，将表壳岩与变质变形花岗岩侵入体明确予以区分，根据表壳岩岩石组合和变质程度划分出"中低级变质的花岗岩-绿岩带"和"高级变质的片麻岩-麻粒岩区"。与此同时，太古宙变质基底地质工作与以金、铁、铜-锌等矿产地质调查更密切结合，出现了一批优秀的地质成果。本节侧重叙述这一时期华北克拉通以新太古代花岗岩-绿岩带为主的研究成果和认识。

一、什么是花岗岩-绿岩带

　　早在十九世纪后期，地质学家在研究太古宙地质时就发现其中产出一套变质较浅、绿至暗绿色的火山岩，其源岩为喷出的镁铁-超镁铁质岩石，称为"绿岩"。自20世纪60年代始，由于绿岩中赋存的矿产较多，因而对绿岩的认识不断深化。1969年Anhaeusser等对南非巴伯顿地区太古宙变质火山岩-沉积岩进行详细填图和深入研究后，认为这套绿岩及其上覆浅变质的沉积岩系是太古宙地区的一套岩石组合，称为"绿岩带"。绿岩带概念提出后，极大地促进了全球太古宙地质的研究。

（一）花岗岩–绿岩带的一般概念

地球上由同位素年龄标定的最老的岩石在所有大陆的陆核中仅出露相对较小的范围，经常作为中—新太古代克拉通基底中的残留存在。在诸如西澳的Yilgarn和Pilbara克拉通、加拿大Superior省、包括西格陵兰的北大西洋克拉通和Labrador东海岸、南非Kaapvaal和Zimbabwe克拉通对研究地球早期历史来说是最好的地区。

"绿岩（greenstone）"这一术语从未被令人满意地界定，但加拿大地质调查局W.E.Logan（1863）和R.Bell（1873）可能是首次应用该术语分别叙述加拿大和西北安大略地质的地质学家。"绿岩"一词也在T.L.Baines（1877）所著《东非南部金矿区》一书中用于描述Rhodesia（现今津巴布韦的一个地区）含金石英脉的变质角闪质和片岩等围岩。绿岩带也是"片岩带"和"金矿带"的同义词，用来描述复杂变形的地质环境，在这种环境中在世界上许多地区已经发现了数量可观的金矿床。

Anhaeusser（2014）在他评述*Archaean greenstone belts and associated granitic rocks-A review*一文中将绿岩带专门应用于描述变形和变质的火山–沉积序列，通常涉及花岗质和片麻状岩石，且时代限制在太古宙。然而，发育在大陆基底顶部的克拉通内太古宙盆地，如2900Ma南非Kaapvaal克拉通Pongola和Witwatersrand盆地、2800～2400Ma西澳Pilbara克拉通Mount Bruce超群和加拿大Superior省大陆基底上的2500～2300Ma古元古代Huronian超群则不包括在绿岩带内。

在大多数太古宙花岗岩–绿岩带中，许多绿岩带的火山–沉积岩层呈狭长的带状分布，如西澳Yilgarn和Pilbara克拉通、南非Kaapvaal克拉通、加拿大Slave省、巴西São Francisco和Amazonian克拉通、Tanzanian和北东部Zaire克拉通、包括西格陵兰的北大西洋克拉通、芬兰的Baltic或Svecofennian地盾、俄罗斯Karelian花岗岩–绿岩带、Aldan-Stanovik和Ukranian地盾、东南极地盾及华北克拉通等（表1-4）。绿岩带研究的早期阶段，常以南非巴伯顿绿岩带为代表，并建立了一个普遍适用的绿岩带演化模式。但随着对绿岩带研究的深入，发现不同绿岩带从规模、形态、时代、岩石类型、变质程度、变形特征、盖层和基底的关系，以及成矿作用类型和特点存在很大的差别，以巴伯顿绿岩带为基础所建立的演化模式过于简单化，无法普遍应用。Goodwin（1981）和Glikson（1981）根据绿岩带构造特征、岩石组合、同位素年龄和成矿作用特点，将绿岩

表1-4　　　　　　　　　　　地球早期绿岩带实例

绿岩带	产出地点	所属克拉通	年龄（Ga）	主要特点
阿比提比（Abitibi）	加拿大	苏必利尔	2.7	大量/各种各样的岩层
贝林圭（Belingwe）	津巴布韦	津巴布韦	2.7	不整合在克拉通上/科马提岩保存完好
巴伯顿（Barberton）	南非	卡普瓦尔	3.45	最早被详细研究的绿岩带之一
卡尔古利（Kalgoorlie）	澳大利亚	伊尔岗	2.7	丰富的科马提岩
伊苏尔（Isua）	格陵兰	北大西洋	3.8	最老的绿岩带/可能保存了最古老生命的证据

（据Anhaeusser，2014）

带分为四种类型：巴伯顿型（3300～3500Ma）、苏必利尔型（2600～2700Ma）、伊尔岗型（2600～2700Ma）和达瓦尔型（2300～2600Ma）。此外，也有其他的绿岩带类型划分方案。时至今日，绿岩带研究更注重岩石组合和构造背景的研究，认为绿岩带可形成于多种不同的构造环境，但主要与洋/陆转换密切相关，对此中篇还将专门论述。

1. 绿岩带中的表壳岩

绿岩和绿岩带概念的提出是对太古宙地质研究不断深入的结果。由于前人对太古宙岩石组合及形成背景进行过大量探索，已积累了丰富资料，虽然对绿岩带至今仍没有一个统一的定义，但多数研究者认同绿岩带具有下列基本特征：太古宙绿岩带主要是保存很好的火山-沉积盆地（Windley，1981）；绿岩带主要分布在花岗质岩石中，是一个变形的、低—中级变火山岩和变沉积岩地层，呈带状到不规则状的向形表壳岩序列。它一般长数百千米，宽数十千米，地层厚度可达10～20km（Goodwin，1981）。构成绿岩带变火山岩和变沉积岩通常表现出绿片岩相区域变质作用低压（200～500MPa）和低温（350～500℃）的特征。它们的暗绿色特点指示被交代火成岩（富镁、铁）典型矿物的存在，包括绿泥石、阳起石和绿帘石等。

绿岩带中存在三类主要地层组合：下部为拉斑玄武岩和科马提岩。科马提岩一词来源于南非Kaapvaal克拉通巴伯顿绿岩带的科马提组（Viljoen & Viljoen，1969），是富镁玄武质超镁铁质熔岩，其MgO＞18wt%，通常推测其熔融温度高于现代玄武质岩浆。中部出现中至酸性火山岩，它们的微量及稀土元素与岛弧火山岩极为相似。上部地层为碎屑沉积物，如硬砂岩、砂岩、砾岩和条带状铁建造。后者是由铁氧化层构成的化学–沉积单元，与燧石、灰岩及富硅层形成韵律层。

在岩石学研究的早期，曾认为超基性岩是一种无喷出相的岩石。科马提岩的发现对证实超基性岩的火山成因具有重要意义。它是地幔高度部分熔融的产物，是地球早期富镁原始岩浆的代表。1969年首次发现于南非巴伯顿山地的科马提（Komati）河流域，故名（图1-1）。原意只限于太古宙绿岩中枕状岩流顶部的、具鬣刺结构的超镁铁质熔岩（图1-2）。岩石主要由橄榄石、辉石的斑晶（或骸晶）和少量铬尖晶石以及玻璃基质组成。次生矿物主要有蛇纹石、绿泥石、角闪石、碳酸盐矿物以及磁铁矿等。由于南非科马提岩与枕状玄武岩密切共生（图1-3），二者呈上下关系，或呈互层状产出，因而确定其为火山成因，而不是侵入成因。鬣刺结构是科马提岩中橄榄石、辉石等矿物形成的淬火结构，与玄武岩的枕状构造一样是火山岩水下喷发的标志。科马提岩可喷发在不同的构造位置，多数形成于洋内环境，其中一些构成洋壳的一部分，但主体为洋底高原。另一些科马提岩喷发在洋弧之上，或沉没的大陆台地之上。洋的

图1-1　南非巴伯顿科马提河

图1-2   南非巴伯顿绿岩带中具鬣刺结构科马提

图1-3   作者在巴伯顿绿岩带中拍摄玄武岩的枕状构造（左）及枕状构造近景（右）

构造位置可与现代板块构造环境对比，但地幔的温度要比现代的高。较高的地幔温度导致厚洋壳和更大体积洋盆的形成，以及比现代地幔柱更多、更大和更热的地幔柱的形成。

2. 绿岩带中的花岗质岩石

侵入绿岩带中的花岗质岩石构成成分上特殊的一类组合，即英云闪长岩-

奥长花岗岩-花岗闪长岩，或TTG岩套。英云闪长岩和奥长花岗岩是石英闪长岩的变种，差异在于钾长石的含量。这些火成岩套构成太古宙克拉通岩石组合的主体，代表从原始地幔形成酸性陆壳重要的过程。许多太古宙TTG岩套有类似地幔的Sr和Nd初始同位素比值，表明它们来源于地幔。根据它们的地球化学特征、近期玄武岩熔融实验成果和热模型可讨论TTG岩套的成因，但这个形成过程的细节十分复杂，许多关键性的转化还不清楚。地球化学和热模型结果支持这样一种观点，即TTG成因最可能的机理是含水玄武岩的部分熔融。对TTG的成因提出过多种模型，包括板片熔融、板片窗的破裂、具异常高热源的俯冲带、俯冲熔融时的多元化复合模型、俯冲倾角变化、底侵和玄武质下地壳的熔融、地幔柱/洋底高原模型等。过去几年中有关太古宙TTG形成构造位置的讨论一直是热点话题，近期争论的焦点集中在玄武岩的熔融是发生在下地壳，亦或发生于俯冲板片。由于TTG类似物为埃达克岩（adakite）的认识并不完全正确，因而提出TTG的形成可能与基性下地壳有关。然而对埃达克岩新的地学化学分析结果表明有两类埃达克岩：高硅埃达克岩（HSA，$SiO_2 > 60\%$）具有板片熔融与地幔楔发生反应的特点，而低硅埃达克岩（LSA，$SiO_2 < 60\%$）则认为是交代地幔的熔融（Martin et al.，2005）。这一发现解决了埃达克岩和TTG类比问题。最重要的认识是中—新太古代TTG和现代高硅埃达克岩成分上的相似性，强有力地支持学界早期的观点，即TTG确实是板片熔融的产物（Martin et al.，2005）。

除TTG外，太古宙还有其他类型花岗岩，主要是钾质含量较高的花岗岩、二长花岗岩和正长花岗岩，在巴伯顿花岗岩-绿岩带中将它们置于TTG稍后形成的GMS花岗岩组合（图1-4）。此外，Sylvester（1994）将太古宙花岗岩分为三类：钙碱性、强过铝和碱性花岗岩。钙碱性花岗岩主要是英云闪长岩源区部分熔融的产物，而强过铝花岗岩的源区主要是沉积岩。太古宙碱性花岗岩不同于它们的显生宙相似物，差异比其他两类花岗岩更明显。Laurent et al（2014）则将花岗质岩石分为四种类型：（1）在体积上占优势的初始TTG，其地球化学特征与不同压力下镁铁质岩石部分熔融成因吻合；（2）富Mg、Fe和K的准铝质（二长）闪长岩和花岗闪长岩，属赞岐岩类，最初来源于地幔橄榄岩和富集不相容元素组分间的混合作用；（3）过铝和富钾黑云母及二云母花岗岩，形成于先存老地壳岩石（TTG和变沉积岩）的熔融；（4）

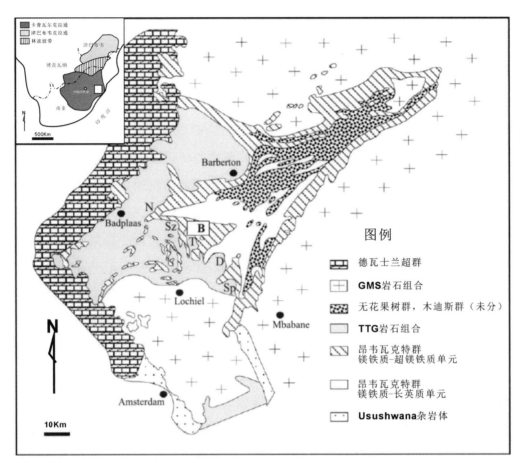

图1-4 南非巴伯顿花岗岩-绿岩带略图（据Vale'rie，2004）

N—3.22Ga Nelshoogte 深成岩体；Sz—3.45Ga Stolzburg深成岩体；T—3.45Ga Theespruit深成岩体；D—3.22Ga Dalmein深成岩体；Sp—3.51Ga Steynesdorp深成岩体，绿岩带>3.5Ga；TTG组合—3.5～3.2Ga；GMS组合—3.2～3.0Ga

混合成因高钾花岗岩，具有上述三类岩石混合的特点。上述第二类赞岐状岩是一种具有高镁（$Mg^{\#}>70$）、高Ni、Cr，富碱（$Na_2O+K_2O>3\%$，$SiO_2=50\%$时），富LILE；Ba>800ppm；Sr>800ppm的闪长岩-花岗闪长岩。稀土元素强烈分馏（$[Ce/Yb]_N=10-50$，$Ce_N>100$），无或略有负Eu异常。赞岐状岩是地壳和地幔融体相互作用的产物，可能形成于俯冲构造环境。地球化学和年代学特征表明它们是太古宙占优势的英云闪长岩-奥长花岗岩-花岗闪长岩系列与现代样式俯冲有关的岩浆系列之间的过渡系列。因此，赞岐状岩的成因能够提供太古宙晚期克拉通地壳地球动力学过程的重要信息（Semprich et al，2015）。

（二）太古宙主要岩石组合类型

Windley（1971、1981）曾根据岩石组合和变质程度特点将太古宙岩石分为绿岩带和高级片麻岩地体等两种组合，并统称为花岗岩-绿岩带，这种划分至今对太古宙地质研究仍有广泛影响。

绿岩带由变火山岩和变沉积岩组成，经历低压（200～500MPa）和低温（350～500℃）绿片岩相区域变质作用。绿岩带内通常由下部的拉斑玄武岩和科马提岩组成，中部为中—酸性火岩层，上部以碎屑沉积，如硬砂岩、砂岩、砾岩和条带状铁建造为主，夹有燧石、灰岩和富硅质层。绿岩带中最常见的火山岩是玄武岩，通常保留枕状构造，变质级别低，出现绿泥石片岩。具异常火山结构的科马提岩也保存在绿岩带中。玻安岩、安山岩和流纹岩也见于绿岩带中，但出露范围比玄武岩小得多。对绿岩带中玄武岩进行过大量地球化学研究，资料表明它们可形成于不同的大地构造环境。但最重要的问题是太古宙拉斑玄武岩的地球化学特征，与现代玄武岩难以进行精细对比。一些太古宙玄武岩可能形成于洋底或克拉通内部，为板内玄武岩或蛇绿岩残留。此外科马提岩可能是地幔柱岩浆作用的产物，形成于洋底高原。安山岩-流纹岩和玻安质熔岩则最可能是弧岩浆作用的产物。

高级变质片麻岩地体通常以低压、高温（＞500℃）区域变质作用为主，变质相达角闪岩相或麻粒岩相，它们构成太古宙克拉通的主体。通常还包括花岗闪长岩和英云闪长岩成分的长英质片麻岩、层状橄榄岩-辉长岩-斜长岩或淡色辉长岩-斜长岩杂岩，以及变质火山岩形成的斜长角闪岩和变沉积岩（Windley，1981）。

除Windley外，也有其他学者（如Condie，1981；Rollinson，2007）将太古宙地壳或岩石组合划分为三种类型，除太古宙绿岩带和花岗岩-片麻岩外增划了太古宙晚期的沉积盆地。实际在全球仅有少数克拉通保存这一类型，它们不整合在克拉通之上，与其他两类地壳差异明显。它们没有强烈变形，不呈拉长的形态和缺少绿岩带中经常出现的丰富的玄武岩。这一类型盆地前人曾描述为"晚太古时期盖层层序"，相当于Carl（2014）在上文所划的太古宙克拉通内盆地层层序。已知保存最好的晚太古宙沉积盆地是南非的Witwatersrand盆地，其中赋存世界上储量最大的金矿床，同时也是铀矿的重要产地。因此对该盆地进行过详细研究。盆地中地层厚度达7km，形成于3074～2714Ma之间。

（三）高级变质的花岗岩－绿岩带

通常在对太古宙地质研究中，低级变质的花岗岩－绿岩带与高级变质的麻粒岩－片麻岩区是严格区分的，这种划分的立论依据主要是变质程度的差异。但花岗岩－绿岩带的原岩仍是一套以镁铁质火山岩为主的沉积岩系及与其共生的同构造期以富钠为主的TTG岩套。这种岩石组合类型不但可以出现在低级变质区，同时也可出现在高级变质区。这样就引发了新的问题，太古宙变质岩石组合究竟如何划分？根据沈保丰等（1995）研究，我国某些高角闪岩相－麻粒岩相区也具有花岗岩－绿岩带的基本特征，只是在构造埋藏过程中经受了高角闪岩相－麻粒岩相变质作用。对这些经历高级变质的具有花岗岩－绿岩特征的岩石组合，称为高级变质的花岗岩－绿岩带。高级区和低级区可能存在复杂的关系：（1）高级区的表壳岩和绿岩带中的绿岩，虽然变质程度不同，变质岩石类型各异，岩石出露规模和连续性有差别，但它们的原岩成分是相同的；（2）变质程度的不同，可能是两类岩石组合所处的构造位置的差别，花岗岩－绿岩带是太古宙地壳的上部产物，而高级区是花岗岩－绿岩带的根部，或是花岗岩－绿岩带在地壳深层次重结晶的产物。而目前出现的两种变质程度不同的构造区，是由于不均匀隆升和逆冲断层将深部地壳抬升至浅部的结果。

在中国华北克拉通除经典的花岗岩－绿岩带外，分布有上述高级变质岩石的地区称为高级变质的花岗岩－绿岩带或区，如辽北－吉林、辽西建平－北票、河北承德、冀东迁滦、河北张宣、内蒙古集宁及乌拉山等地区（沈保丰等，1995），本章介绍的花岗岩－绿岩带以经典的中—低级变质的岩石组合为主。

（四）我国太古宙花岗岩－绿岩带研究历史简述

沈保丰等（1999）曾将20世纪70年代以来我国花岗岩－绿岩带研究工作划分为三个阶段：70年代后期至1985年主要是引进国外有关花岗岩－绿岩带的概念、方法和成果；1986～1990年全面启动以华北克拉通早前寒武变质基底为主的我国花岗岩－绿岩带的研究；1991～2000年进入深入研究阶段。

近30年的研究工作显著推动了我国克拉通变质基底的研究，从地层层序、岩石类型、同位素地质、变质变形和成矿作用方面系统研究了鲁西、清原—桦甸、五台山－恒山、辽西和小秦岭、鲁山、登封等地太古宙花岗岩－绿岩带的地质特征和与之有关的矿产，确定了我国冀东、张宣、清原、乌拉山等地存在高级变质绿岩带；提出绿岩带及金矿类型划分的新方案，论述了绿岩带金矿密集区的概念，进一步丰富了世界绿岩带的地质特征和金矿成矿理论。在此期间一系列专著和论文公开出版问世。

进入21世纪后，与我国太古宙花岗岩－绿岩带相关的研究工作在下述三方面取得令人瞩目的进展：第一，获得众多有价值的锆石SHRIMP和LA-ICPMS U-Pb年龄，厘定了众多哑地层和重大地质事件的形成时代，建立了若干花岗岩－绿岩带演化的时间序列，对一系列重要基础地质问题提出了新的见解；第二，研究领域向纵深进展，特别是围绕早前寒武变质基底地球动力学的研究取得许多新资料，识别出一系列与洋板块有关的MORB、OIB、IAT及深海－半深海沉积岩等岩石学标志，一些研究者还提出华北存在新太古代蛇绿岩的认识，使我国变质基底从以岩石组合＋变质程度为主的研究进入到构造岩石组合＋构造环境为主的领域，有关这方面的进展在中篇专门论述；第三，对花岗岩－绿岩带的矿产及成矿特征进行了全面论述（沈保丰等，2007）。

二、华北克拉通几个代表性新太古代花岗岩－绿岩带简介

沈保丰等（1993、1997、1999）对我国早前寒武纪花岗岩－绿岩带做过系统和深入的研究，他们认为中国绿岩带主要分布在华北克拉通。绿岩带产在古陆核之间或边缘，可能形成在古裂谷或古岛弧的构造环境。按原岩建造、地球化学特征和成矿作用的特点，绿岩带可分夹皮沟型、清原型和小秦岭型。按后期的活化改造作用强度，可分基本稳定型、活化改造型和强烈活化改造型绿岩带。根据变质程度的不同，可分高级变质和中级变质为主的绿岩带。华北克拉通绿岩带的形成可分四个时期：中太古代、新太古代早期、新太古代晚期和古元古代。华北克拉通绿岩带同其他国家绿岩带相比较，其岩石类型、变质程度、花岗质岩石、形成在早前寒武纪和赋存丰富矿产资源等基本地质特征相似。但也具有独自的特色：（1）分布面积小；（2）科马提岩不甚发育；（3）同构造晚期的浅成花岗岩侵入体尚未发现；（4）变质程度较高；（5）赋存的矿产类别有差异；（6）受后期的活化改造作用强烈。

　　在华北克拉通，绿岩带主要分布在吉林和龙、夹皮沟，辽宁清原、小莱河、鞍山—本溪、辽西，内蒙古色尔腾山、乌拉山，河北遵化、青龙河、张家口—宣化，河南登封、舞阳，豫陕交界小秦岭，山东胶东、鲁西，山西五台山—恒山等地。绿岩带呈大小不等的长条状或不规则状分布在同构造期的花岗岩类或灰色片麻岩内，如清原花岗岩–绿岩区由60%的花岗质岩石和40%的表壳岩组成。绿岩带岩序的下部广泛发育厚层变质镁铁质火山岩，有时夹少量的变质超镁铁质岩，在变质镁铁质火山岩中有时可见变余枕状构造；中部常为变质安山质–长英质火山岩，变质安山质火山岩产出不稳定，有时几乎缺失；上部为变质沉积岩系，常发育变质浊积岩和变质碳酸盐岩。条带状铁建造分布广泛，但主要集中在绿岩岩序的中上部。

　　需要指出区内具鬣刺结构的科马提岩分布较少，目前仅在鲁西绿岩带中发现（详见第二章）。绿岩层序常由一个至多个火山–沉积旋回组成。如清原绿岩岩序由一个大型的火山–沉积旋回组成，旋回的下部为厚层变质镁铁质火山岩，向上为变质安山质–流纹质火山岩，上部为变质沉积岩和条带状铁建造。五台山绿岩层序由两个大型的火山–沉积旋回组成，每个旋回都是由变质镁铁质火山岩–变质安山质–流纹质火山岩–变质沉积岩系所组成，但两个旋回的变质程度有别：下旋回为角闪岩相，上旋回为绿片岩相。

　　沈其韩等（2016）指出华北克拉通早前寒武纪的变质结晶基底主要由五大部分组成，它们是：（1）由始太古—古—中太古代DTTG岩系为主和少许古—中太古代表壳岩组成的最古老变质岩系，它们仅在鞍山等地局部出露；（2）以新太古代TTG岩系为主伴生新太古代的变质表壳岩系的变质岩系，它们多经历了麻粒岩相–角闪岩相的中高级变质，主要在华北克拉通北部分布；（3）新太古代变质表壳岩与TTG岩系组成的花岗–绿岩系，它们一般经历了中低级变质改造，主要分布在阴山、吉南—辽北、五台、鲁西、登封等地；（4）已经历高压–中压麻粒岩相变质的古元古代沉积或火山沉积岩系，主要分布在华北西北部（孔兹岩带）及胶东地区；（5）没有麻粒岩相变质的古元古代中深–中浅变质的沉积或火山沉积变质岩系，主要分布在滹沱、吕梁、中条、辽东及胶东等地。

　　新太古代变质岩系可进一步区分出三个系列：第一个系列为麻粒岩–TTG–变质岩系、第二个系列为新太古代麻粒岩–角闪岩相＋TTG变质岩系、第三个系列为新太古代绿岩–花岗岩组合。

新太古代第一个麻粒岩–TTG–变质岩系主要分布于阴山西乌兰不浪和大青山地区、辽西建平、辽北清原、冀东、沂水、抚顺等地。麻粒岩一般呈东西向面状分布于大片深变质的TTG岩石之中，变质程度达中–低压高温麻粒岩相，有的局部退变为高角闪岩相，峰期变质一般达800～850℃或更高，压力达0.5～0.9GPa，p-T轨迹为逆时针型，原岩形成时代为2560～2540Ma，变质年龄为2519～2480Ma，但不同地区有所差异，如沂水地区麻粒岩的原岩形成于2695～2562Ma，变质作用发生在2522～2509Ma期间，～2488Ma经历了流体改造（赵子然等，2009）。在麻粒岩中见有变质年龄为2719Ma的残余变质锆石，表明可能存在新太古代早期的变质作用。辽西建平杂岩中麻粒岩形成于2522～2520Ma之间，麻粒岩相变质作用发生于2490～2485Ma（Kröner et al.，1998），角闪斜长片麻岩和黑云斜长片麻岩原岩的结晶年龄为2555～2550Ma。闪长质片麻岩的结晶年龄为2512±15Ma，紫苏斜长质片麻岩的结晶年龄为2510±2Ma，它们都经历了新太古代末—古元古代初（2512～2471Ma）的变质改造（Liu et al.，2011）。这一系列大量的TTG片麻岩和逆时针的中低压麻粒岩相变质特点表明其形成与大规模的地幔上涌有关，标志着克拉通的形成（沈其韩等，2016）。

新太古代第二个麻粒岩–角闪岩相＋TTG变质岩系为角闪岩相为主夹麻粒岩相变质表壳岩和TTG岩系，主要见于太行山阜平和赞皇等地区。阜平地区的阜平杂岩原岩为火山–沉积岩系，变质程度达高角闪岩相至麻粒岩相。Zhao等（1999）和刘树文（1996）分别对岩系中的基性麻粒岩做过峰前、峰期、峰期后的矿物共生组合和温度条件的研究，均得出一条顺时针轨迹。TTG岩系的形成年龄最大的达2708±8Ma，大部分在2513～2543Ma之间，变质年龄在1875～1717Ma之间。新太古代赞皇群主要由（石榴子石）黑云斜长片麻岩、石榴蓝晶黑云斜长片麻岩、斜长角闪岩等组成，其中斜长角闪片岩具有三阶段的变质演化，组成一条顺时针轨迹（肖玲玲等，2011）。

新太古代第三个花岗岩–绿岩组合中的绿岩变质岩系为花岗岩–绿岩组合，又可分为两个亚类。第一亚类绿岩为由绿片岩相至角闪岩相的沉积和火山沉积＋BIF组成的变质岩系；第二亚类的变质岩系由麻粒岩相至高角闪岩相的沉积和火山沉积＋BIF组成的深变质岩系。第一亚类绿岩主要分布于吉南板石沟、辽北清原、辽宁鞍本、鲁西、河北滦县—青龙、山西五台、内蒙古固阳色尔腾山、河南登封等地；另一亚类由深变质的麻粒岩相至角闪岩相的沉积和火山沉积岩加BIF的变质岩系，以往许多学者将其归入中太古代，但最近的测年结果都属新太古代，它们主要分布于河北迁安—迁西和遵化以及北京密云等地（沈其韩等，2016）。

上述沈保丰和沈其韩等两位作者对华北太古宙变质基底组成及特点的主要认识并没有重要差异，由于本书主要围绕泰山及邻区新太古代的地质背景进行论述，因此下文仅对与泰山及邻区新太古代花岗岩－绿岩带相似的几个经典地区进行介绍。

（一）色尔腾山花岗岩－绿岩带

内蒙古中部的大青山—乌拉山以北地区是华北克拉通西部的最大的新太古代基底出露带，北部与渣尔泰—白云鄂博的中元古代裂谷构造带相邻，南侧紧靠贺兰山—大青山古元古代孔兹岩系，基底岩石主要由固阳西部和中部的新太古代花岗－绿岩带和东部地区的高级麻粒岩组成（内蒙古地质矿产局，1986；李树勋等，1987；金巍等，1991；刘喜山等，1992）

1. 表壳岩

色尔腾山花岗岩－绿岩带又称固阳花岗岩－绿岩带，位于华北克拉通西部阴山陆块西北缘，内蒙古中部色尔腾山地区的基底露头中，是目前已知华北克拉通西部规模最大的新太古代绿岩带（图1-5）。表壳岩分为三个岩组，底部的第一、二岩组为火山岩组合，上部的第三岩组为沉积岩组合。火山岩组合中存在相当丰富的岩石类型，其中包括科马提质岩、玄武质科马提岩、玄武岩、安山岩和英安岩，经历了绿片岩至角闪岩相的变质作用（陈亮，2007；马旭东等，2013）。

研究发现第一岩组以镁铁质至中性火山岩为主体，可分为拉斑和钙碱性两个系列，层序底部的变质超镁铁质性火山岩符合科马提岩的地球化学标准（$SiO_2 < 52\%$，$MgO > 18\%$）。超镁铁质火山岩以块状和厚层状出现在岩组底部，总厚度超过100m，矿物组合为角闪石＋磁铁矿，部分含少量的斜长石。镁铁质性火山岩厚度巨大，出露的宽度超过1km，位于超镁铁质岩石的南侧，在二者边界位置附近可以观察到超镁铁质岩石与镁铁质岩石的互层，镁铁质火山

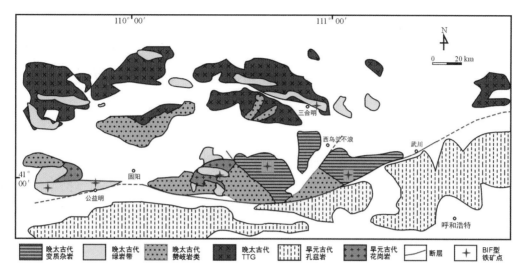

图1-5 固阳地区早前寒武纪地质简图（据 Ma et al.2013）

岩基本上变质为斜长角闪岩，矿物组合为斜长石＋角闪石；绿片岩组合是绿泥石＋绿帘石＋阳起石＋斜长石。中性火山岩位于第三岩组的中上部，出露宽度约1km。

特别值得指出的是除超镁铁质-镁铁质火山岩外，还鉴别出高镁安山岩、富Nb玄武岩组合，表明新太古代华北克拉通的西部北缘存在低角度俯冲作用，俯冲带的热状态足以使板片发生较大规模的部分熔融作用，对于新生地壳的物质贡献主要来自俯冲板片熔体和上覆地幔楔。

2. 深成侵入岩

色尔腾山花岗岩-绿岩带中的TTG可分为2.53Ga和2.50Ga两期（任云伟，2010；Jian et al.，2012），2.50Ga期的TTG的HREE的含量也存在差别（Jian et al.，2012）。赞岐状岩（Sanukitoid）则发生于TTG形成的间歇期，侵入到绿岩带下部层位中，岩体内经常包含有属于绿岩带底部层序的捕虏体。年代学统计也显示赞岐状岩形成时代要晚于绿岩带底部的玄武岩，而早于绿岩带中上部的基性-中酸性火山岩旋回。其具有典型太古代赞岐状岩的特征（高MgO、$Mg^\#$，富Cr、Ni、LREE、LILE）。高正ε_{Hf}值（＋6.3～＋1.5）及ε_{Nd}（＋1.6～＋2.0）表明其来源于新生地壳或者富集地幔的部分熔融。TTG则明显形成于两个时期，这两个时期的TTG具有高SiO_2，富Na_2O（$Na_2O/K_2O > 1$），富集LREE和LILE，亏损Nb、Ta等共同的地球化学特征，但后期的TTG重稀土具有明显不同的特征（张永清等，2006；简平等，2005；陶继雄，2003；Jian et al.，2012）。实验岩石学研究表明，石榴子石是控制重稀土含量的重要矿物，在高压下熔融的过程中，较多的石榴子石作为残留相，而在低压条件下，残留相中石榴子石所占比例较小（Springerand Seck，1997）。因此HREE含量不同的TTG片麻岩可能形成于不一样的压力环境下。

3.条带状铁建造

BIF型铁矿在该绿岩带分布非常广泛，属于阿尔戈玛型，大型铁矿有三合明、书记沟、东五分子、公益民铁矿等。这些矿体主要赋存在绿岩带的底部基性火山岩及高级变质杂岩内，少数BIF以捕掳体形式存在斜长花岗岩和高镁闪长岩体内，但不管哪种赋存状态都与科马提质岩石伴生。对三合明及东五分子铁矿中斜长角闪岩锆石U-Pb定年分别获得了2562±14Ma（刘利等，2012）与2538±9Ma（马旭东等，2013）的年龄。捕房BIF包体的赞岐状岩体的年龄则为2520Ma（Jian et al.，2012；Ma et al.，2013），因此可以肯定BIF的形成时代应为新太古代晚期。

4.同位素年代学

陈亮（2007）从斜长角闪岩和变英安岩中分别测得LA-ICPMS锆石U-Pb年龄为2515±10Ma和2516±10Ma；石英岩中70个有效数据点集中在2500～2600Ma之间，表明花岗岩-绿岩带中的表壳岩形成于新太古代晚期。该年龄值略新于刘利等（2012）报道的绿岩带底部的玄武岩2562±14Ma值。马旭东等根据已发表的35组同位素年龄数据，绘制了统计图（图1-6），并对该花岗岩-绿岩带新太古代地质演化提出如下看法：（1）2562Ma之前，早期的洋壳向陆壳俯冲，大量2.6Ga、3.1Ga的继承锆石存在证明了早期陆壳的存在（Ma et al.，2013）；（2）2562～2538Ma，洋脊开始俯冲，岩石圈地幔开始上涌，基性火山岩喷发，形成科马提岩和BIF；（3）2538～2510Ma，俯冲板片发生部分熔融形成第一期的TTG，随着俯冲深度的加大，TTG成分的熔体与地幔楔反应形成赞岐状岩，当洋脊发生俯冲时，沿板片窗上涌的岩石圈地幔的加热，使板片进一步升温，俯冲板片发生部分熔融的深度降低，板片熔体才能与地幔楔反应，形成HREE含量变化较大的第二期TTG。随后，由于沿板片窗上涌的岩石圈地幔的加热，造成被交代过的地幔楔发生部分熔融形成绿岩带中上部的基性-中酸性火山岩。

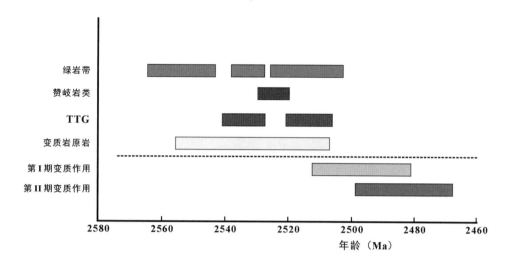

图1-6　色尔腾山花岗岩–绿岩带同位素地质年龄统计图（据马旭东等，2013）

（二）五台山花岗岩–绿岩带

五台山花岗岩–绿岩带位于华北克拉通晋冀陆块西部，主体在山西五台山区，西起原平，东至灵丘，呈北东向展布，长宽为160×35km。表壳岩系统称为"五台（岩）群"，花岗质侵入体主要有东厂—北台片麻状英云闪长岩–奥长花岗岩体、石佛—峨口花岗闪长岩–花岗岩、奥长花岗岩体和王家会钾质花岗岩体，是我国经典的新太古代花岗岩–绿岩带之一。

1. 表壳岩–五台岩群

传统上五台山地区的表壳岩曾称为"五台群"，现改称为"五台岩群"。在白瑾（1986）将五台岩群三分的基础上，地层划分虽不断更动，但自下而上划分为石咀、台怀和高凡等三个亚群的意见广为地质界同行所接受（表1–5）（续世朝，2014）。五台岩群下部一套镁铁质–长英质火山岩夹BIF及富铝片岩组合划归为石咀亚岩群；被韧性剪切带隔开的绿片岩相变质的镁铁质–长英质火山岩及BIF组合划归台怀亚岩群；上部浊积岩夹少量镁铁质火山岩组合划归高凡亚岩群，三者合称五台岩群。同时根据岩石组合、变质程度进行了构造岩石地层组、段划分。

对五台岩群的研究工作已有百年的历史，但其地层划分和形成时代还存在分歧。由于原五台岩群中下亚群经历了早期伸展机制下的近水平剪切，形成了区域性片理，使得岩层间发生了横向构造置换，内部层序难以恢复，加之在后

表1-5　　　　　　　　　　　　　　五台岩群划分沿革表

马杏垣 1957	1:20万平型关幅 1967	晋北铁矿队 1986	白谨等 1986	《山西省岩石地层》 1997	续世朝 2014
滹沱系变质砾岩	滹沱群四集庄组	滹沱群四集庄组	滹沱群四集庄组	滹沱群四集庄组	滹沱群四集庄组
绿色片岩层	木格组：黑豆崖段／车厂段／文溪段／芦咀头段	高凡亚群：羊蹄沟组／大同沟组	高凡亚群：羊蹄沟组／洪寺组	高凡群：磨河组／张仙堡组／滑车岭组	高凡亚群：磨河岩组／张仙堡岩组
	铺上组：鸿门岩段	五台岩群 台山亚群：鸿门岩组（铁馨段／芦咀头段）／柏枝岩组／文溪组	台怀亚群：鸿门岩组／柏枝岩组／文溪组	五台超群 台怀群：磨河组／张仙堡组／滑车岭组／鸿门岩组／老潭沟组／芦咀头组／麻子山组／柏枝岩组／文溪组／辛庄组／庄旺组／金岗库组	台怀亚群：鸿门岩组／芦咀头岩组／柏枝岩组／滑车岭岩组／老潭沟岩组
五台系	五台岩群 庄旺组：杨柏峪段／石佛段／金岗库段	庄旺组：上段／下段	五台岩群 石咀亚群：庄旺组／金岗库组／板峪口组		石咀亚群：文溪岩组／庄旺岩组／金岗库岩组／牛还岩组
角闪片麻岩层	石咀组：板峪口段	石咀群（繁峙群）：金岗库组／板峪口组		石咀群：板峪口（岩）组	
	龙泉关群	龙泉关群	龙泉关群	阜平（岩）群	阜平岩群
					为韧性剪切带接触

表中无横向对比关系。引自《1:25万忻州市幅地质报告》《山西省五台山—恒山1:5万区调片区总结》。

（据续世朝，2014）

期收缩机制下发生了纵弯褶皱形成了以鸿门岩向形为代表的一系列区域褶皱及一系列韧性剪切带构造，使原岩组间均呈韧性剪切带接触，但其间的绢英岩、条带状铁英岩等标志层延续性较好，在区域上仍呈稳定状态延伸，显示了局部无序总体有序的特点，应属构造地层单位，因此应称为五台岩群。自下而上包括金岗库岩组／牛还岩组（麻粒岩相金岗库岩组）、庄旺岩组、柏枝岩岩组／文溪岩组（角闪岩相柏枝岩岩组）、芦咀头岩组、鸿门岩岩组／老潭沟岩组（角闪岩相鸿门岩岩组）。由于芦咀头岩组主要为一套滨浅海相碎屑岩及少量中酸性火山岩，明显区别于原下亚群深海沉积环境，加之其上鸿门岩岩组基性火山岩富钠，与原下亚群基性火山岩明显不同，表明其形成环境发生了较大改变，因此保留原中下亚群称谓，但以亚岩群称之，分别称为石咀亚岩群及台怀亚岩群。高凡亚群为一套浅海－深海相复理石沉积，其内部沉积层序及沉积构造保存较好，组与组间也未见韧性剪切带，为正常接触关系，因此保留原组的称谓，该亚群覆盖于原五台岩群中下亚群之鸿门岩向形之上为大多学者所公认，构造变形事件相对简单且期次较少，刘成如等认为（2004）二者应为构造不整合关系（刘成如等，2004）。

五台岩群的归属一直存在不同认识：一种意见认为五台岩群全都属古元古代（刘敦一等，1984；马杏桓等，1987；田永清，1991）；一种意见认为五台岩群整体都属新太古代（白瑾等，1986、1992；徐朝雷，1991；沈保丰等，1994；程裕淇，1994）；第三种意见认为五台岩群的下部为新太古代，中、上部为古元古代。近年来，许多中外地质学家不间断地在该群分布区进行了详细的地质和同位素年代学研究，取得了许多有意义的新数据和新资料。

根据沈其韩等对2004年前同位素年龄资料汇总，产于繁峙东山底的石咀亚群金岗库组的黑云变粒岩，曾获得锆石常规U-Pb一致线年龄为2508±2Ma，阜平上堡南公路边的同类岩石曾获得锆石常规U-Pb一致线年龄为2557＋64/-49Ma（刘敦一等，1984）。石咀亚群金岗库组斜长角闪岩9件全岩样品的Rb-Sr等时线年龄为2573±7Ma，11件相同岩性的全岩样品给出的Sm-Nd等时线年龄为2599±91Ma（王汝铮，1993）。侵入石咀亚群的石佛岩体的锆石，常规U-Pb法不一致线上交点年龄为2507＋17/-10Ma（白瑾等，1986），小马蹄沟花岗片麻岩中锆石常规U-Pb谐和线年龄为2483±1Ma（白瑾等，1986），石佛花岗岩SHRIMP锆石U-Pb年龄为2531±4Ma（王凯怡等，1997），综上所述，石咀亚群的时代应属新太古代。

台怀亚群柏枝岩组中的绿片岩已获得SHRIMP锆石U-Pb年龄为2555±12Ma，次火山岩的SHRIMP锆石U-Pb年龄为2524±10Ma（王凯怡等，1997）；侵入该亚群中的峨口花岗岩中锆石常规U-Pb年龄为2520±30Ma（刘敦一等，1984），SHRIMP锆石U-Pb年龄为2555±6～2566±3Ma（王凯怡等，1997），车厂—北台岩体的SHRIMP锆石U-Pb年龄为2538±6～2552±5Ma（王凯怡等，1997），锆石常规U-Pb一致线年龄值为2549±22Ma，其单颗粒蒸发法U-Pb年龄为2514±2Ma（白瑾等，1992），王家会花岗岩（灰色相）的SHRIMP锆石U-Pb年龄为2517±12～2520±9Ma（王凯怡等，1997），光明寺奥长花岗岩中锆石常规U-Pb一致线年龄为2522Ma（刘敦一等，1984），SHRIMP锆石U-Pb年龄为2531±5Ma（王凯怡等，1997），台怀亚群主要岩石和侵入其中的各种花岗岩质岩石的同位素年龄都大于2500Ma，由此可见，台怀亚群的形成时代无疑应属新太古代。

五台岩群上亚群高凡亚群的时代，是许多地质工作者一直十分关注的问题。高凡亚群中的千枚质岩石，曾做过Rb-Sr全岩、Pb-Pb等时线和Sm-Nd全岩等时线测年，结果并不理想。最近在高凡附近高凡亚群中的凝灰质火山岩和大同附近侵入高凡亚群中的辉长岩中的锆石用SHRIMP法测得单颗粒锆石U-Pb年龄都为2528±6Ma（王凯怡等，1997），它与Sm-Nd全岩等时线年龄2517±32Ma数字十分相近，恐怕不是偶然的巧合。由此看来，高凡亚群的形成也大于2500Ma，五台岩群整体都属新太古代，已具备足够的依据了（沈其韩等，2004）。但万渝生等（2010）根据高凡亚群石英岩碎屑锆石66个数据点的分析结果，其中存在十分明显的~2.5Ga年龄峰值，较可靠的最年轻碎屑锆石年龄为2.47Ga。因此，高凡亚群地层时代很可能形成于2.5Ga之后。原作者建议高凡亚群升格为高凡群，时代属古元古代。由于本书新太古代顶界时限从2.5Ga上升为2.42Ga，因此仍将高凡亚群归属为五台岩群最上部的岩石构造组合。

陈雪等（2015）通过对五台岩群石咀亚群金刚库组锆石U-Pb和Hf同位素的分析，结合区域地质资料，认为：（1）侵入五台岩群的片麻状花岗岩上交点年龄为2548±15Ma，由此推断五台岩群的形成上限为2.5Ga左右；五台岩群石咀亚群金刚库组黑云母石英片岩锆石U-Pb年龄为2663±2Ma，片麻状石英闪长岩上交点年龄为2636±22Ma，据此认为五台岩群的形成下限约为2.7Ga。五台岩群的形成时代为2.5~2.7Ga，属于新太古代。斜长角闪片麻岩中变质锆石的年龄为1.9Ga，表明五台山地区在1.9Ga左右经历了一次强烈的变质热事件，是华北克拉通东西部陆块碰撞造山事件的一部分，并可能是哥伦比亚超级大陆聚合时发生的全球性碰撞造山事件的一部分；（2）Hf同位素研究结果显示，黑云母石英片岩、片麻状石英闪长岩的锆石均具有正的$\varepsilon_{Hf}(t)$值，分析点大部分集中分布于亏损地幔演化线之下的2.8Ga的地壳演化线区域附近。两阶段Hf模式年龄峰值为2.8Ga，大于锆石结晶年龄，指示五台岩群2.6~2.7Ga的岩浆事件来源于中—新太古代新生地壳物质的重熔或再造。片麻状花岗岩锆石两阶段Hf模式年龄对应的锆石U-Pb年龄相当接近，$\varepsilon_{Hf}(t)$值均为正值，部分介于球粒陨石和亏损地幔演化线之间，部分落在亏损地幔演化线之上，表明2.5Ga的岩浆源区是新太古代晚期亏损地幔分异产生的新生地壳。斜长角闪片麻岩中1.9Ga的变质锆石ε_{Hf}（t）值大部分为负值，两阶段Hf模式年龄（T_{DM2}）平均为3.11Ga，表明1.9Ga的变质热事件主要是中太古代地壳物质循环的结果；（3）锆石U-Pb年龄结合Hf同位素研究结果显示，2.8Ga和2.5Ga的岩浆活动都是华北克拉通岩浆作用活跃期，也都是地壳生长期，因此华北克拉通在新太古代发生了两期明显的地壳生长，表明地壳生长是幕式的。

2. 花岗质深成侵入体

五台山花岗岩-绿岩带中花岗岩类的研究始于20世纪50年代，1984年武铁山等曾做过系统总结，根据花岗岩构造将区内前寒武纪花岗质岩体分为不具片麻状或片麻状构造不明显的花岗质岩体、片麻状花岗质岩体、片麻状复式花岗质岩体、片麻状石英闪长岩体和钠质花岗斑岩等5种类型。田永清（1991）则根据岩体与绿岩之间的演化关系，将花岗岩类分为前绿岩、同绿岩、同构造、后绿岩（后构造）、晚期等类型。

前人大量资料表明五台山花岗岩-绿岩带中的花岗岩类主要是由富钠的TTG和富钾的GMS组成。TTG构成五台山花岗岩-绿岩带的主体，新太古代花岗质侵入体主要包含东南部的兰芝山侵入体、东部的石佛侵入体、东北部的车厂—北台侵入体和西部的峨口侵入体。这些新太古代花岗质岩石广泛侵入到绿岩层位下部，其中发现了一些变质围岩的捕掳体。近年来详细的地质年代学研究已经获得了大量的锆石U-Pb定年资料，并且识别出一些古元古代的花岗质岩石。例如，王家会和大洼梁花岗质侵入体（张健等，2004）。

兰芝山岩体：位于五台山的东南部，主体岩石组合为花岗闪长岩和花岗岩。锆石U-Pb谐和线年龄为2560±6Ma（刘敦一等，1984），SHRIMP锆石U-Pb年龄为2537～2555Ga（Wilde et al，2005）。

石佛花岗岩体：西南起于石佛一带，东北端到神堂堡附近，片麻理平行于围岩叶理，呈北东向延长的楔形体，面积约为75km²。主要岩石类型为黑云斜长片麻岩，其边缘部位出现角闪黑云斜长片麻岩，局部变为二云斜长片麻岩。主体岩石组合为花岗闪长岩、花岗岩和二长花岗岩。石佛岩体年龄为2501±16Ma（白瑾等，1986）。

车厂—北台岩体：分布在西起大东沟，经北台、伯强和狮子坪，东至车厂的广大区域内。岩体中心位于北台一带，呈北东东向伸展，片麻理呈北东东向。岩体与五台岩群的不同单元为侵入接触关系。主体岩石组合为花岗闪长岩和少量奥长花岗岩和英云闪长岩。在该岩体北部，砂河镇南部分可见围岩捕掳体。该岩体的SHRIMP锆石定年结果表明其结晶年龄为2514±31Ma（Wilde et al，2005）。

峨口岩体：分布在五台山西北麓，滹沱河支流峨水河下游黑山庄—阮山—峨口一带，面积约35km²。岩体东西向延长，与区域构造方向一致，边缘片麻理发育，同围岩叶理平行。岩体主要由花岗闪长岩和二长花岗岩组成，含少量的英云闪长岩。刘敦一等（1984）曾报道峨口岩体形成时代为2514±31Ma。

（三）冀东遵化花岗岩-绿岩带

遵化花岗岩-绿岩带位于华北克拉通晋冀陆块中部的河北境内，冀东曹庄—杏山一带出露有我国时代可能为最老的变质岩组合之一，表壳岩称为"曹庄岩群"，主要由斜长角闪岩、（矽线）黑云斜长片麻岩、角闪黑云片岩、铬云母石英岩、不纯大理岩和磁铁石英岩组成。有人认为它们属于最古老的绿岩组合，与格陵兰Isua表壳岩相似（王凯怡等，1990），以残留包体形式赋存于新太古代花岗片麻岩中。

冀东新太古代变质基底岩石组合、变质程度、形成时代差异很大，对构造背景的认识也存在不同认识。我们从太古宙花岗岩-绿岩带的研究角度，将变质程度相对较低的遵化岩群及与其共生的以TTG为主的侵入岩组合划为较经典的花岗岩-绿岩带，而将变质程度相对较高的迁西岩群及与其共生的以紫苏花岗岩为主的侵入岩组合划为高级变质的花岗岩-绿岩带。

1. 花岗岩-绿岩带中表壳岩-遵化岩群

前人（Sun et al.，1984）将冀东地区表壳岩分为高级变质的迁西和八道河群及低级变质的双山子和青龙河群。低级变质岩主要为角闪石-黑云母变粒岩、绢云石英片岩、含石榴子石黑云片岩及磁铁石英。高级变质岩主要由斜长角闪岩、基性麻粒岩、酸性副片麻岩和中酸性麻粒岩组成。在遵化一带副片麻岩呈包体赋存在时代为～2.5Ga的DTTG片麻岩中。该区东南一带迁安地区的变质基底与北部广布的表壳岩存在明显的差异，它们归属于迁西岩群，由变沉积岩和变火山岩组成，主要为斜长角闪岩、基性和酸性麻粒岩、BIF、变粒岩及酸性片麻岩

（Nutman et al.，2011；Wilde et al.，2008）。花岗质侵入体在迁安北部为紫苏花岗岩及大量钾质花岗片麻岩，如石英二长花岗片麻岩、花岗闪长片麻岩和二长花岗片麻岩十分发育。

表壳岩或以透镜状包体赋存在正片麻岩中或作为地层序列保存较好的残留体。它们主要为拉斑系列至钙碱系列变质火山岩及次要的变沉积岩和BIF（Guo et al.，2013，2015；Zhang et al.，2012）。洒河桥一带变质火山岩由N-MORB、IAB、IAA（岛弧安山岩）、富铌玄武岩组成，形成于2614～2518Ma。Guo等（2015）认为青龙—朱杖子一带变火山岩形成于与弧有关的构造背景，而Lü等（2012）则认为形成于陆内裂谷盆地。

目前一般将高级变质的表壳岩统称为迁西岩群，而前人所定的低级变质的表壳岩归为遵化岩群，废弃八道河群的地层名称，并将众多花岗质侵入体从表壳岩中剔除。冀东遵化—八道河等地出露的新太古代遵化岩群可视为较经典的绿岩带，主要由斜长角闪岩、角闪二辉岩、黑云斜长变粒岩、磁铁石英岩组成，原岩为超镁铁质-镁铁质-安山质-砂泥质-硅铁质的火山-沉积岩系。遵化岩群岩石组合具绿岩带特征，可视为新太古代花岗岩-绿岩带，迁西岩群可视为高级变质的表壳岩。

同位素年龄资料指示变质火山岩形成于2.62～2.50Ga，并在2.56～2.37Ga受到变质，变质峰期约为2.45Ga（Bai et al.，2014；Geng et al.，2006；Guo et al.，2013，2015；Lü et al.，2012；Nutman et al.，2011；Yang et al.，2008；Zhang et al.，2012）。

2. 花岗质深成侵入体

前人将遵化—青龙一带新太古代正片麻岩划为TTG和紫苏花岗岩系列，进一步可分为含斜方辉石石英闪长岩-英云闪长片麻岩系列、含斜方辉石花岗片麻岩系列和英云闪长岩-奥长片麻片麻岩系列。Bai等（2014）从TTG系列中鉴别出闪长质片麻岩，它们与TTG呈渐变过渡，且在遵化北部TTG中主体为奥长花岗片麻岩。闪长质片麻岩和奥长花岗片麻岩中岩浆锆石的结晶时代为2535～2513Ma，岩浆源区涉及亏损地幔和俯冲板片熔体。紫苏花岗岩系列主要为紫苏斜长片麻岩和含斜方辉石的岩浆型紫苏花岗片麻岩。因此该带中的新太古代花岗片麻岩可再划分为条纹状（析离）闪长岩-奥长花岗片麻岩、DTTG（闪长岩-英云闪长岩-奥长花岗岩-花岗闪长岩）片麻岩、紫苏斜长片麻岩和岩浆型紫苏花岗岩等4类（Bai et al.，2014，2015；Guo et al.，2013）。

据前人发表资料，遵化—青龙—秦皇岛一带花岗质岩石岩浆结晶时代集中在2.55～2.50Ga（Geng et al.，2006；Nutman et al.，2011；Yang et al.，2008）。LA–ICPMS锆石U–Pb同位素年龄指示闪长岩侵位时代为2517±10Ma和2509±14Ma，英云闪长岩为2505±3Ma，花岗闪长岩为2516±10Ma。资料表明闪长岩与TTG有相近的同位素年龄，说明在2517±10Ma至2505±23Ma期间有一期重要的新太古代DTTG深成岩浆事件。渔户寨和太平寨新太古代紫苏花岗岩侵位时代介于2527～2515Ma之间（Bai et al.，2015）。岩浆来源于俯冲板片的部分熔融，且受到上升的来自深部地幔的富钾质岩浆的混染。

青龙一带DTTG片麻岩岩石学研究资料表明它们受到角闪岩相变质，变质程度低于遵化北部闪长质–奥长花岗质片麻岩的角闪岩相–麻粒岩相变质（Bai et al.，2014，2015）。Guo等（2015）认为朱杖子—双山子一带的变质火山岩仅受到绿片岩相变质，似乎形成于弧后盆地的较浅部位，而遵化北部和青龙一带可能侵位于较深部位的弧根部带。

（四）辽北—吉南花岗岩–绿岩带

辽北—吉南地区位于渤海东陆块北侧，是我国典型的太古宙绿岩带出露区之一。绿岩带主要分布于辽北的清原地区和吉南的夹皮沟、板石沟、金城洞和辉南地区，呈大小不等的长条状或不规则状分布在龙岗（高级区）的边缘（图1–7）。绿岩带地层包括清原岩群、夹皮沟岩群及和龙岩群。层序的原岩建造一般为下部广泛发育着厚层状变质镁铁质火山岩，夹少量超镁铁质岩；中部为变质安山质–长英质火山岩，变质安山质火山岩仅分布在清原、金城洞地区；上部分布着变质火山碎屑岩和沉积岩。条带状铁建造分布广泛，但主要集中在层序的中上部。自下而上绿岩带地层具明显的多期火山–沉积旋回性。

依据表壳岩的地质地球化学特征、原岩建造及形成的古构造环境和成矿作用，将辽北—吉南地区出露的太古宙绿岩带划分为清原型和夹皮沟型。清原型绿岩带包括清原和金城洞两个绿岩带，其原岩建造由下部的镁铁质火山岩和上部的安山质、长英质火山岩和杂砂岩组成，显示出连续分异的火山岩组合特征。镁铁质火山岩、安山质–长英质火山岩、沉积岩之比约为4∶3∶3。上述原岩组合及岩石化学成分的构造环境鉴别均指示了该类绿岩带形成的古构造环境为类似于现代岛弧的大陆边缘活动带，其中赋存有丰富的块状铜锌硫化物矿床，其次为铁矿和金矿。夹皮沟型绿岩带包括夹皮沟、板石沟和辉南3个绿岩带，其原岩建造由下部的镁铁质火山岩和少量长英质火山岩和上部的火山碎屑岩、碎屑沉积岩组成，火山岩的双峰态特点显著，显示相对分异火山岩组合特点。镁铁质火山岩、长英质火山岩、沉积岩之比约为 7.4 : 1.0 : 1.6。绿岩带的原岩组合及岩石化学成分的判别表明其形成的古构造环境为类似于现代大陆边缘裂谷或弧后盆地型火山–沉积盆地，其中赋存有丰富的金矿和铁矿，如夹皮沟金矿、老牛沟铁矿和板石沟铁矿等。

现将清原和夹皮沟花岗岩–绿岩带特征简述如下。

1. 清原花岗岩–绿岩带

辽宁抚顺、清原（辽北）地区为华北克拉通太古宙基底主要出露区之一。沈保丰等（1994）认为该区存在中太古代高级区和新太古代绿岩带两种不同地壳类型。中太古代高级区主体分布于浑河断层以南，主要由片麻状花岗质岩石（TTG）组成。高角闪岩相–麻粒岩相变质表壳岩系以不同规模残余体存在于花岗质岩石中，称为浑南群（图1-7）。前人曾测得小莱河斜长角闪岩中角闪石的 2.99Ga Ar/Ar 年龄（王松山等，1987）和 3.02 ± 0.02Ga 全岩 Sm-Nd 等时线年龄（李俊建等，2000），是辽北地区存在中太古代地质体的主要依据。绿岩带主要分布于浑河断层以北，由 TTG 和表壳岩系组成。表壳岩系变质程度主要为角闪

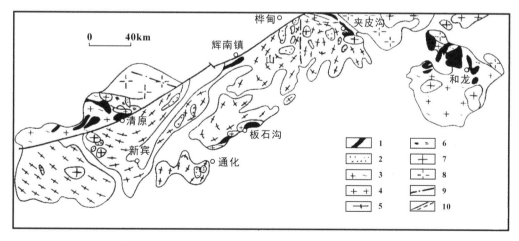

图1-7　辽北—吉南地区太古宙地质图（李俊建等，1999）

1—新太古界绿岩带（清原岩群、夹皮沟岩群和龙岗岩群）；2—中太古界高级区表壳岩（浑南岩群、龙岗岩群）；3—新太古代钠质花岗岩；4—新太古代钾质花岗岩；5—中太古代钠质花岗岩；6—紫苏花岗岩；7—燕山期花岗岩；8—海西期花岗岩；9—韧性剪切带；10—断层

岩相，原称为清原群。但是，在线金厂等地也有麻粒岩和紫苏花岗岩存在。斜长角闪岩Sm-Nd等时线年龄为2.84±0.05Ga，侵入清原群的TTG花岗质岩石锆石年龄多在2.50～2.55Ga范围内（李俊建等，2000）。

根据万渝生等（2005）研究，他们将原浑南群和清原群合并，统称为清原群，时代为新太古代。原作者认为浑河断层不具备划分太古宙不同时代基底的构造意义，其南北两侧太古宙基底的形成时代、岩石组合、变质变形可以对比。与浑河断层南侧相比，其北侧太古宙基底表壳岩系出露更多，角闪岩相变质地体比例更大。

辽宁省地质调查院则将浑河以北、清河以南的太古宙变质地层统称为红透山岩组。该岩组岩性主要为含石榴子石的黑云变粒岩、二云变粒岩、角闪变粒岩、斜长角闪岩、浅粒岩，夹磁铁石英岩和石英片岩扁豆体。

总之，辽北新太古代表壳岩系主要由斜长角闪岩、角闪变粒岩和黑云变粒岩组成，另有少量片麻岩、片岩存在。变质原岩以玄武质、安山质、英安质等火山（沉积）岩为主，加上少量超基性岩和成熟度不高的陆源碎屑沉积岩，其岩石组合和地球化学组成特征与岛弧系统类似。该区角闪变粒岩中岩浆锆石形成时代和变质年龄分别为2515±6Ma和2479±5Ma，TTG花岗岩中残余锆石（可能为早期火山岩锆石）年龄为2.56Ga，给出了火山作用及相应表壳岩系形成时代为2.51～2.56Ga。在小莱河铁矿区获得与斜长角闪岩互层的角闪变粒岩原岩形成年龄为2.52Ga，在原认为属中太古代的汤图地区表壳岩系角闪变粒岩也获得类似年龄2510±7Ma，与前人用其他方法获得的年龄明显不同。从现有资料看，小莱河表壳岩系很可能形成于新太古代，而不是中太古代。辽北地区太古宙基底主体形成于新太古代，不存在大范围分布的中太古代穹窿（万渝生等，2005）。

同绿岩带共同产出的花岗质岩石构成清原花岗岩-绿岩带，花岗质岩石主体是片麻状英云闪长岩-花岗闪长岩。采自抚顺上马乡深熔片麻状TTG花岗岩和小莱河东片麻状TTG花岗岩的锆石SHRIMP U-Pb年龄分别为2477±13Ma和2469±19Ma。万渝生等（2005）将这两个值解释为TTG岩石的深熔时代，侵位时代可能要更老些，约在2.53Ga左右（锆石内核时代）。

清原绿岩带中红透山铜锌矿床是中国发现的最古老的火山成因块状硫化物矿床，产于清原地区太古宙绿岩带中（毛德宝，1997），因其独特的矿床类型，被矿床学家称为"红透山式"（陈毓川，1993；裴荣富，1995），成为辽宁省重要的铜锌矿产资源开发基地（张忠杰等，2013）。

2. 夹皮沟花岗岩-绿岩带

夹皮沟花岗岩-绿岩带位于华北克拉通东端的渤海东陆块北端、吉林省桦甸市东南约50km的大红石砬子—老牛沟—夹皮沟一带，呈北西—南东向延伸约45km，宽4～10km，面积约315km²。区内花岗质岩石约占65%，绿岩约35%。绿岩带地层为夹皮沟（岩）群，包括下部的老牛沟（岩）组和上部的三道沟（岩）组。花岗质侵入体分为早期的TTG片麻岩和晚期的钾质花岗岩。早期报道的Rb-Sr、Sm-Nd等时线年龄和单颗粒锆石U-Pb年龄表明夹皮沟花岗岩-绿岩带形成于新太古代2.76～2.50Ga的时限内（周燕等，1993）。

表壳岩呈大小不一的残留体零散赋存于新太古代TTG不同标高处，两者比例大约为（1:4）～（1:5）。夹皮沟（岩）群老牛沟（岩）组（视）厚度约2500m，以斜长角闪岩类为主，夹少量黑云斜长变粒岩、角闪磁铁石英岩及似层状、透镜状角闪石岩，该层中上部赋存小规模的薄层磁铁石英岩。三道沟（岩）组，（视）厚度约1300m，出露于绿岩带西北端，主要由黑云斜长变粒岩、斜长角闪岩及磁铁石英岩组成，次有黑云（石英）片岩，该层位底部赋存有大型铁矿。绿岩带除含铁矿外，还含大型金矿。

夹皮沟花岗岩类形成时代分为两期，第一期花岗岩类分为英云闪长岩-奥长花岗岩-花岗闪长岩，为TTG组合，分布广，面积大，亦称面型花岗岩。TTG花岗岩组合以奥长花岗岩为主，花岗闪长岩少见，岩石呈条带状、片麻状或块状构造，中粒-中细粒花岗结构或花岗变晶结构，常有晚期交代的钾长石出现，组成物由斜长石（40%～55%）、石英（12%～35%）、黑云母（3%～15%）、角闪石（0%～10%），晚期交代产出的钾长石含量变化大（0%～40%），斜长石以板状半自形为主，常见卡钠双晶，在英云闪长岩中见有环带构造。

第二期花岗岩类是由奥长花岗岩、黑云母奥长花岗岩和正长花岗岩组成的复式杂岩体，亦称线型钾质花岗岩（据荆振刚等，2014）。夹皮沟正长花岗岩区域上位于清原—辉南—桦甸—和龙大陆边缘韧性剪切带及岩浆活动带的中段、夹皮沟花岗岩-绿岩带与高级变质区之间，呈哑铃状分布，东西两端均被断裂切割改造。它将绿岩与太古宙高级变质区分隔开。"哑铃状岩体"与绿岩带的接触带附近，是金矿区展布空间，岩体两侧接触带附近，普遍发育有以钾长石大斑晶为特征的钾质交代现象及钾质花岗伟晶岩脉穿插。钾质花岗岩，一般呈肉红色，斑状、似斑状结构，块状构造。矿物成分：斜长石（15%～25%）、微斜长石（35%～45%）、石英（20%～35%）、黑云母（＜5%）、微斜长石大斑晶（10%～20%），副矿物有榍石、磷灰石、磁铁矿、锆石等。从表1-7可以看出，钾质花岗岩与英云闪长岩、奥长花岗岩、花岗闪长岩比较，其SiO_2、K_2O质量分数明显提高，而Fe_2O_3、FeO、MgO、CaO及MnO、TiO_2质量分数大幅下降，K_2O/Na_2O比值明显高于其他岩石。

清原型和夹皮沟型花岗岩绿岩带主要地质特征可参见表1-6。

表1-6　　　　　　　清原型、夹皮沟型绿岩带主要地质特征对比表

主要特征		清原型	夹皮沟型
层序及原岩建造		下部镁铁质火山岩占40%～70%，厚度变化大，上部安山质、长英质火山岩与杂砂岩，火山岩显连续分异的火山岩组合特点。镁铁质岩：安山质-长英质火山岩：沉积岩之比为4.1∶3.2∶2.7	下部以富铁-富镁拉斑玄武岩为主的镁铁质火山岩与少量的长英质火山岩占84%～87%，双峰态特点明显，显示相对分异火山岩组合特点。上部为火山碎屑岩、碎屑沉积岩。镁铁质岩：长英质岩：沉积岩之比为7.1∶1.0∶1.6
镁铁质火山岩岩石化学特征		15个样品　　CaO_2/Al_2O_3　0.63　　　　MgO/FeO　0.81　　　K_2O/Na_2O　0.29	27个样品　　CaO_2/Al_2O_3　0.65　　　　MgO/FeO　0.76　　　K_2O/Na_2O　0.42
稀土元素特征	镁铁质火山岩	LREE富集型，$(La/Yb)_N$平均为4.16，Eu/Eu^*平均为0.97	REE分布平坦，$(La/Yb)_N$平均为2.74，Eu/Eu^*平均为0.73
	安山岩	LREE中等富集型，$(La/Yb)_N$平均为7.80，Eu/Eu^*平均为0.86	
	长英质火山岩	LREE富集型，HREE中等亏损型，Eu/Eu^*平均为0.82	LREE稍富集，HREE稍亏损，Eu/Eu^*平均为0.68
成岩年龄		2844Ma	2766Ma
变质作用		中低压型低角闪岩相（545℃～640℃，0.4～0.59GPa）	中低压型低角闪岩相（640℃，0.5GPa）
主要矿产		大型块状铜锌矿、中小型金矿、铁矿	大型金矿、大型铁矿
成岩构造环境		类似于现代岛弧的大陆边缘活动带	类似于大陆边缘裂谷或弧后盆地

（据李俊健等，1996）

表1-7　　　　夹皮沟花岗岩-绿岩带花岗质岩石化学成分表

成分	英云闪长岩（4）	奥长花岗岩（6）	花岗闪长岩（3）	钾质花岗岩（5）
SiO_2	64.16	68.72	64.28	71.95
TiO_2	0.54	0.43	0.63	0.21
Al_2O_3	15.37	14.95	15.28	14.16
Fe_2O_3	2.38	2.41	2.13	0.93
FeO	3.87	2.34	3.01	1.04
MnO	0.06	0.09	0.08	0.02
MgO	1.62	1.73	1.30	0.63
CaO	4.67	1.80	3.69	1.10
Na_2O	3.77	4.51	4.19	3.26
K_2O	1.51	1.74	2.51	5.13
P_2O_5	0.19	0.17	0.25	0.10
挥发分	1.56	1.23	1.57	1.05
总量	99.70	100.12	98.92	99.58
K_2O/Na_2O	0.40	0.39	0.60	1.57

括号内的数字是测试样品个数。

（据荆振刚等，2014）

（五）胶东花岗岩-绿岩带

胶东花岗岩-绿岩带位于华北克拉通渤海东陆块的胶东半岛，东南侧与胶南威海造山带（大别苏鲁造山带北延部分）相毗邻。区内太古宙地层分布不连续，在TTG系列花岗质岩石中多呈残留包体出现。山东对绿岩带的研究始于20世纪80年代初期，当时研究对象为鲁西泰山（岩）群中的绿岩带（变质程度较低，属角闪岩相-绿片岩相），胶东地区的绿岩带则因其变质程度高（属高角闪岩相-麻粒岩相，相当国外的片麻岩高级区）而被忽视。80年代以来，山东省内外地质工作者在这方面开展了全面的调查，积累了丰富的有关花岗岩-绿岩带的地质资料。

沈保丰等（1997）最初将鲁东划为两个花岗岩-绿岩带：中—新太古代胶东花岗岩-绿岩带和古元古代荆山花岗岩-绿岩带。胶东花岗岩-绿岩带中的表壳岩曾划为胶东岩群和荆山群。胶东岩群，包括唐家庄岩组、齐山岩组和林家寨岩组；荆山岩群含禄格店组、野头组和陡崖组。随着地质调查和年代学研究进展，胶东岩群中的唐格庄岩组升格为岩群，时代改为中太古代。胶东岩群仅包括齐山岩组和林家寨岩组，时代仍为新太古代（沈其韩等，2008）。由于荆山群的时代确凿无疑为古元古代，因此本节不再涉及沈保丰等所划的古元古代荆山群。

1. 花岗岩-绿岩带中的表壳岩

在《中国地层典——太古宇》一书中，根据山东省地质矿产局前寒武纪地层小组的意见，将原胶东岩群自下而上划分为唐家庄组、齐山组和林家寨组。近年来，通过1∶5万和1∶20万区调工作，艾宪森等（1998）和于志臣（1998）已在原来唐家庄组的基础上重新建立了唐家庄岩群。该岩群呈包体状残存于新太古代花岗岩中，主要岩性为磁铁紫苏斜长变粒岩、石榴斜长角闪岩、黑云变粒岩夹有角闪二辉麻粒岩、石榴二辉麻粒岩和磁铁石英岩（铁英岩）。据艾宪森等（1998）报道，铁英岩的Sm-Nd模式年龄为2846Ma，锆石Pb-Pb法等时线平均年龄为2936Ma，故归属中太古代。

中太古代唐家庄岩群主要分布于莱西的唐家庄、马连庄，莱阳谭格庄，以及栖霞鸡冠山等地，呈零星的卵状包体残存分布于新太古代栖霞花岗质片麻岩中，在中太古代的西朱崔英云闪长质片麻岩中也有少量分布，总体呈北东向带状展布。包体一般长数米至数十米，走向以北东和北西向为主，连续性极差，延深较浅，呈漂浮状残存于TTG系列花岗质岩石中。唐家庄岩群主要岩性为磁铁石英岩、黑云（角闪）变粒岩、磁铁紫苏斜长片麻岩、石榴二辉麻粒岩、斜长角闪岩、磁铁二辉麻粒岩。这些地层包体多单独产出，极少呈互层状，内部较均一。该岩群分布极为有限，未进一步分组。原岩属中基性-中酸性火山岩夹硅铁建造，变质程度已达麻粒岩相。在胶东，早期研究认为存在中太古代表壳岩（唐家庄岩群）和新太古代表壳岩（胶东岩群）。实际上中太古代表壳岩比以往认为的要少得多。只有栖霞黄崖底地区可能存在少量的2.9Ga表壳岩，它们以包体形式存在于2.9Ga英云闪长岩中（Jahn et al.，2008）。

原胶东群的齐山组和林家寨组的主体已证实为新太古代的TTG岩系，加以剔除后，解体出来的表壳岩由下而上重组为苗家岩组和郭各庄岩组，二者合称为新的胶东岩群苗家岩组。主要分布于栖霞吴家、苗家、林家，招远乐土夼，龙口圈子和福山陈家沟等地，以苗家—林家一带规模最大，自下而上划分为以黑云变粒岩、细粒斜长角闪岩、角闪变粒岩、细粒斜长角闪岩、黑云变粒岩为主要岩性的5个段。对斜长角闪岩中的锆石进行单颗粒锆石U-Pb法测年，其结果为2477Ma，考虑到该岩组在新太古代栖霞超单元中呈包体存在这一特征，其形成时代应归于新太古代。苗家岩组斜长角闪岩极为发育，经历了高角闪岩相的变质作用，为赋存金矿的主要层位，其原岩为一套基性-中酸性火山岩和碎屑沉积岩，属大洋环境的一套火山沉积建造。

郭格庄岩组主要分布于栖霞郭格庄、大方山、小方山、苏家店、蓬莱虎路线等地，岩性为黑云变粒岩、条纹条带状黑云变粒岩夹磁铁（角闪）石英岩、石榴透辉含磁铁石英岩等，均呈大小不等的包体出露。该组在栖霞郭格庄建组剖面上厚160m，采其黑云变粒岩样品进行单颗粒锆石U-Pb法测年，结果为2356～2497Ma。但在蓬莱虎地区，对采自侵入郭格庄（岩）组的栖霞超单元脉体进行单颗粒锆石U-Pb法测年，其结果为2518Ma，表明该岩组亦形成于新太古代。郭格庄岩组变质程度为角闪岩相，黄吉友等（2000）认为其原岩为稳定的陆缘浅海相碎屑岩夹少量硅铁质岩。

分布于莱州灰埠—昌邑饮马镇一带的含铁岩系是胶东地区保存最好的绿岩建造，早期将其归于胶东群，20世纪80～90年代开展的区域地质调查及地层对比认为这套以黑云变粒岩为主的变质碎屑岩系，在原粉子山群祝家夼组之下普遍存在。于志臣（1996）在进行区域地层对比研究时认为出露于灰埠一带的这套变质地层，层序最全，岩性特征明显，且认为这套变质碎屑岩与胶东群截然不同，而与粉子山群较为连续，故建立小宋组，归属于粉子山群，并将其置于粉子山群祝家夼组之下。山东地矿局四队在小宋组中曾获得2429Ma（U-Pb，五个庄，莱州菱镁矿附近）、2271Ma（单颗粒锆石年龄，平度灰埠）（于志臣，1996）的年龄数据。小宋组被划分为三个岩性段，分别为长石石英岩段、含铁岩系段和黑云变粒岩段。其中含铁岩系段是区内BIF型铁矿赋存层位，岩石组合以变粒岩、斜长角闪岩为主夹磁铁石英岩、磁铁浅粒岩、角闪磁铁变粒岩、含石榴黑云片岩等。最近的研究认为这套含铁建造很可能属于新太古代早期，从含铁建造的变质酸性火山岩中获得岩浆结晶年龄为2726±10Ma，在变质泥砂岩中获得了～2.73Ga和～2.9Ga两组碎屑锆石U-Pb年龄，并缺少新太古代晚期（～2.5Ga）的构造岩浆热事件信息；在斜长角闪岩中获得的变质锆石年龄为～1850Ma，并有＞2.68Ga的继承或捕获锆石年龄信息。含铁建造的岩石地球化学分析显示，斜长角闪岩具有岛弧玄武岩的地球化学特点，变质酸性火山岩具有埃达克质岩的地球化学特点，故推测莱州—昌邑地区的含铁建造形成与岛弧相关的构造环境，而与粉子山群形成的构造背景无关（王惠初等，2015）。

2. 花岗质深成侵入体

胶东花岗岩–绿岩带中的新太古代花岗质岩石主要分布在栖霞—招远、莱州南部和蓬莱南部3个地区，是花岗岩–绿岩带的主体构成部分，分为TTG花岗岩和GM（花岗岩–二长花岗岩类）组合，前者由西朱崔英云闪长质片麻岩和栖霞TTG花岗岩组成，后者属古元古代双顶岩套（表1–8）（李洪奎等，2012）。

西朱崔英云闪长质片麻岩，矿物粒径≤1mm，主要矿物成分为石英24.7%，斜长石54%，钾长石2.4%，黑云母1.2%，角闪石1.8%，紫苏辉石6.9%，透辉石8.5%及少量磁铁矿、磷灰石、锆石等副矿物。栖霞TTG花岗岩分布于栖霞—招远、莱州南部及蓬莱大辛店等地区，构成鲁东结晶基底的主体，总体呈近东西向分布，为TTG质灰色片麻岩类，主要由英云闪长岩和奥长花岗岩组成，也有少量花岗闪长岩，英云闪长岩分布面积约占TTG总面积的61%，奥长花岗岩约占36%，花岗闪长岩约占3%，其主要特征见表1–8。

表1–8　　　　　　　　胶东早前寒武纪花岗岩岩性特征

地质年代	岩石单位		
	组合单位	基本单位（岩体）	岩性
古元古代	双顶片麻岩套	燕子夼、北照、双顶山	细粒含黑云二长花岗质片麻岩、细粒二长花岗质片麻岩、细粒花岗闪长质片麻岩
新太古代	栖霞片麻岩套	蓝蔚夼、牟家、乐夼、芦家、新庄、回龙夼	细粒含黑云花岗长质片麻岩、细粒奥长花岗质片麻岩、细粒含角闪奥长花岗质片麻黄、中细粒黑云角闪英云闪长质片麻岩、中细粒含角闪黑云英云闪长质片麻岩、条带状细粒含角闪黑云英云闪长质片麻岩
		西朱崔	细粒含紫英云闪长质片麻岩

（据李洪奎等，2012）

李洪奎等（2012）认为，胶东地区早前寒武纪花岗岩类分为3期：第一期为中太古代TTG组合，发育不完全；第二期新太古代TTG组合，具贫K_2O的奥长花岗岩演化趋势；第三期为古元古代早期GM组合，仅具富K_2O的钙碱性演化趋势；新太古代TTG组合为岛弧环境，古元古代早期为大陆碰撞环境，太古宙大陆增生以陆壳水平增长为特征。不同的花岗岩类岩石组合分别对应的陆壳成熟度为：TTG组合为新生的初始不成熟陆壳，GM组合则为最终的成熟陆壳；胶东早前寒武纪花岗岩类随时间从新太古代至古元古代早期的演化，记录了胶东大陆地壳形成的完整地质演化过程。

根据上述资料，胶东新太古代花岗岩-绿岩带组成仅限于胶东岩群和新太古代TTG，而唐家庄岩群和中太古代TTG，变质程度达麻粒岩相-高角闪岩相，应归于高级变质的花岗岩-绿岩带或视为胶东新太古代花岗岩-绿岩带的变质基底。

有关鲁西花岗岩-绿岩带资料将在第二和第三章详细介绍，本节不再赘述。

（六）登封—太华花岗岩-绿岩带

在陕豫皖陆块内发育两条新太古代花岗岩-绿岩带：登封及太华带，带中表壳岩系分别称为登封（岩）群和太华（岩）群。太华（岩）群从西至东主要出露在华山、小秦岭、崤山、熊耳山、鲁山和舞阳等地区，其中以河南鲁山地区出露最为典型；登封（岩）群则出露于河南登封、临汝境内的嵩山和箕山地区。整体上，太华（岩）群的变质级别相对较高，从麻粒岩相到高角闪岩相，部分麻粒岩退变质为角闪岩相；登封（岩）群主要为角闪岩相，经历两次退变质为绿片岩相（Zhang et al., 1985；劳子强，1989）。

1. 登封花岗岩-绿岩带

登封花岗岩-绿岩带分布于河南中部嵩（山）箕（山）—许昌地区，大地构造位置属华北克拉通南缘陕豫皖陆块。登封花岗岩-绿岩带由两大岩石单元组成：绿岩带表壳岩系和周缘广为分布的花岗质片麻岩，二者出露面积之比为1∶4。登封（岩）群是一套典型的变火山沉积系列岩石，具有花岗绿岩带特征，在岩石组合、岩性变化和变质岩原岩性质等方面具有明显的分层性。下部为混合杂岩，包括片麻状花岗岩、混合岩和片麻岩，中部为基性-中酸性火山岩，夹有基性-超基性岩体，包括麻粒岩、斜长角闪（片）岩和云母石英片岩，上部为浅变质沉积岩，包括云母石英片岩、云母片岩，夹大理岩，且具有复理石建造特征。

（1）登封岩群

根据郭安林等（1990）报道，登封绿岩带变质火山-沉积岩系中火山岩由基性和中酸性岩石组成，其中熔岩占优势，含有少量的中酸性火山碎屑岩。从火山岩组合来看基性火山岩约占58%，酸性火山岩占34%，安山质岩石仅7%~8%。整个绿岩带大致划分为下部岩段、中部岩段和上部岩段三部分。下部岩段以较厚的镁铁质熔岩为主，夹有少量的超镁铁质岩石，镁铁质岩石中含有少量的似玄武质科马提岩夹层。中部岩段的岩石组合以镁铁质-长英质火山岩为主，夹少量的安山质岩石及碎屑沉积岩和硅铁岩。上部岩段仅出露于登封君召地区老羊沟和金家门一带，岩石组合主要为沉积的泥砂质岩石、硅铁岩透镜体和上部的砾岩。

劳子强等（1999）根据原岩建造和变质建造组合、区域地层展布与构造特征建立的构造地层层序，将登封（岩）岩群自下而上分为郭家窑岩组、金家门岩组和老羊沟岩组。郭家窑岩组出露于君召北倒转背斜核部，并被新太古代花岗岩套侵入。下部为似层状变辉长岩及次闪石岩，夹角闪片岩，多已糜棱岩化；上部为（杏仁状）角闪片岩夹角闪（黑云）变粒岩及变辉长岩。原岩属大陆边缘或岛弧拉斑玄武岩系列。金家门岩组仅出露于君召北倒转背斜东翼，与郭家窑岩组为韧性剪切带分开。岩石类型主要为条带状黑云变粒岩和角闪变粒岩夹角闪片岩及磁铁石英岩，上部已变为构造片岩。原岩为中基性凝灰岩夹熔岩。老羊沟岩组分布于金家门岩组东侧，主要为石榴十字黑云石英片岩及绢云石英片岩，夹多层变质砾岩，大部分已变为变晶糜棱岩或构造片岩，原岩为砂泥质沉积岩，具复理石沉积特点。

万渝生等（2009）测定的登封岩群3个变质酸性火山岩样品的岩浆锆石SHRIMP年龄为2.51～2.53Ga，与已获得的登封群斜长角闪岩＋浅粒岩Sm-Nd等时线年龄2.50Ga（李曙光等，1987）和变质火山岩锆石SHRIMP年龄2.51Ga（Kröner et al.，1988）一致。登封岩群形成时代可限制在2.51～2.53Ga之间，应属新太古代晚期。

（2）花岗质深成侵入体

登封花岗岩-绿岩带中广泛发育花岗质岩石，根据化学成分它们可以分成两大类：TTG及钾质花岗岩。本区TTG质花岗岩主要由黑云斜长片麻岩（云斜片麻岩）、淡色钠质花岗岩（淡色花岗岩）和变闪长岩组成。TTG质花岗片麻岩中占主体的云斜片麻岩分布于登封君召和临汝风穴寺一带。淡色花岗岩主要出露于登封城西，临汝风穴寺一带亦有分布。变闪长岩有限地存在于登封君召和临汝头道河一带。区内富钾花岗岩主要有登封张店花岗斑岩、君召路家沟黑云母花岗岩、临汝风穴寺一带黑云母花岗岩和相伴出现的钾质混合岩条带以及稍晚的花岗伟晶岩脉。钾质花岗岩显著的主元素地球化学特征为$Na_2O/K_2O<1$。

这类深成岩进一步划分为两个岩套和六个侵入岩体（劳子强等，1999）：登封城区片麻岩套由老到新划分为大塔寺英云闪长质片麻岩、会善寺奥长花岗片麻岩和牛屋栏奥长花岗岩；君召北区片麻岩套由老到新划分为北沟二长花岗片麻岩、青杨沟片麻状辉长闪长岩和吴家门片麻状二长花岗岩。登封城区TTG片麻岩套：大塔寺英云闪长质片麻岩外貌为条带状黑云斜长片麻岩，条带多为花岗质深熔条带，内有大量郭家窑岩组基性岩包体，包体方向与区域片麻理及深熔条带方向一致，多为近南北向。岩石具变余花岗结构，在An–Ab–Or三角图中投点均投在英云闪长岩区，其单颗粒锆石U–Pb年龄为2557±9Ma。会善寺奥长花岗片麻岩外貌为中细粒黑云斜长片麻岩，呈近东西向侵入于大塔寺片麻岩中，内部包体较少，其片麻理近东西向，岩石具清晰的变余花岗结构，原岩为奥长花岗岩。其单颗粒锆石U–Pb年龄为2528±16Ma。牛屋栏奥长花岗岩呈灰白色，近东西向延伸并侵入大塔寺及会善寺片麻岩，边部岩枝发育，略具定向，内部包体很少且呈棱角状，岩石为不等粒半自形粒状结构。岩石矿物组合为典型的奥长花岗岩，其单颗粒锆石Pb–Pb年龄为2604±4Ma（张荫树等，1996）。

君召北区片麻岩套：北沟二长花岗片麻岩侵入郭家窑岩组并被后期岩体切割，总体呈近东西向展布，但内部区域构造片麻理及糜棱面理却呈近南北向。岩石外貌为黑云二长或黑云斜长片麻岩，具变余花岗结构，含较多变形围岩的包体。化学成分与登封城区片麻岩相比，SiO_2、K_2O+Na_2O略高，TFeO、MgO略低，Na_2O/K_2O比值为2.21～3.88，A/NCK为1.11～1.3，刚玉分子1.01～2.18，仍属富钠高铝岩系。单颗粒锆石Pb–Pb年龄为2563±10Ma；青杨沟片麻状辉长闪长岩呈近南北向侵入北沟片麻岩及郭家窑岩组，内有较多次闪石岩等包体，区域片麻理与北沟片麻岩一致。岩石呈半自形粒状结构，化学成分与一般闪长岩的平均成分差异较大，CaO、MgO、K_2O明显高，基性度接近区内变辉长岩，可能与源岩（郭家窑岩组基性岩）及后期钾化（岩石中多见钾长石细脉）有关。微量元素除Rb、Zr、Hf持平或略低外，其余普遍偏高，稀土总量亦高，但其配分型式却与其他片麻岩协调一致。该岩体锆石U–Pb一致曲线上交点年龄2520±17Ma（王泽九等，1987）。吴家门片麻状二长花岗岩呈近南北向侵入青杨沟岩体及北沟片麻岩，发育与外围一致的弱片麻理，内部有少量棱角状围岩包体，花岗结构清楚，化学成分与北沟片麻岩接近。K_2O明显增高，Na_2O/K_2O＝1.32，A/NCK为1.07，刚玉分子1.78，仍属富钠高铝岩系。地球化学型式及稀土配分型式与其他片麻岩协调一致。该岩体被古元古代晋瑶伟晶岩及路家沟钾长花岗岩侵入，变质变形及地球化学特征与其他片麻岩呈连续演化关系，时代仍属新太古代（劳子强等，1996）。

万渝生等（2009）测得本区大塔寺片麻状英云闪长岩$^{207}Pb/^{206}Pb$加权平均年龄为2531±9Ma，会善寺片麻状奥长花岗为2553±8，路家沟钾质花岗岩2513±33Ma，表明TTG及稍后侵位的钾质花岗岩也是新太古代晚期的产物。

2. 太华花岗岩–绿岩带

河南鲁山地区分布的早前寒武纪地层，原称为太华群，后改称太华岩群。传统意义上的太华岩群断续出露于华北克拉通南缘陕西省的小秦岭和河南省的崤山、熊耳山、鲁山、舞阳一带，均以太华岩群作为群一级地层单位统一命名，但岩组一级地层单位各地命名并不相同。河南鲁山为太华岩群的标准剖面产地，前人根据构造特征和岩石类型将太华群划分为上太华群和下太华群（齐进英，1992；沈福农，1994；关保德，1996；涂绍雄，1996）。在鲁山地区，下太华群以TTG质片麻岩为主，广泛发育混合岩化，斜长角闪岩常常以包体的形式存在于片麻岩中；上太华群以表壳岩系为主，岩石类型复杂，有富铝质副片麻岩、斜长角闪岩、大理岩、石英岩等（Diwu et al., 2010）。在熊耳山地区，下太华群主要为变酸性岩浆岩和变基性–中性岩浆岩（如黑云斜长片麻岩、含角闪石片麻岩和角闪岩等），上太华群主要为变酸性火山岩和沉积岩。在华山—小秦岭地区，下太华群主要有变基性火山岩和中性到酸性片麻岩（黑云角闪片麻岩和斜长角闪片麻岩）以及少量的麻粒岩，且混合岩化发育广泛，角闪岩常以包体的形式存在于片麻岩中；上太华群则主要为石英岩、变泥质片麻岩、片岩、大理岩等。

目前，河南鲁山地区原称的太华岩群已清楚地划分为上、下两套地质特征并不相同的岩系。上部岩系的组成以表壳岩为主，由上而下分为3个岩组，即雪花沟岩组、水底沟岩组和铁山岭岩组，水底沟岩组的岩性特征与华北克拉通北部的古元古代孔兹岩系相似。上岩系底部不整合于下部岩系TTG和包于其中的表壳岩之上。这套岩系以往一直根据年龄资料，归属新太古代。2009年万渝生等在上岩群水底沟岩组石墨夕线石片麻岩中获得最年轻碎屑锆石SHRIMP U–Pb年龄为2.31～2.25Ga，将此年龄解释为石墨夕线石片麻岩的形成年龄，同时获得6粒锆石变质增生边的数据点的不一致线，上交点年龄为1.84±0.07Ga，将该数据解释为岩石的变质年龄（Wan et al, 2006）。杨长秀（2008）也报道了这一数据，第五春荣（2010a、b）在上部岩系底部发现石英岩，岩石表面的波痕构造清晰可见，在该样品中获得最年轻的碎屑锆石，用LA-ICPMS法测得的锆石年龄分别为2229Ma和2258Ma，具有较好的谐和性，因此认为石英岩的最大沉积年龄不大于2.2Ga，且该样品也记录了大约2.0～1.8Ga的变质事件。后又获得陕西小秦岭渭南市罗夫地区变质副片麻岩中锆石的年龄为2260Ma，也记录了2.0～1.9Ga的变质年龄，充分证明鲁山地区甚至小秦岭地区原太华群上岩群的时代不是新太古代而是古元古代，并重新命名为鲁山岩群（沈其韩等，2013）。

原太华岩群下部岩系主要分布于荡泽河北界，主要为变侵入体形成的TTG岩系（约占70%），是从原荡泽河组和耐庄组中分离出来，主要由斜长片麻岩组成，局部混合岩化形成由长英质脉体组成的条带状构造和部分呈透镜状分布的表壳岩（约占30%），杨长秀称为荡泽河表壳岩，主要以斜长角闪岩为主，伴生少量夕线蓝晶片麻岩和大理岩。TTG岩系发育近东西向呈串珠状的穹窿构造和无根褶皱，并出现小型的平卧褶皱，混合岩化强烈，是鲁山地区的变质基底。

Kröner等（1988）曾在瓦屋北1km和3km老李庄一带下岩系的英云闪长质片麻岩（现称榆树庄片麻岩）中利用单颗粒锆石蒸发法，获得四组$^{207}Pb/^{206}Pb$年龄，分别为2840±5Ma、2838±7Ma、2841±6Ma和2806±7Ma，他们认为2806±7Ma的年龄可能为新生锆石曾遭受变质和变形所致，因此认为太华岩群的形成时代为中太古代。刘敦一等利用SHRIMP锆石U-Pb测得同一地区下岩系英云闪长质片麻岩的年龄为2829±18Ma和2832±11Ma，且记录了大约2772±22Ma和2638±61Ma的两期变质年龄，同时测得两个包于其中的斜长角闪岩的年龄分别为2838±35Ma和2845±23Ma，亦记录了2792～2776Ma和2651±12Ma、2671±25Ma两期变质年龄（Liu et al.2009）。第五春荣（2010）采用LA-ICPMS方法测得同一地区奥长花岗质片麻岩的年龄为2753±5Ma，英云闪长质片麻岩的年龄为2763±4Ma，其中都包括2.8Ga的捕获锆石，根据第五春荣的测定结果，TTG片麻岩的侵位时间应为2752～2763Ma，另外也测得两个斜长角闪岩的形成年龄分别为2791±7Ma和2794±57Ma，其中含有2884±16Ma、2909±13Ma和3091±21Ma的捕获锆石。

沈其韩等（2013）认为原称太华岩群的下岩系主要约70%的变质TTG岩系和约30%的变质表壳岩组成，属华北克拉通南缘的太古宙古老基底，按地层命名要求，不能再用岩群，可保留太华之名，改称太华杂岩，其时代为新—中太古代，其中包裹的荡泽河表壳岩由于有层无序，无顶无底，暂不以岩群命名而称岩组。整个鲁山地区鲁山岩群和太华杂岩的地层框架如表1-9所示。本书仍保持太华岩群一名，指一套原岩以基性火山岩和碎屑岩为主的中高级变质岩系，而以TTG为主的侵入岩系不包括在表壳岩中，它们与太华岩群共同构成新太古代花岗岩-绿岩带。

表1-9　　　　　　　　　　鲁山岩群和太华杂岩的地层框架

时代	地层	岩性组	原岩建造
		火山杂岩	
中元古代	熊耳群	雪花沟组	原岩为中-基性、中-酸性火山岩夹碎屑岩建造
古元古代	鲁山岩群	水底沟组	含碳质碎屑沉积、碳酸盐岩，相当于孔兹岩系，形成于相对稳定的海相沉积环境
		铁山岭组	含硅铁质沉积物的碎屑沉积-火山岩建造
新—中太古代	太华杂岩	魏庄TTG岩系为主，包有荡泽河表壳岩，见榆树庄变侵入岩侵入其中	荡泽河表壳岩无顶无底呈包体状分布于魏庄TTG岩系中，主要岩性为斜长角闪岩、斜长角闪片麻岩、含石榴黑云斜长角闪片麻岩、夹黑云斜长片麻岩、夕线蓝晶片麻岩、大理岩等。原岩为一套基性火山岩夹富铁泥砂质碎屑岩、碳酸盐建造，TTG岩系属岩浆范围

（据沈其韩等，2013）

第三节　我国太古宙花岗岩-绿岩带研究主要进展

我国自20世纪70年代改革开放以来，太古宙花岗岩-绿岩带研究进入了一个全面和系统的研究阶段，一批基础性、综合性和应用性地质调查和研究项目相继展开，并取得令人瞩目的进展，这些进展持续推动了我国21世纪太古宙地质研究工作。

一、研究思路的不断更新

回顾我国花岗岩–绿岩带的研究历程，国际上一些先进的理念和研究思路对我们的研究有许多启迪。同时中国地质学家的众多研究成果也深化了对花岗岩–绿岩带的认识。

花岗岩–绿岩带是地球早期一套特殊的岩石组合，绿岩中超镁铁质科马提岩的出现、以镁铁质为主的熔岩及深海–半深海碎屑岩的大量发育、在花岗岩–绿岩带中特殊的富钠质TTG侵入岩构成了太古宙变质基底的重要特色。前述华北克拉通几个新太古代花岗岩–绿岩带的研究成果表明它们与国际上经典的花岗岩–绿岩带有众多相似之处。

国际上提出的花岗岩–绿岩带的概念基于将变质变形的花岗岩（灰色片麻岩）和地层中的表壳岩严格加以区分，从火山–沉积岩和侵入岩的角度对构成花岗岩–绿岩带中的两类岩石组合分别予以研究，突破了早期单纯地层学的研究范畴。这一思路对于我国厘清太古宙变质地层和花岗岩类型及组合起了重要的作用。

太古宙花岗岩–绿岩带中的表壳岩属于不能以古生物鉴别其形成时代的"哑地质体"，同位素测年成为研究花岗岩–绿岩带时代的主要手段。我国在研究花岗岩–绿岩带过程中，一直在追踪国际地学的发展，早期应用过Rb–Sr、Sm–Nd等时线法、Ar–Ar法、锆石常规U–Pb法、蒸发法、单颗粒U–Pb测年法获得过大量同位素年龄资料，为甄别花岗岩–绿岩带的时代起到一定的积极作用。进入新世纪后，应用SHRIMP和LA–ICPMS测定锆石的U–Pb年龄，不仅对早期获得的资料进行了校正，而且建立了若干典型花岗岩–绿岩带地质演化和重大地质事件的同位素年代格架。使我国太古宙，特别是新太古代花岗岩–绿岩带年代学研究跻身于世界先进行列。

太古宙绿岩带是铁、镍、金等矿产的重要载体，在对花岗岩–绿岩带研究中，中国地质学家特别重视吸取国际上的先进成果，在我国华北克拉通等构造单元内开展了成矿域、成矿带、矿田或矿床范围的研究，基础地质与矿床地质密切结果，获得一批重要成果（如田永清，1991b；沈保丰等，1994a、b；程玉明等，1996等发表的专著）。

二、中国太古宙绿岩带类型划分

同澳大利亚、加拿大等地绿岩带一样，在华北克拉通同一时期形成的不同地区的绿岩带和不同时期形成的绿岩带，由于所处的构造地质背景的差异，其地质特征是有差异的，同时各地早期形成的绿岩带受后期的活化改造和深熔作用的程度也有区别，因而各地绿岩带类型和特征有所不同。现据沈保丰（1997）意见，将我国太古宙绿岩带类型简述如下。

（一）绿岩带表壳岩的原岩建造、地质地球化学特征和成矿作用分类

按绿岩带表壳岩的原岩建造、地质地球化学特征和成矿作用的不同，可分夹皮沟型、清原型和小秦岭型三类。

夹皮沟型绿岩带主要包括夹皮沟、鞍本和鲁西等绿岩带。原岩建造由下部厚层的镁铁质－超镁铁质火山岩和少量的长英质火山岩及上部的火山碎屑岩、沉积岩和条带状铁建造组成。在下部的火山岩系中镁铁质－超镁铁质火山岩占有很大的比例，长英质火山岩仅在火山岩系的上部有少量分布，安山质火山岩较少，有时甚至缺失。如夹皮沟绿岩带原岩建造属玄武岩－长英质火山岩－杂砂岩型。火山岩系的下部主要是镁铁质火山岩，上部有少量的长英质和英安质火山岩分布。从底到顶，镁铁质火山岩减少，英安质和长英质火山岩增加，顶部为沉积岩，条带状铁建造主要发育在岩序的中上部。镁铁质火山岩、英安质火山岩、沉积岩比例为7.4∶1.0∶1.6，火山岩的岩石组合呈明显的双峰式特征。在夹皮沟型绿岩带中以赋存大量的铁矿和金矿为特征。

清原型绿岩带主要包括清原、金城洞、五台山和登封等绿岩带。原岩建造是由一个或多个旋回的连续的钙碱性火山－沉积岩系组成。如清原绿岩带的原岩建造为玄武岩－（安山质＋长英质）火山岩－杂砂岩型，岩序下部为火山岩单元，主要是镁铁质火山岩夹超镁铁质岩，上部为火山－沉积岩单元，安山质、长英质火山岩与杂砂岩交互出现。玄武岩、（安山质＋英安质）火山岩、沉积岩比例为4.1∶3.2∶2.7。五台山绿岩带的原岩建造为玄武岩－（安山质＋英安质＋流纹质）火山岩－杂砂岩型。岩序由两个二级火山－沉积旋回构成。每个旋回下部均为厚层的拉斑玄武岩，向上为（安山质＋英安质）火山岩夹少

量流纹岩，顶部为少量陆源泥质沉积岩。玄武岩、安山质火山岩、长英质火山岩、沉积岩比例为5.0∶0.78∶0.72∶3.5。在清原型绿岩带中赋存较为丰富的、VMS型的块状硫化物矿床，具有一定规模的铁矿床和储量不大的金矿床。

小秦岭型绿岩带包括辽西、胶东、色尔腾山、小秦岭等绿岩带。其原岩建造下部的火山岩单元为镁铁质火山岩和长英质火山岩组成的双峰式火山岩，上部为凝灰质碎屑岩、泥质岩和碳酸盐岩组成的沉积岩系。在小秦岭和辽西绿岩带中，沉积岩占绿岩地层总厚度的50%以上。小秦岭绿岩带岩石地层的原岩由镁铁质火山岩、长英质火山岩和沉积岩三部分组成。镁铁质和长英质火山岩主要分布在下部，沉积岩在上部，从下到上，火山岩明显减少，沉积岩显著增加。镁铁质火山岩、长英质火山岩、沉积岩比例为4.0∶1.0∶5.0。火山岩岩石组合属双峰式系列。胶东绿岩带的原岩建造自下而上为：超镁铁质岩、大洋拉斑玄武岩、岛弧玄武岩、安山质、长英质火山碎屑岩、粘土岩，呈明显的火山沉积旋回。小秦岭型绿岩带以赋存大量的金矿床和少量的铁矿床为特征。金矿床的类型较多，包括同构造晚期的初生型文峪、排山楼等金矿床和构造期后再生型的焦家、玲珑等金矿床。

（二）变质程度分类

分布在华北地台中的绿岩带的变质程度相对较高，仅少数绿岩带为绿片岩相，主要有两类，即高级变质绿岩带和以中级变质为主的绿岩带。高级变质绿岩带主要分布在阴山、燕山和辽吉南部的青龙—遵化、张家口—宣化、辽宁阜新—朝阳—凌源和内蒙古包头—北乌拉山一带。

高级变质花岗岩-绿岩带由表壳岩和同构造期的花岗质岩石组成。表壳岩约占花岗岩-绿岩区出露面积的10%～15%，主要呈规模不等的包体形式产出在花岗质岩石中。一般来说，呈层状层序，具较大规模者已为数不多，而且其中相当部分遭受混合岩化。同构造期花岗质岩石广泛出露，其岩石类型以TTG质片麻岩、紫苏花岗岩和钾长片麻岩为主。岩石均遭受角闪岩相-麻粒岩相的变质作用和强烈的变形改造。不少地区还遭受后期多次构造、岩浆热事件的叠加和活化改造，其中较为重要的有遵化、乌拉山、辽西和张家口—宣化等绿岩带。遵化花岗岩-绿岩区主要由深成侵入体及表壳岩组成，深成侵入体出露面积超过80%。表壳岩除少数地区有较大规模分布外，多数呈不大的包体不均匀分布在花岗质片麻岩中。表壳岩的岩石类型主要为透辉斜长角闪岩、斜长角闪岩、黑云斜长变粒岩，有时夹有磁铁石英岩。除表壳岩外，区内广泛分布的是太古宙晚期深成侵入体，包括基性和中酸性侵入体。此外还有大面积分布的原岩类型为英云闪长岩和奥长花岗岩，其变质岩石类型为斜长角闪片麻岩、透辉角闪斜长片麻岩等。岩石普遍受到角闪岩相变质作用。斜长角闪岩的Sm-Nd等时线年龄为2786±40Ma。

中级变质为主的绿岩带广泛出露在华北地台，尤其集中分布在华北地台的北缘、西南缘和辽鲁郯庐断裂带的两侧，如吉林和龙、夹皮沟，辽宁清原、鞍本，内蒙古色尔腾山，山西五台—恒山，山东胶东和鲁西，河南登封、鲁山和陕豫交界的小秦岭等地。绿岩带常以不规则的条带状分布在大片花岗质岩石和片麻岩内。表壳岩是具有一定规模的连续的层状岩系，分布有时可达数百平方公里。绿岩带主要由一套原岩为镁铁质火山岩夹超镁铁质岩、安山质–长英质火山岩和沉积岩组成。区域变质作用以低角闪岩相为主，有时为绿片岩相–低角闪岩相，少数为角闪岩相。花岗质岩石一般占全区50%以上，有时可达70%～80%。以夹皮沟绿岩带为例，夹皮沟绿岩带位于华北地台北缘东段，出露面积约315km²。地层为夹皮沟岩群，可分下部老牛沟岩组和上部三道沟岩组，总厚度为3800m。老牛沟岩组主要由斜长角闪岩和少量黑云变粒岩、角闪磁铁石英岩等组成，斜长角闪岩中夹透镜状角闪石岩、阳起角闪石岩和滑石片岩。三道沟岩组的岩石类型有黑云斜长变粒岩、斜长角闪岩和磁铁石英岩，顶部有黑云石英片岩。绿岩带又被太古宙英云闪长质–奥长花岗质片麻岩侵入，穿切成大小不等、形态不一的残块。太古宙花岗质岩石主要是早期奥长花岗岩、英云闪长岩和花岗闪长岩，晚期为钾质花岗岩。区内花岗质岩石出露面积占65%左右，绿岩约35%。

（三）绿岩带的形成时代

华北克拉通绿岩带的形成时代有4期：中太古代、新太古代早期、新太古代晚期和古元古代。中太古代绿岩一般成不大的包体分布在大片的花岗片麻岩中，分布不广，岩石普遍遭受高角闪岩相至麻粒岩相的变质作用。在此期间形成小莱河等绿岩带，斜长角闪岩的Sm-Nd等时线年龄为3018±20Ma。

新太古代早期是华北克拉通绿岩带形成的主要时期。在此期间形成了夹皮沟、清原、鲁西、辽西、胶东等绿岩带。清原和鲁西绿岩带中斜长角闪岩的Sm-Nd等时线年龄和模式年龄非常接近，说明这些镁铁质火山岩直接从地幔中萃取，属壳—幔分离的原始地壳。新太古代晚期是华北地台绿岩带形成的重要时期。在此期间形成了五台山、登封、乌拉山、色尔腾山、金城洞、板石沟等绿岩带。需要指出的是，华北克拉通绿岩带的形成时期主要为新太古代，尤以新太古代早期最为重要（沈保丰等，1997）。

第四节　与南非巴伯顿（Barberton）花岗岩-绿岩带的对比

华北克拉通内绿岩带是世界绿岩带的重要组成部分，同南非巴伯顿、西澳、加拿大阿比提比等一些具有代表性的绿岩带对比，既有其相似性、共性，但又有明显的差异性和特色，对此沈保丰等（1997）曾撰文予以详细阐述。在对中国花岗岩-绿岩带研究过程中，一个重要的成就是加速和深化了中国地质界对国际花岗岩-绿岩带研究动向和趋势的了解。

太古宙克拉通是古大陆的残留，其中含有比年轻地质构造单元更丰富的矿产资源。不同克拉通中的矿产资源有明显的差异。某些年轻的克拉通（<3.0Ga），如苏必利尔、伊尔岗、津巴布韦等富集金、铜、铅、锌，而较老的克拉通（>3.0Ga），如Pilbara和Kaapvaal克拉通则富集亲铁元素，如镍、铬、铂族元素。还有一些太古宙克拉通富集锡、钨、铀、钍，如亚马逊、Leo–Man、Ntem和华南克拉通等。

Kaapvaal克拉通与西澳的Pilbara克拉通是地球上少数保存3.6～2.5Ga地壳残留的古老地质体，两个克拉通有相似的岩石记录，特别是上覆的晚期太古宙的层序，暗示它们曾经是Vaabara超大陆的一部分。

Kaapvaal克拉通面积约120万km^2，北部通过Limpopo带与津巴布韦克拉通相邻，南部和西部与元古宙造山带相接，东部为Lebombo单斜层，其中含有指示冈瓦纳大陆破裂的侏罗纪火成岩组合。Kaapvaal克拉通在3.7Ga至2.6Ga之间形成和稳定，在与弧有关的岩浆作用和沉积旋回的早期有巨量花岗岩基的侵入，它们使大陆壳增厚和稳定。Kaapvaal克拉通主要由3.5～3.0Ga的花岗岩-绿岩带、较老的英云闪长片麻岩（3.7～3.6Ga）和各类花岗质深成侵入体

（3.3～3.0Ga）组成。Kaapvaal克拉通从3.0～2.7Ga发育与大陆—弧碰撞有关的岩石组合，在上覆的层序中由厚的火山和沉积岩组成。后来，经历了幕式伸展和裂开，发育了Gaborone Kanye和Ventersdorp层序。

Kaapvaal克拉通包括6个绿岩带，其中巴伯顿是最大和保存最好的绿岩带。巴伯顿绿岩带由基性到超基性熔岩和变沉积岩层序组成，时代为3.5～3.2Ga。花岗岩可分为两个岩套：TTG（3.5～3.2Ga）和GMS（3.2～3.1Ga）。GMS岩套广泛分布于Kaapvaal克拉通之上，它们的侵位指示克拉通中心部位的第一次稳定化。GMS岩套与早期的TTG岩套无论从内部结构或外部特征上均有显著差异。GMS中单个的深成侵入体超过数千平方千米，其中大多数侵入体未发生变形作用。

TTG岩套地球化学上显示低到中等钾含量，准过铝I型花岗岩的特征。REE元素球粒陨石标准化图谱有两类，主要为轻稀土富集、重稀土亏损，并具有小的或无铕异常。然而，Steynsdorp和Doornhoek岩基重稀土未亏损，并有明显的铕异常。钕同位素显示3.4Ga的TTG岩套ε_{Nd}值从0～＋3.7，指示亏损地幔源区。相反3.2Ga的TTG岩套ε_{Nd}为负值，指示壳源或富集地幔源。另一方面，GMS岩套为中—高钾含量、准铝质I型的岩石。它们通常具有两种REE图谱：中等钾含量的GMS为轻稀土富集、重稀土亏损和无铕异常；然而高钾GMS则相对富集重稀土和负铕异常。Boesmanskop正长岩的ε_{Nd}从－4.4～＋4.8，指示了亏损地幔源和壳源的双重特征。根据钕同位地球化学和REE元素特征，推测TTG岩套来源于＞40km深的富石榴子石斜长角闪质或榴辉岩的亏损地幔。相反，GMS岩套极可能来自富斜长石、贫石榴子石的亏损地幔和古地壳混合源区。

本书作者曾分别对南非进行过实地考察，又于2011～2013年与南非地质调查局合作，承担了"华北克拉通与南部非洲卡拉哈里克拉通前寒武纪构造演化及成矿作用对比"项目，对巴伯顿花岗岩–绿岩带有了一些感性认识，现将该带地质情况简介如下。

一、绿岩带地层序列

南非巴伯顿绿岩带是世界上研究程度较高的绿岩带之一。绿岩中的表壳岩称斯威士兰超群（Swaziland Supergroup），自下而上分为昂韦瓦克特群

（Onverwacht）、无花果树群（Fig Tree）和木地斯群（Moodies）。昂韦瓦克特群构成该剖面的大部分，厚度超过15Km，它主要由铁镁质到超铁镁质火山岩组成，夹少量长英质火山岩与燧石。

巴伯顿绿岩带代表了3550～3220Ma的火山-沉积层序，其保存的地质记录堪称完美，该层序仅受到低绿片岩相变质及相对低应力影响（Alexander et al，2000）。绿岩带地层传统上分为三个群级地层单位（图1-8），尽管后来强调穿时的演化特征，建议划分为构造地层岩套。绿岩带中3500～3300Ma昂韦瓦克特群，底部由镁铁-超镁铁质火山岩构成，向上变为酸性火山岩、火山碎屑岩及沉积岩。绿岩带南部的昂韦瓦克特群与北部岩性相似，但时代可能老了约200Ma，说明绿岩带由独特的构造地层岩片（packages）构成。它们似乎是两个

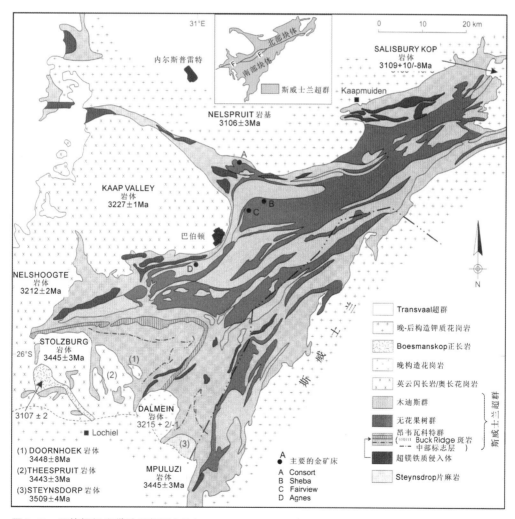

图1-8　巴伯顿绿岩带地质简图（引自Brandl.G et al.，2006）

斜接的洋底岩石的残留（De Ronde and de Wit，1994），结合带位于绿岩带中部的Inyoka断裂带。3260～3225Ma 无花果树群火山-沉积岩不整合在主要为火山层序的昂韦瓦克特群之上。北部以碎屑岩为主的无花果树群以Inyoka断裂带与南部火山岩及火山碎屑岩的无花果树群分开。无花果树群中碎屑岩特征和特殊的火山岩石组合指示弧前或弧后的环境，但时代相近的深成侵入体可能构成岩浆弧。＜3225Ma木地斯群中的粗碎屑沉积物位于表壳岩顶部，砂岩和砾岩层沉积在断裂带边界盆地中，物源来源于较老的绿岩带和周围TTG岩石的隆起带中（Heubeck和Lowe，1994）。

（一）昂韦瓦克特群

昂韦瓦克特群主要位于巴伯顿绿岩带的南部和中部地区，而北部地区研究程度较低。在南部，传统上将昂韦瓦克特群分为六个组（Viljoen and Viljoen，1969a，b；Lowe 1991），自下而上分别为Sandspruit，Theespruit，Komati，Hooggenoeg，Kromberg和Mendon组（图1-9），仅上部四个组层序完整，厚约10km。但De Wit et al.（2011a）在Hooggenoeg与Kromberg组之间增划了Noisy组。

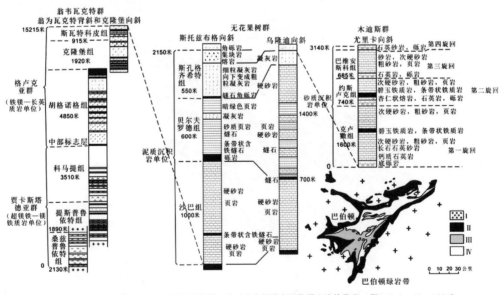

图1-9　巴伯顿绿岩带柱状图

　　下部三个组也称为超镁铁质单元，含有丰富的超镁铁质和镁铁质岩流和岩床，上部四个组以镁铁质–长英质火山岩旋回为特征，称为镁铁质–长英质单元（图1-10、1-11、1-12、1-13），其中缺少或较少发育安山质火山岩。两个单元之间为一个稳定的燧石层，即中部标志层（图1-14），平均厚度约6m，由条带状燧石和少量火山碎屑岩层组成，燧石中也含碳酸盐岩，并富含碳质，局部为硫化物的黑色页岩层。

　　科马提岩是上述超镁铁质单元中最具特征的岩性，由铝不亏损型和亏损型两类岩石组成。铝不亏损型科马提岩的Al_2O_3/TiO_2和CaO/Al_2O_3比值分别为15～18和1.1～1.5，具球粒陨石痕量元素及$(Gd/Yb)N$比值特征。与此相反，铝亏损型科马提岩的Al_2O_3/TiO_2仅为8～12，而CaO/Al_2O_3则变化于0.19至2.81，$(Gd/Yb)N$介于1.08至1.56之间。科马提组中科马提岩全岩Sm–Nd等时线年龄为3657±170Ma，$^{147}Sm/^{144}Nd$比值从0.1704至0.1964，低于球粒陨石的0.1967（Vale'rie Chavagnac，2004）。

图1-10　昂韦瓦克特群具橄榄石骸晶的科马提岩露头

图1-11　昂韦瓦克特群辉石鬣刺结构的科马提变玄武岩

图1-12　昂韦瓦克特群变玄武岩枕状构造

图1-13　太古宙晚期花岗岩侵入昂韦瓦克特群科马提质变玄武岩（斜长角闪岩）

图1-14　昂韦瓦克特群中部黑色硅质岩标志层

为探讨昂韦瓦克特群形成环境，Yoshiya et al.（2015）通过沉积岩中黄铁矿原位铁同位素分析，发现$\delta^{56}Fe$值变化较大，从−1.84‰至＋3.79‰。其中Hooggenoeg组的铁同位素绝大多数为正值，而Noisy组及其上覆层序则从负值至正值。它们的主要差异存于沉积深度，Hooggenoeg组可能在深洋环境中沉积，而Noisy组形成于浅水。在Noisy组测得的$\delta^{56}Fe$负值指示黄铁矿部分还原是浅海中微生物异化还原作用（DIR–Microbial dissimilatory iron reduction）所造成。

（二）无花果树群

无花果树群覆盖在昂韦瓦克特群之上，南部为浅水相，北部为深水相，中间由Inyola断层隔开。Reimer（1967）和Condie等（1970）将北部无花果树群分为三个组，厚度约2000m，从下往上，分别为：1. Sheba组，750～1200m厚，岩性为浊积岩屑硬砂岩和页岩；2. Belvue Road组，600～1150m厚，页岩，浊积粉砂岩和硬砂岩（图1-15），硅质岩和局部分布的粗粒火山碎屑岩，顶部科马提熔岩和黑色燧石互层；3. Schoongezicht组，550m，粗粒长英质火山碎屑砂岩，

图1-15　无花果树群变粉砂岩

砾岩，角砾岩，泥岩和页岩。

Inyoka断层南部为Mapepe组和Auber Villiers组。Mapepe组（Lowe和Nocita，1999）厚约300m，岩性为硅化的石英斑状英安质凝灰岩，球粒层，英安质凝灰岩和泥岩与薄层砂质和叶片状重晶石互层、碧玉铁质岩层，以及局部分布的条带状含铁石英岩和硅质碎屑角砾岩。Auber Villiers组，厚1000～1300m，主要为英安质火山碎屑岩和陆源沉积岩，年龄为3256～3253Ma（Kroner等，1991；Byerly等，1996；Lowe和Byerly，1999）。

（三）木地斯（Moodies）群

木地斯群是巴伯顿超群中最上部的岩石地层单元。它分布在一系列构造分离的块区和侵蚀残余地。在巴伯顿山的木地斯群岩石形成高地，而在南部地区，形成山脊，沿其为斯威士兰和南非的地理界限。

在Eureka向斜，木地斯群划分为三个组，每个组分别代表粒度向上变细的旋回，底部岩性为砾岩状石英砂岩，向上为厚层状细粒石英砂岩（图1-16），粉砂岩和页岩。它们的累计厚度达3140m。

图1-16　木迪斯群变长石石英砂岩

　　遍及巴伯顿的木地斯群群地层底部以中砾和粗砾砾岩或者砾状砂岩为标志，位于首次出现的富石英（＞50%）砂岩的下部。（Visser，1956；Lowe 和Byerly，1999）。与木地斯砾岩不同，下伏Mapepe组中砾岩与贫石英（＜10%）英安质凝灰岩和火山碎屑岩互层。木地斯组沉积背景为前陆盆地（Jackson等，1987），环境为辫状冲积平原、三角洲、浅水滨海体系和陆架相（Eriksson，1980a）。

　　木地斯群中的浅海相砂岩中保存典型的BIF，在木地斯山62m厚的剖面中，出露5种不同的岩相：（1）硅质碎屑层；（2）毫米至厘米级的铁矿物形成的纹层；（3）燧石层和结核；（4）非纹层状砂岩；（5）火山凝灰岩。其中纹层状含铁岩层与太古宙晚期至古元古代的BIF在矿物组成及地质特征上完全雷同（Tomaso et al，2013）。

　　上述划分虽然提供了花岗岩-绿岩带内岩石地层单位的格架，但这些区域性地层名称强调的是一种层状地层学的概念，掩盖了带内地层的复杂性和穿时性。Lowe and Byerly（2007）修正了他们早期的思路，提出使用构造地层岩套（tectono-stratigraphic suites）术语来命名。每个岩套由火山岩层、沉积岩层及有关的TTG深成岩、片麻岩和混合岩组成。近期De Wit et al.，（2011）、Furnes et al.（2011，2012，2013）建议将传统的巴伯顿绿岩带Onverwacht群改称为岩套，原昂韦瓦克特群群内的组（formations）改称为杂岩（complexes），即昂韦瓦克特群岩套分为7个杂岩，每个杂岩被推覆和滑覆断层形成的剪切带及角度不整合所分隔。这些杂岩构成叠瓦状构造堆叠体（imbricate tectonic stack），此后又经历了变形改造。但这些思路和术语的改变还有待时间和实践的检验。

二、花岗质岩石

野外和地质年代学资料表明该带中有三期深成岩浆活动（图1-17，Kröner et al，2016）：发育在南部的早期TTG侵位时代从3500Ma至3450Ma，与绿岩下部层序形成大致同时；随后为西北和南部侵位的3230～3220Ma深成侵入体，形成时代与第二期（D2）变形同时或略晚，较晚的3140～3100Ma的花岗岩分布最广泛，形成于主增生事件之后（图1-18）。根据野外关系和年龄资料可将这些侵入体划分为同至晚碰撞的侵入体，它们的成因可能与主期碰撞之前的俯冲和汇聚有关。3300～3260Ma 的第二期（D2）之前的变形记录仅沿该带北缘以孤立露头或混合片麻岩中的捕房体的形式断续出露（Kisters等，2010）。

Stolzburg地区的TTG与绿岩以断层接触，是巴伯顿绿岩带中最老的侵入体，由3440～3460Ma不均一的Stolzburg、Theespruit和Doornhoek等岩体组成，约3.5Ga的Steynsdorp强片理化的岩体出露在巴昂韦瓦克特群顿南部。Kaap Valley地区主要由Nelshoogte奥长花岗岩体和Kaap Valley英云闪长岩体组成，沿巴伯顿西北形成大型卵形侵入体。片麻状Nelshoogte岩体单颗粒锆石U-Pb年龄为3236±1Ma（De Ronde and Kamo，2000）。Kaap Valley岩体是TTG组合中唯一的大型英云闪长岩体，锆石U-Pb年龄为3227±1Ma，是同至晚构造侵位的英云闪长岩（Kamo and Davis，1994）。

巴伯顿花岗岩-绿岩带中的花岗质岩石发育很好，学者们对古太古代深成岩浆活动在巴伯顿区进行过较详细研究，但对位于该带西南部的Badplaas地区大规模的中太古代深成侵入事件在之前未能很好鉴别。Badplaas发育多期侵位的奥长花岗岩，保存了很好的侵位关系，成分上的不均一是野外最重要的鉴别特征。

Rooihoogte深成侵入岩分布最广泛，它是不均一的粗至中粒灰色奥长花岗岩，发育很好的片麻理构造，许多地点奥长花岗岩主相被暗色细粒奥长花岗岩侵入，奥长花岗质淡色岩墙也侵入主期奥长花岗岩。根据Heerenveen岩

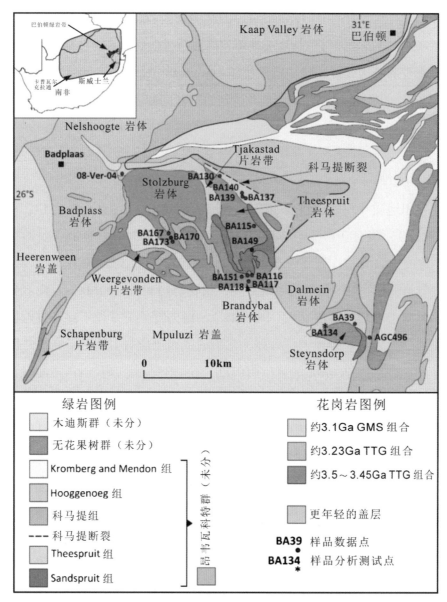

图1-17　巴伯顿南部花岗岩－绿岩带主要岩石单元分布略图（据Kröner et al，2016）

基周围花岗质岩墙时空分布特点，它们应与较年轻的钾质花岗岩侵位有关。在Rooihoogte岩体西部陡倾片麻理呈东北东走向，但与较年轻的Heerenveen钾质花岗岩基接触带附近转变为北和北东。Rooihoogte岩体以存在规模较大（100米至千米级规模）的角闪岩相绿岩捕房体为特色，捕房体的排列大致平行于片麻理。

Badplaas地区同位素年龄结果指示介于3290～3230Ma期间，及3230Ma主碰撞事件前长约60Ma时期发生过一次初始酸性地壳的添加。Badplaas地区深成侵入活动的时间和延续时期，以及构造和成分的不均一表明了该区代表与汇聚有

图1-18　晚期花岗岩侵入早期英云闪长质片麻岩

关岩浆弧的一部分。从区域规模审视，深成岩浆作用、变质和变形的时空关系被视为保存最完整的古太古代末期弧-沟系统，包括：3290～3230Ma与汇聚有关的岩浆弧，与弧后火山-沉积的3260～3225Ma无花果树群大致同时的沉积、保存在岩浆弧中高压、低温的底侵地壳残留，以及沿Inyoni剪切带主要地壳构造上覆板块的高温、中压岩石。

三、巴伯顿花岗岩-绿岩带同位素年龄

巴伯顿表壳岩划为分昂韦瓦克特群（Onverwacht）、无花果树群（Fig Tree）和木地斯（Moodies）等三个群，昂韦瓦克特群通常自下而上划分为Sandspruit、Theesprit、Komati、Hooggenoeg、Kromberg和Mendon等六个组，诸多学者对昂韦瓦克特群中的火山岩进行了较深入的年代学研究。

Kröner和Todt（1988），Kröner（1993、1996）等认为巴伯顿绿岩带最老的岩石位于Steynsdorp背斜核部的深成岩（Steynsdorp深成岩体）。北部长英质单元含单颗粒锆石Pb-Pb和U-Pb年龄为3544±3Ma到3547±3Ma。

Kröner等（2016）报道了昂韦瓦克特群底部Sandspruit和Theespruit组变酸性火山岩（巴伯顿绿岩带中两个最老的表壳岩层）的同位素测年结果。这两个层序是等时的，构成了一个独立的火山事件，发生于约3.53Ga。Sandspruit酸性火山岩组强烈变形，与约3.45Ga的Theespruit深成岩浆作用的花岗岩脉形成构造互层。一个交代的Sandspruit样品含丰富的变质锆石，^{207}Pb/^{206}Pb均值年龄为3220.1±1.6Ma，反映南巴伯顿山区广泛的变质事件。Theespruit组几个变酸性火山岩样品与前人确定的岩浆侵位时代一致，约3530Ma，但在Theespruit组最东部的露头中测到3552Ma的年龄，可能代表较低岩石地层的时代。

Lopez和Martinez等（1992）测定一个科马提岩的^{40}Ar/^{39}Ar年龄为3486±8Ma。Kamo和Davis（1991，1994）以及Kamo（1990）测定碱性斑岩中锆石和榍石的U-Pb年龄分别为3467^{+12}_{-7}Ma和3458±8Ma，代表了科马提组的最小年龄。Armstrong等（1990）从两个沉积物中测得3472±5Ma的锆石年龄，其中一个的产出层位和碱性斑岩相同，另一个为中间标志层（the Middle Marker），覆盖在科马提组之上。这些沉积单元代表着近同期的火山碎屑沉积物，因此限制了科马提组的最大年龄。最大和最小年龄限定了科马提组一个相对较短（5～14Ma）的侵位时间段。

Hooggenoeg组年龄和Komati组相似，但是限制年龄相对较少。Hooggenoeg组基部包含中间标志层，限定该组最大年龄为3472±5Ma（Armstrong等，1990）。Hooggenoeg组最小年龄由上覆Buck Reef火山岩的最大年龄限制，其单颗粒锆石U-Pb年龄为3445±3Ma（Kröner等，1991）。

Kromberg组上部变凝灰岩年龄为3334±6Ma（Byerly等，1993），上覆Mendon组变质沉积岩中单颗粒锆石U-Pb年龄为3298±6Ma（Byerly等，1993）。

Kröner等（1991）测得南部无花果树群Mapepe组中的英安质凝灰岩年龄为3225±4Ma。北部靠近Schoongezicht组顶部的英安质碎屑砾岩最小年龄为3226±4Ma（Kröner等，1991；Armstrong等，1990）。Kohler和Anhaeusser（2002）获得巴伯顿东北部Bien Venue组同位素年龄为3259～3256Ma，而Kröner等（1991）、Byerly等（1996）测到南部Auber Villiers组3256～3253Ma的同位素测试结果，进一步说明了无花果树群南北两组的时间上的相关性。

木地斯群主要岩性为石英砂岩，同位素测试数据表明可能始于约3220Ma，终于3110Ma之前（Heubeck和Lowe，1994）。这些岩石沉积于陆地、边缘海和浅海环境（Eriksson，1979，1980a；Heubeck和Lowe，1994），现在分布于不同的构造块体之上，厚达3700m。

年代学资料表明TTG深成岩有三期短暂的活跃期：早期TTG在绿岩带南部于3500～3450Ma侵位，与下部绿岩层序时代大致同时；随后约3230～3220Ma深成岩沿北西向侵入，形成于D2变形期；较晚的3140～3100Ma花岗岩分布相对广泛，在主要的增生事件之后侵位（Anhaeusser and Robb，1983；Kamo and Davis，1994；Westraat et al.，2005；Schoene and Bowring，2007）。野外关系和年代学资料可将TTG分为同碰撞和晚碰撞侵位期，TTG深成侵入活动可能与主碰撞期前的俯冲及汇聚作用有关。3300～3260Ma的D2变形记录仅从该带北缘孤立的露头或混合片麻岩的捕虏体中获得（Tegtmeyer and Kröner，1987；Kamo and Davis，1994；Schoene et al.，2008）。

有关巴伯顿花岗岩-绿岩带Sandspruit和Theespruit组及有侵入体同位素年龄可参见Kröner（2016）汇总表1-10。

表1-10　南非巴伯顿花岗岩-绿岩带Sandspruit和Theespruit组及有关侵入体同位素年龄汇总表

样品号	岩石类型	测年结果（Ma）
BA117	被交代长英质变质火山岩	变质年龄：3220.5±5.0
BA118	花岗岩	侵位年龄：3445.2±0.4
BA149	被交代长英质变质火山岩	形成时代：3531.5±0.8
BA151	细粒花岗质岩石	侵位年龄：3450.2±2.8
BA167	细粒奥长花岗岩	侵位年龄：3446.7±0.8
BA172	褐绿色长英质变火山岩	无数据
BA173	褐绿色长英质变火山岩	形成时代：3533.0±1.6
BA39	长英质变火山岩	形成时代：3552.0±0.5
BA130	长英质火山岩颈	形成时代：3431.4±1.5
BA137	长英质片岩（变凝灰岩）	形成时代：3530.2±0.3
BA139	长英质角砾岩（变集块岩）	形成时代：3521.3±0.9
BA140	长英质片岩（变凝灰岩）	形成时代：3530.2±0.3
AGC496	长英质变火山岩	形成时代：3540.7±1.3
08-Ver04	含重晶石长英质凝灰岩	形成时代：3537.3±2.6
BA115	弱片麻理英云闪长片麻岩	侵位年龄：3465.7±2.2

（据Kröner，2016）

四、巴伯顿花岗岩–绿岩带形成的构造背景

前人对巴伯顿花岗岩–绿岩带形成的构造背景提出过多种假设，不同的作者提出不同的认识，观点大相径庭。巴伯顿带的成因与构造环境有密切联系，科马提杂岩中的科马提岩和科马提质玄武岩一直受到高度关注，推测其形成的构造环境包括洋中脊、洋内弧、弧后盆地、陆内溢流玄武岩、洋底高原和洋岛等。毋庸置疑，这些观点难以调和且涉及何种太古宙地球动力学运行这一根本问题。例如，前人已经提出用大洋俯冲的异常低角度模型来解释太古宙大陆生长的成因。在现代俯冲带中，低角度或平板俯冲过程中，岩浆添加形成新地壳主要来自俯冲洋壳（板片）及板片之上薄地幔楔的部分熔融（图1-19、1-20）。这些

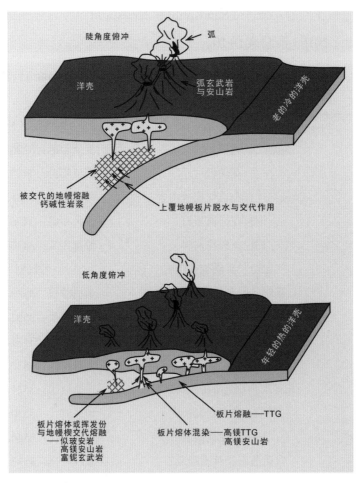

图1-19　现代样式陡角度及低角度俯冲，显示控制的岩浆源区——注意在平和低角度俯冲时地幔楔仍然出现，而且来自板片的融体与地幔楔发生相互作用（据Smithies等，2003）

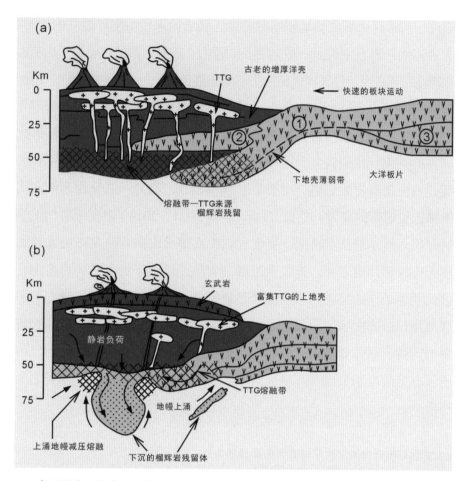

图1-20　卡通图表示太古宙平板俯冲造成的早太古宙地壳演化的可能模型，TTG地壳是增厚的镁
　　　　铁质地壳下部熔融的产物，榴辉岩为残余相（据Smithies et al，2003）

a—洋壳（板片）俯冲至（1）稍老的厚的镁铁质洋壳之下；同样显示太古宙平板俯冲最初发生在下地壳薄弱带
（板片2和3），推测在厚和较热的地壳中发育；b—榴辉岩拆沉，被富TTG的洋壳代替，上升的地幔楔为TTG和
表壳岩中的玄武岩提供了热源

证据保存在3.0～2.5Ga的太古宙晚期地质体中，但3.1Ga以前没有证据表明大
陆地壳生长与地幔楔的贡献有关。证据部分来自3.0～3.3Ga地壳的缺失，而且
3.3Ga前，甚至3.1Ga以前俯冲的富集地幔源区也不发育。与此相反，在现代
和某些晚期太古宙地体中，早期太古宙（＞3.3Ga）大陆地壳的形成与厚的镁铁
质地壳的直接熔融有关。Smithies等人（2003）提出不包括地幔楔发育的俯冲作
用称为太古宙平板俯冲（Archaean flat-subduction），用以与现代低角度俯冲相
区别。

　　一些作者基本赞同Smithies等人的观点，应用非均变或洋底高原（oceanic-
plateaumodels）模型解释巴伯顿带的成因。洋底高原模型强调太古宙有较高的

地幔温度，可能造成较高的地幔熔融程度，较低的地幔粘度和较快的地幔对流，以及太古宙大洋岩石圈较厚、较热和正的浮力。这些因素似乎阻止了由俯冲导致的板块构造，或者至少是在现代俯冲带的陡角度俯冲（＞45°）的运行。Kröner等（2016）则通过Sandspruit和Theespruit火山岩地球化学和同位素特征的研究，认为没有证据表明变玄武原岩为部分熔融的产物，以及古太古代洋壳的形成与俯冲有联系的认识。他们倾向于这些火山岩形成于古大陆壳上溢流玄武岩型的构造位置，成因上与岩浆底侵作用有关（图1-21），但另一部分作者倾向用岛弧模型解释巴伯顿带的成因。例如，Furnes等（2011、2013）根据地层构造堆叠体及熔岩和侵入体地球化学特征，提出巴伯顿底部火山杂岩是在弧后盆地和火山弧中洋壳连续仰冲的岩片。地层上下部杂岩构造侵位于更老的杂岩之上，杂岩内部彼此间也是构造接触。岩浆源区是地幔的一部分，俯冲交代洋壳的去水作用造成地幔LILF的富集，然而酸性火山岩是俯冲板片中斜长角闪岩和榴辉岩部分熔融的产物。原作者根据微量元素地球化学特征（图1-22），提出巴伯顿科马提质和玄武质岩浆形成于与现代火山弧及弧后盆地相似的俯冲洋壳之上被交代的地幔。

始太古代花岗岩地壳上的双峰式火山高原喷发

幔源岩浆在下地壳的加热作用引起地幔、地壳成分的混合，发生深熔作用、花岗质侵入体形成

莫霍面

幔源岩浆分异就位　　镁铁质-超镁铁质的地幔柱底侵作用

图1-21　板下和板内与古太古代地幔柱有关岩浆活动推测模型，造成辉长岩、英云闪长岩和奥长花岗岩下地壳的加热、韧性变形、混合岩化，局部深熔和TTG及岩盘的形成。壳-幔岩浆混合造成同位素差异，地幔熔体喷发地表形成科马提质玄武岩，与以壳源为主的酸性岩成为互层，共同形成火山高原（据Kröner，2016）

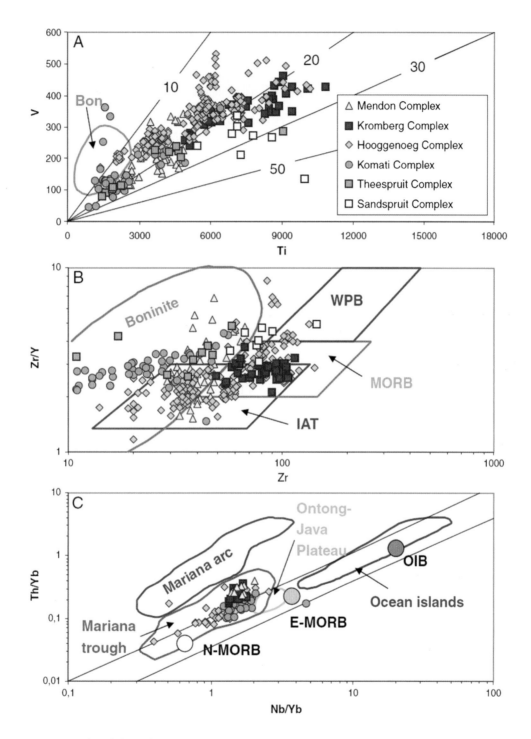

图1-22　昂韦瓦克特群科马提提和玄武岩的V-Ti（A），Zr/Y-Zr（B），and Th/Yb-Nb/Yb（C）判别图解（据Furnes et al，2013）

判别图据Shervais（1982），Pearce and Norry（1979）and Pearce（2008）。图A中Ti/V比从10～20为岛弧熔岩、20～50为MORB、20～30是MORB和岛弧的混合、10-50系弧后熔岩。Bon＝玻安岩。图B中WPB＝板内玄武岩、MORB＝洋中脊玄武岩、IAT＝岛弧拉班玄武岩。图C洋岛区、Ontong Java高原和马尼亚娜弧/马尼亚娜海沟据Pearce（2008）。

由南非地质学家集体编纂的《地球和生命导言》（*Introduction of Earth and Life*）提出地球早期的板块规模小，岩石圈厚度薄，初生大陆地壳通过小洋板块的不断俯冲逐渐扩大规模。因此，在现存最古老的大陆地壳形成时即已存在板块运动，其表现形式主要是洋壳俯冲，导致弧火山岩和TTG岩石组合成为古陆壳的主体。他们推测南非3.5Ga的巴伯顿花岗岩-绿岩带的成因与俯冲作用有关。

五、巴伯顿绿岩带中的含矿性

卡拉哈里克拉通基底的几个古老的绿岩带，如萨瑟兰、彼得斯堡、穆奇森、巴伯顿、穆尔德斯德里夫、阿马利亚、塞巴奎、布拉瓦约绿岩带等，都不同程度地含有金矿、温石棉矿、重晶石矿、辰砂矿、赤铁矿、菱镁矿、辉锑矿、滑石矿等，其中以巴伯顿绿岩带金矿的数量和规模最大。

巴伯顿绿岩带金矿主要分布于Kaap Valley深成岩附近的弧形区域和巴伯顿东北部Sheba山（Anhaeusser，1976，1986）。金矿化作用发育于昂韦瓦克特群、无花果树群和木地斯群的多数岩石中，尤其与含铁建造、燧石、硬砂岩、页岩和石英岩相关。部分学者认为形成金矿矿化热液，其地球化学和热在区域上为均质的，精确同位素测年表明矿化作用发生于3216Ma到3084Ma，与钾质花岗岩基的侵位同步。后期的韧性剪切作用使得金矿床进一步富集。Lily金矿矿体（图1-23）在无花果树群内，赋存围岩主要为黑色页岩、铁建造、燧石岩，特别具红色的条带状碧玉质燧石岩更令人注目。围岩产状陡立，矿层产出受页岩中剪切带控制。矿区内有两条剪切带。金矿化呈细脉，网脉状产出，与黄铁矿关系密切。由细粒层纹状黄铁矿和黑色页岩组成的硫化物相铁建造与金矿关系十分密切，铁建造厚的地方，金矿化较好，一般东部铁建造的厚度约6m，西部1~4m。矿石为含金条纹一条带状黄铁矿，后期见无矿石英脉穿切。我们在坪硐中也看到含金的页岩系中有紧闭褶皱发育，褶皱转折端，黄铁矿相对富集，金矿的形成可能也与后期的韧性剪切作用有关系，但南非最重要的金矿类型仍是兰德型砾岩金矿（图1-24）。

除金矿外，巴伯顿绿岩带中的温石棉矿产自昂韦瓦克特群的超镁铁质岩中。包括纯橄榄岩、辉石岩，并由构造控制（Anhaeusser，1986）。后期具十字节理

图1-23 考察南非绿岩带金矿（Lily金矿）

图1-24 金矿矿井中的兰德型含金砾岩

和热液网状脉的张应力断裂，形成了主要的矿石类型。菱镁矿沉积主要与蛇纹岩带中层状超镁铁质侵入体有关（Viljoen.M.J.，和Viljoen.R.P.，1970），主要产自蚀变超镁铁质岩石中的网状细岩脉。滑石矿化作用发生在小规模似透镜体中，其发育在Jamestown和Kaapmiden地区昂韦瓦克特群蛇纹岩和滑石碳质岩中平行走向的剪切带中（Ward，1995）。

六、华北与巴伯顿花岗岩－绿岩带基本特征对比

华北克拉通太古宙绿岩带，其地质特征与巴伯顿花岗岩－绿岩带基本相似，即表壳岩原岩主体为超镁铁质－镁铁质熔岩及碎屑沉积岩，变质程度以中—低级变质程度为主，赋存有大规模金、铁等矿产，但二者之间也存在显著的差异。

1. 绿岩带形成及结束时间存在差异

太古宙绿岩带形成及最终结束的时间点是构造体制转换的重要标志，往往指示一个地区古老结晶变质基的形成或统一。巴伯顿绿岩带形成于3500Ma，结束于3100Ma左右，其上直接不整合覆盖具有盖层特点的3100～2700Ma的Dominion群和Witwatersrand超群，标志巴伯顿地区3100Ma已形成统一的克拉通；华北克拉通的太古宙绿岩带主体形成于新太古代早期，终结于2420Ma左右，在经历了古元古代复杂的演化过程后，上覆1800Ma以后形成的未变质的沉积盖层。两个克拉通"绿岩带"结束的时间相差了近13亿年。

2. 绿岩带出露规模不同

巴伯顿绿岩带其规模约1500km^2，厚度为20km，而华北克拉通单个绿岩带的规模小，一般仅有数十平方千米，厚度也不大，例如河南小秦岭绿岩带为3km，辽宁清原绿岩带厚度尚不足2km，山西五台绿岩带接近7km，彼此间差异较大，后期地质历史过程中的改造及掩盖程度远大于巴伯顿绿岩带。

3. 超基性－基性火山岩发育程度不同

巴伯顿绿岩带中的科马提岩和科马提质玄武岩广泛出露，而在华北绿岩带除鲁西泰山岩群雁岭关岩组中有经典的具橄榄石骸晶的科马提岩出露外，尚没有公认的具鬣刺结构的科马提岩。

4. 绿岩带的含矿性存在差异

绿岩中超基性－基性火山岩是金重要的矿源层，在巴伯顿绿岩中超基性－基

性火山岩枕状构造之间经常可见含金黄铁矿的集合体，甚至有自然金的出露，因此绿岩中超基性-基性火山岩的发育程度与含金矿源层存在正相关关系。华北绿岩带中超基性-基性火山岩远不如巴伯顿地区发育，其含金潜力也难以与巴布伯顿地区相比。

5. 变质程度存在差异

我国绿岩带的变质程度较高，一般为高绿片岩相-角闪岩相，并且以角闪岩相为主。而巴伯顿绿岩带变质作用，主要为绿片岩相，仅在与花岗岩接触带附近，变质作用才能达到角闪岩相。

6. 后期改造明显差异

我国太古宙绿岩带形成以后，遭受到多次构造岩浆活动的改造，尤其是中生代燕山运动的影响，从而使早期的花岗岩-绿岩带发生强烈的变形、变质及重熔作用。

自20世纪70年代开始的30余年间，在原地质矿产部等有关部门的大力支持下，一批全国性和地区性的花岗岩-绿岩带研究项目陆续开题，取得远超出上述小结中所介绍的进展，这些进展对我国21世纪早前寒武纪变质基底的研究起了重要的支撑作用。进入新世纪后，冠以花岗岩-绿岩带名称的全国性研究课题虽然数量上有所减少，但与花岗岩-绿岩带有关的研究内容不断深化、研究思路不断拓展、研究方法不断创新，使包括泰山在内的变质基底研究水平不断提高。通过上述对华北和巴伯顿太古宙花岗岩-绿岩带资料的介绍以及与世界上其他经典地区花岗岩-绿岩带的对比可知，我国新太古代花岗岩-绿岩带的发育无疑是一大特色，其中泰山新太古代地质无论从自然的地质记录，亦或地质研究程度方面作为全球研究新太古代地质的窗口是当之无愧的。

毋庸讳言，我国太古宙花岗岩-绿岩带研究还有许多值得改进和提高之处。除去具体地质问题外，如经典花岗岩-绿岩带与高级区之间的关系、不同花岗岩类型，特别是TTG的成因，绿岩中超镁铁岩形成的构造背景，变质沉积岩形成的沉积环境，富铁、富金、富铜锌绿岩带的差异等等。当前国内外同行还特别关注到花岗岩-绿岩带形成的地球动力学机制问题。这不仅是一值得探索的理论问题，对在花岗岩-绿岩带中寻找更多的矿产和研究地球早期地质思路还具有重要的指导意义，对此除前言部分有所涉及外，本书中篇还将进一步予以讨论。

第二章
泰山新太古代地质

泰山及邻区是太古宙花岗岩-绿岩带出露的经典地区，区内泰山岩群是我国新太古代表壳岩系最发育的变火山-沉积岩系，是我国目前保存较好、发育比较完全的典型新太古代绿岩带之一，也是我国新太古代岩浆活动最发育的地区。大规模的新太古代变质深成侵入体构成这一地区花岗岩-绿岩带的主体。本章主要在前人研究的基础上，结合作者在该区的研究成果，介绍泰山及邻区的新太古代表壳岩系——泰山岩群，以及新太古代各类变质深成侵入体的岩石组合类型、时空分布特点、地球化学特征和变质作用过程。

第一节 概 述

泰山新太古代地质经历了上百年的研究历程，1872年德国人李希霍芬建立泰山系，泛指以泰山地区为代表的变质岩系。1907年美国人维里斯和布莱克威尔德改称泰山杂岩，并认为其中大部分为火成的，也许其中部分是来源于沉积的，进一步分为片麻岩和片岩及花岗岩两大类岩石。随着研究工作的深入，20世纪60年代逐步从"杂岩"中筛分了命名为地层的"泰山群"，但当时"泰山群"中除表壳岩（Supracrust—变质的火山-沉积岩）外，也还包含了一部分变质深成侵入片麻岩。以新泰雁翎关地区和新泰、平邑两县太平顶地区的两个标准剖面为基础，自下而上建立了万山庄组、太平顶组、雁翎关组、山草峪组，时代划归太古宙，并以雁翎关组为"标准层"。1962～1963年程裕琪等对新泰雁翎关地区的泰山群进行了详细的研究，认为该地区的太平顶组岩性与层型差别相当大，层序上亦有问题，不能对比，另命名为任家庄组；在山草峪组之上划分了付家庄－单家峪角闪岩带。1965年山东省地质厅805队在泰山地区建立了五个岩组，自下而上分别为望府山岩组、筈帚峪岩组、唐家庄岩组、孟家庄岩组、冯家峪岩组，合称泰山杂岩。1982～1985年山东区调队二分队在鲁西进行专题研究时，将原太平顶组及万山庄组的大部分改划为岩体。将万山庄组的一部分改划为雁翎关组，新建柳杭组。将泰山群层序重新厘定，自下而上为雁翎关组、山草峪组和柳杭组。1986～1990年在进行1∶20万泰安、新泰幅区调修测时完善了这一划分方案。1992年山东省地矿局第九地质队在进行1∶5万新汉、放城幅区调时，于新泰孟家屯一带发现一套石榴石英岩组合，命名为孟家屯岩组，置于雁翎关组之下（据宋志勇等，1994）。

20世纪80年代程裕淇、曹国权等率先从"花岗岩－绿岩带"视角审视泰山及邻区新太古代地质特点，从泰山群中剔除了变质深成侵入片麻岩，将变质火山－沉积岩系命名为"泰山岩群"，又对变质深成侵入体进行了岩石类型、地球化学和年代学的详细研究，取得大量丰富的实际资料，使泰山新太古代地质受到国内外地学界的高度关注。

值得指出的是，将"泰山群"更名为"泰山岩群"是泰山新太古代地质研究过程中研究思路的重要进展。泰山岩群的命名既考虑了与传统地层泰山群的区别，又顾及与传统地层的密切联系。"群、组、段"是有序地层中的岩石地层单位，而"岩群、岩组、岩段"的层序已不易恢复。"在变质很深的变质岩区，原岩已不易恢复，可根据变质程度、混合岩化、花岗岩化作用的强弱及变质矿物组合划分为不同的岩带。如此种岩带的产状与原始层理大体一致，此种岩带仍多少具有地层意义；如所划分的岩带产状与原始层理不一致，这样，它只代表了岩石学的（或地质构造特征方面的）意义而没有地层层序上的意义。……在建立系统地层层序和确定地层上下关系有困难时，可采用岩组、岩段来代替组、段作为填图单位"，"关于岩群，对由于构造复杂，或受到高度混合岩化作用的影响，或强烈花岗质岩浆活动的干扰，或出露不全，因而无法建立完整层序的变质表壳岩系，在1∶500万地质图上一律称为'岩群'，以别于层序基本可信的变质的'群'"（程裕淇文选编委会，2005）。泰山岩群自命名后一直沿用至今，程裕淇先生对岩群、岩组的界定也一直指导着后人的工作（陈克强，2013）。

自泰山成为世界地质公园后，在前人资料基础上，万渝生、王世进等一批研究者应用锆石U-Pb法获得了数量众多的同位素年龄数据，基本厘清了泰山岩群和深成侵入体的形成时限，进一步廓清了它们空间上的分布规律。在此基础上，一些研究者开始探讨泰山新太古代地质演化史特点和地球动力学机制，并取得了初步进展。

本章将根据泰山新太古代地质研究工作历史过程和取得的新进展，重点阐述泰山花岗岩-绿岩带的组成、空间分布和岩石学及地球化学特点，其形成的年龄谱和可能的地球动力学机制将分别在第三章和本书中篇进行介绍和讨论。

第二节　泰山花岗岩-绿岩带中的表壳岩系——泰山岩群

表壳岩（系）是火山岩和沉积岩经区域变质作用后形成的变质岩的统称。受变质变形和构造运动影响，多数早前寒武纪表壳岩的原岩层序和构造特征会遭到不同程度的破坏，但表壳岩的原岩在地表条件下形成，可以保留原岩形成时地球表生环境、火山活动和沉积-构造格局的信息，是研究地壳演化历史的重要对象。绿岩带是一类主要形成于太古宙，"卷入到花岗质深成岩'海洋'中的表壳岩系"（Condie，1981），具有平面上呈线状、横剖面上呈盆地形的空间展布特征，地表出露的岩层厚度10～20km（Gorman，1978）。绿岩带下部以超镁铁质-镁铁质火山岩为主，其中发育鬣刺结构的科马提岩是判断绿岩带最重要的标志之一，向上超基性-基性火山岩减少，中-酸性火山-沉积岩增加，可形成低钾钙碱性系列或双峰式不同的火山岩组合，这两种火山岩组合可能反映不同的构造环境。绿岩带顶部通常会发育碎屑沉积岩和包括燧石岩、碳酸盐岩及条带状硅铁建造（BIF）在内的一种或多种化学沉积岩，沉积岩与下部的火山岩构成绿岩带整体的火山-沉积旋回。除整体旋回特征外，绿岩带在不同层位还会出现小尺度的旋回，如基性熔岩层的底部常出现薄层超基性岩，上部又会出现少量中-酸性火山岩，这种旋回性也是绿岩带的一个重要特征。绿岩带通常仅遭受中—低级变质作用，在局部能保留原岩的构造特征，但整体构造变形复杂，一地区还可能出现多期绿岩带共生的现象，因而绿岩带与周围花岗质深成岩的关系不容易确定。同位素研究表明绿岩带与周围花岗质深成岩很可能存在成因联系，地质学家常常将狭义"绿岩带"代表的表壳岩系与周围花岗质深成岩作为整体研究。

泰山岩群是我国新太古代表壳岩系最发育的变火山-沉积岩系，也是我国保存较好、发育比较完全的典型新太古代绿岩带之一（程裕琪等，1991；徐慧芬等，1992；曹国权，1995）。泰山岩群呈大小不等的包体残留于花岗质片麻岩等变质变形深成侵入岩内，系一套层理已被置换、有层无序的构造岩石地层单位（图2-1）。原岩主要为超基性-基性、中酸性火山岩、火山碎屑岩及陆源碎屑岩等火山-沉积建造，经历了角闪岩相-绿片岩相的区域变质作用和韧性变形作用改

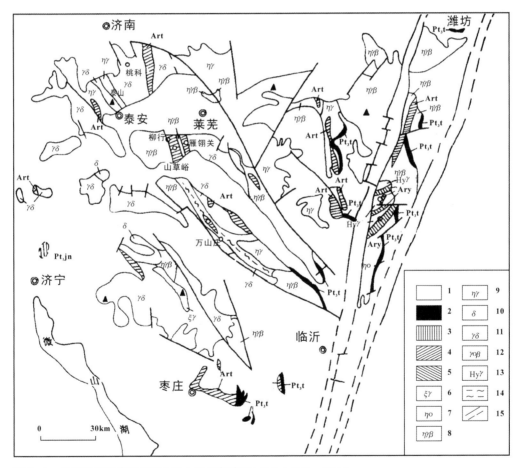

图2-1　鲁西地区前寒武纪地（岩）层分布略图（据宋志勇等，1994）

1—寒武—第四系；2—土门群；3—宁岩群；4—泰山岩群；5—沂水岩群；6—钾长花岗岩；7—石英二长岩；8—黑云母二长花岗岩；9—二长花岗岩；10—闪长岩；11—花岗闪长岩；12—片麻状英云闪长岩；13—紫苏花岗岩；14—构造带；15—断层

造。超基性–基性火山岩（雁翎关组）未受到明显的混合岩化，保留着令人注目的科马提岩，主要由细粒片状斜长角闪岩、绿泥阳起片岩和蛇纹滑石透闪片岩组成。这套绿岩呈北西走向零星分布于鲁西山区，是最早形成的前寒武纪岩石地层单元。1996年曹国权等在《鲁西前寒武纪地质》专著中首次使用泰山岩群这一名词。1996年全国地层多重划分对比研究《山东省岩石地层》（张增奇等，1996）基本采纳了前人的划分方案。根据王世进等（2012）意见，采用的泰山岩群划分方案见表2–1，但在实际工作中仍存在不同意见。

根据野外地质和表壳岩系及相关岩石的锆石SHRIMP U–Pb定年，万渝生等（2012）在《华北克拉通鲁西地区早前寒武纪表壳岩系重新划分和BIF

表2-1　　　　　　　　　泰山岩群划分沿革表

北京地质学院1958~1960	程裕淇等1962~1963	1：20万泰安、新泰幅区调报告，1990	《山东省岩石地层》1996《山东省区域地质》2003		王世进等，2012	
泰山群	傅家庄—单家峪角闪质岩带	柳杭组 上亚组	柳杭组	二段	柳杭岩组	（原柳杭组上亚组）
		下亚组		一段		
	山草峪组	山草峪组 四段	山草峪组	四段	山草峪岩组	四段
山草峪组		三段		三段		三段
		二段		二段		二段
		一段	泰山岩群	一段		一段
雁翎关组	雁翎关组 上亚组	雁翎关组 上亚组	雁翎关组	三段	雁翎关岩组（含原柳杭组下亚组）	三段
	下亚组	中亚组		二段		二段
		下亚组		一段		一段
太平顶组	任家庄组		孟家屯岩组	二（岩）段	孟家屯岩组	二（岩）段
万山庄组				一（岩）段		一（岩）段

（据王世进等，2012）

形成时代》一文中对泰山岩群表壳岩系进行了重新划分。1．泰山岩群下部
（2.75～2.70Ga）表壳岩系，包括原泰山岩群的雁翎关岩组和柳行岩组下段的大
部分及孟家屯岩组；2．泰山岩群上部（2.56～2.525Ga）表壳岩系，包括原泰山
岩群的山草峪岩组、柳行岩组上段和下段的一部分。它们在岩石组合、变质变
形等方面存在明显区别，BIF形成于新太古代晚期。这是华北克拉通迄今唯一分
辨出新太古代早期和晚期表壳岩系的地区。该方案的重要基础是岩石组合，而
不完全等同于有序地层划分。本书作者基本倾向万渝生等（2012）的划分方案，
并提出部分修改建议。

　　在泰山岩群下述论述中，引用了山东省地质勘查局不同时期的地质调查成
果，有几点需做说明：1．山东省地质勘查局的地质调查工作者和一批研究人员
在泰山及邻区新太古代地质工作中做了大量工作，是本专著的基础和信息源泉。
本专著不是作者个人的研究成果，而是具有"志书"性质的包含大量前人工作
成果的综合集成。因此，从写实的角度反映了前人地质调查和研究工作中的重
要实际资料；2．这些实际资料反映了不同时期不同人员对工作区的认识和总结，
与当前一些工作者对泰山新太古代地质演化史特点的理解不一定完全相符。例
如下文所列"剖面描述"主要反映"成层有序"的认识，读者可结合新理念应
用这些实际资料；3．随着地质调查工作的不断深入，对泰山及邻区新太古代花
岗岩-绿岩带若干重大问题产生了不同的观点和认识。这些观点的提出和碰撞不
断地提升了泰山新太古代地质研究水平。本章主要围绕花岗岩-绿岩带的组成、
表壳岩和新太古代深成侵入体进行简述，对于泰山新太古代花岗岩-绿岩带形成
的大地构造背景感兴趣的读者可参阅本书"中篇"的有关章节。

一、泰山岩群下部岩石组合和划分

　　厘定后的泰山岩群下部岩石组合（下亚岩群）包括上述传统划分的雁翎关岩
组、孟家屯岩组和柳行岩组下段的大部分。它们之间并不是从老到新的有序地
层，岩组间相距甚远或以不同性质的断层接触。我们推测泰山岩群下部表壳岩
属于洋板块地层系统，系形成于洋板块不同构造背景、时代略有先后的一套堆
叠地层组合。现大致按它们形成时代的老、新（包括同位素年代学信息），简介
每个组合的组成及特点。

（一）雁翎关岩组

雁翎关组包括前人划分的雁翎关岩组和柳行岩组的一部分（下部）。原雁翎关岩组主要分布于新泰市雁翎关—天井峪、长清市界首、安丘市崔巴峪、汶上县彩山等地。在鲁西多呈北西西向展布，只在沂沭断裂带内的安丘市崔巴峪等地呈北东走向。主要岩石类型有细粒-微细粒斜长角闪岩、角闪变粒岩、黑云变粒岩、云母片岩、透闪阳起片岩、变质砾岩及少量的磁铁石英岩，出露（视）厚度200～1430m。根据程裕淇先生等研究成果和1：20万泰安、新泰幅区调资料，在雁翎关村，该组厚约1500m，据其岩性组合特征自下而上划分为3个岩性段：一岩段为薄层芝麻点状及条带状斜长角闪岩夹黑云变粒岩及角闪变粒岩，上部发育变质砾岩，局部地段阳起透闪片岩及绿泥透闪片岩发育，出露（视）厚度543m；二岩段为厚-薄层条带状斜长角闪岩夹角闪变粒岩及少量黑云变粒岩、透闪阳起片岩，出露（视）厚度470m；三岩段为薄层条带状细粒斜长角闪岩夹阳起片岩及角闪变粒岩，出露（视）厚度157m。往东到天井峪村南，在该组底部，出现以含科马提岩为特征，常见有含滑石斑点的透闪片岩、阳起透闪片岩、透闪阳起片岩，厚300余米。3种岩石渐变组成自下而上的科马提岩小韵律层，韵律层底部为堆晶岩，顶部有变余的鬣刺结构和绿泥石变余淬火边。程裕淇、徐惠芬等（1992）在研究中发现和证实了雁翎关组出露的透闪阳起片岩、滑石蛇纹岩等一系列超镁铁质岩石属科马提岩（张增奇等，1996），它们最厚达380多米，出露在新泰市石河庄附近，其中还发现了科马提熔岩的喷发冷凝单元。该组下未见底，区域上该组与孟家屯岩组接触关系不明，根据精确测年结果，孟家屯岩组形成时间比雁翎关岩组稍晚些，暂按上下关系处理；与上覆山草峪组呈韧性剪切构造接触。该组在雁翎关地区厚度变化不大，以斜长角闪岩为主，向南则以透闪片岩为主。在济南市历城区团员沟—章丘市火贯一带该组（原划柳杭组下亚组）出露（视）厚度1500m左右，主要由斜长角闪岩（变质块状和枕状玄武岩）组成，内夹薄层沉积岩、绢英片岩（存在火山凝灰质与沉积岩夹层）。在泰安市界首地区仅出露一岩段，以斜长角闪岩为主夹阳起片岩，偶见含石墨变粒岩，出露（视）厚度823m。在泰安市冯家峪、下长安附近，由于新太古代及古元古代花岗岩侵入并遭受剪切变形，其（视）厚度只有100m。往东到沂源县张家坡出露厚度不大，但向南至韩旺一带厚度急剧变大，阳起片岩厚41m，斜长角闪岩厚148m，且都不连续。沂沭断裂带内的安丘市常家岭—西崔巴峪地区雁翎关组（视）厚度371m，斜长角闪岩与变粒岩互层，斜长角闪岩中常见变余杏仁充填构造。在济南市枣林—团员沟一带雁翎关岩组变质玄武岩原岩结构和构造保存相对完好（王伟等，2009），变质块状玄武岩厚度从几米到几十米，主要分布在该组下部；变质枕状玄武岩厚度通常在几十米以上，主要分布在该组上部（图2-2），变质块状玄武岩单层厚度从几米至数十米不等，新鲜面通常为墨绿色，具细粒-微晶结构。变质枕状玄武岩单层厚度与块状变质玄武岩类似，整体变形较强，不同大小的岩枕没有明显的分布规律，部分岩枕之间的填充物保留完好，一些变形较弱的露头上岩枕的顶底结构显示地层发生了倒转，岩枕上表面与水平面的夹角40°～60°，指示该组地层为西老东新。在火贯村西可以分辨出一些变形十分强烈的变质枕状玄武岩。雁翎关地区的雁翎关岩组内变质枕状玄武岩变形更强（王世进等，2009），该岩组三岩段下部斜长角闪岩中变余杏仁构造，保留红顶绿底的熔岩特征，熔岩遭氧化作用形成炉渣状、蜂窝状顶层。

图2-2　泰山岩群雁翎关岩组强变形（左）及弱变形（右）枕状斜长角闪岩（变质玄武岩）

原柳行岩组分为下段和上段，下段岩石以斜长角闪岩和变质超基性岩为主，岩石组合与雁翎关岩组类似；上段以黑云变粒岩和变质砾岩为主，岩石组合与山草峪岩组类似，但变质砾岩十分发育。我们建议将柳行岩组下段斜长角闪岩和变质超基性岩组合并入雁翎关岩组，而将柳行岩组上段升级为柳行岩组，与山草峪岩组共同构成泰山岩组上部岩石组合（上亚岩群）。

1. 剖面描述

剖面位于新泰市雁翎关和东天井峪一带，为一套向西南倾斜的单斜变质地层（图2-3，据1∶20万泰安、新泰幅区调资料，1990）。

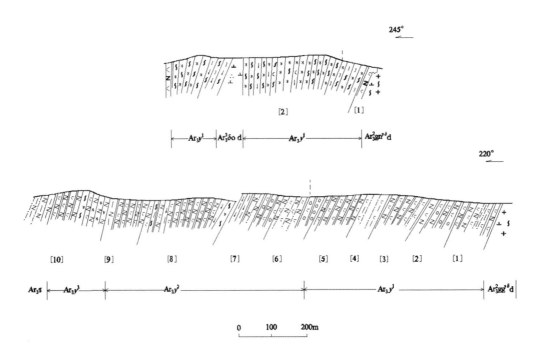

图2-3　新泰市东天井峪（上）和雁翎关（下）泰山岩群雁翎关岩组实测地层剖面图
（据1:20万泰安、新泰幅区调报告，1990）

新泰市雁翎关剖面现自上而下分述如下：

上覆地层：山草峪岩组薄层状黑云奥长变粒岩	

—— 整合 ——

雁翎关岩组（Ar₃y）	出露厚度1477m
三段	厚度157m
［10］第十大层	
58.条带状薄层细粒斜长角闪岩	19m
57.片状细粒绿泥石化斜长角闪岩	10m
56.含条带薄层细粒斜长角闪岩，顶部有纺锤虫状变余（杏仁）构造，	
中下部具"红顶绿底"的基性熔岩特征	48m
55.薄层状细粒斜长角闪岩夹角闪变粒岩	5m
54.钠长阳起片岩	11m
53.条带状细粒斜长角闪岩	5m
52.绿泥阳起片岩	6m
51.条带状细粒斜长角闪岩	19m
50.斑点状斜长阳起片岩夹条带状薄层斜长角闪岩	44m
二段	470m
［9］第九大层	
49.黑云变粒岩，大部分被第四系掩盖	25m
48.含条带薄层状斜长角闪岩夹斑点状斜长阳起片岩	19m
47.条带状透镜状斜长角闪岩	13m
46.条带状薄层状细粒斜长角闪岩	18m
45.薄层状细粒斜长角闪岩夹阳起片岩、黑云角闪变粒岩	54m

（续表）

[8] 第八大层
44. 薄层状细粒斜长角闪岩   17m
43. 厚层状绿泥石化阳起石岩   7m
42. 薄层状细粒斜长角闪岩   6m
41. 含电气石白云母片岩及阳起石岩   8m
40. 条带状薄层状细粒斜长角闪岩   5m
39. 薄层状细粒电气石透闪阳起片岩   6m
38. 薄层条带状细粒斜长角闪岩   26m
37. 中厚层细粒斜长角闪岩   9m
36. 条带状细粒斜长角闪岩夹中粒斜长角闪岩   28m
35. 含条带细粒斜长角闪岩   24m
34. 条带状细粒斜长角闪岩   7m
33. 中厚层细粒斜长角闪岩   5m
32. 片状细粒斜长角闪岩   20m
31. 厚层状细粒斜长角闪岩   7m
30. 条带条纹状细粒斜长角闪岩   18m
29. 中细粒角闪辉石岩（脉）
28. 绿泥阳起片岩夹透闪阳起片岩   9m
[7] 第七大层
27. 透闪黑云变粒岩夹薄层状细粒斜长角闪岩   44m
26. 透镜状条带状斜长角闪岩、角闪变粒岩   8m
25. 具角闪质杆状体的角闪变粒岩夹斜长角闪岩   5m
24. 具变余枕状构造的斜长角闪岩夹黑云角闪变粒岩   59m
一段   543m
[6] 第六大层
23. 薄层状黑云变粒岩夹条带状斜长角闪岩   8m
22. 薄层状黑云变粒岩   23m
21. 变质砾岩及含砾黑云变粒岩，大部分被第四系残坡积物掩盖   90m
[5] 第五大层
20. 含条带中层细粒斜长角闪岩   6m
19. 片状细粒斜长角闪岩   43m
18. 条带状细粒石英斜长角闪岩夹薄层角闪黑云变粒岩   42m
[4] 第四大层
17. 角闪黑云变粒岩夹薄层条带状斜长角闪岩   25m
16. 黑云变粒岩夹中层斜长角闪岩   14m
15. 薄层状富角闪斜长变粒岩   9m
14. 条带状角闪黑云变粒岩夹黑云变粒岩及条纹条痕状角闪变粒岩   10m
[3] 第三大层
13. 条带状薄层细粒斜长角闪岩   87m
12. 层状角闪变粒岩及黑云变粒岩   12m

新泰市东天井峪村东南，本组一段相变为以绿泥阳起片岩为主的一套具科马提岩性质的基性-超基性熔岩，自上而下分层描述如下：

[2] 第二大层
22. 绿泥阳起片岩   72m
21. 阳起绿泥片岩   7m

（续表）

20.透辉绿泥透闪片岩	53m
19.绿泥阳起片岩、黑云变粒岩，被片麻状细粒石英闪长岩侵入，前者呈捕虏体状残留。该片麻状石英闪长岩锆石SHRIMP U–Pb年龄为2740±6Ma	24m
18.阳起片岩	5m
17.阳起绿泥片岩	22m
16.斑点状绿泥阳起片岩	20m
15.透闪绿泥片岩	9m
14.阳起绿泥片岩	14m
13.透闪阳起片岩	20m
12.绿泥滑石片岩	7m
11.阳起片岩	3m
10.绿泥阳起片岩	29m
9.绿泥滑石透闪片岩，具鬣刺结构，每层超基性熔岩厚1m左右，自上而下滑石含量减少，透闪石含量增加	14m
8.阳起片岩	23m
7.绿泥阳起片岩	75m
6.透闪滑石绿泥片岩	12m
5.透辉绿泥阳起片岩	12m
4.含白云母绿泥阳起片岩	9m
3.透辉绿泥阳起片岩	5m
［1］第一大层	
2.细粒石英斜长角闪岩	26m
1.细粒斜长角闪岩	22m
雁翎关岩组底部被新甫山片麻状花岗闪长岩侵入	

2. 地层划分、标志及接触关系

雁翎关岩组根据岩石组合特征自下而上可划分为三个岩性段。一岩段（包含一至六层）：薄层芝麻点状及条带状斜长角闪岩夹黑云变粒岩及角闪变粒岩，上部发育变质砾岩，局部地段阳起透闪片岩及绿泥透闪片岩发育，出露厚度543m；二岩段（包含七至九大层）：厚–薄层条带状斜长角闪岩夹角闪变粒岩及少量黑云变粒岩、透闪阳起片岩，出露厚度470m；三岩段（第十大层）：薄层条带状细粒斜长角闪岩夹阳起片岩及角闪变粒岩，出露厚度157m。

本组划分标志明显，以细粒斜长角闪岩为主，常见含滑石斑晶的透闪片岩、阳起透闪片岩、绿泥透闪片岩，可作为本组识别标志。在下部局部见有科马提岩，发育有变余的鬣刺结构。本组下未见底，区域上本组与下伏孟家屯岩组接触关系不明，一般按上下关系处理；与上覆山草峪岩组呈韧性剪切构造接触。

雁翎关岩组主要含有磁铁石英岩，局部地段形成较大规模的变质铁矿床，该铁矿类型以储量大、易开采、易选矿为特征，并发育与基性火山岩互层的硫铁矿。该组在韧性剪切作用下，形成含金石英脉和含金蚀变带两个重要矿化类型。其下部的超铁镁质岩石，在水化作用和碳酸盐化作用下形成蛇纹岩及滑石、石棉等矿产。

3. 岩性及厚度变化

本组在雁翎关地区厚度变化不大，就斜长角闪岩和透闪片岩而言，雁翎关一带以斜长角闪岩为主，向南则以透闪片岩为主。在济南市历城区团员沟—章丘市火贯一带该组（原划柳杭组下亚组）出露视厚度1500m左右，要由斜长角闪岩（变质块状和枕状玄武岩）组成，内夹薄层沉积岩、绢英片岩（存在火山凝灰质与沉积岩夹层）。变质玄武岩具MORB组成特征，形成时代为2.71～2.75Ga。在泰安市界首地区仅出露一段，以斜长角闪岩为主夹阳起片岩，偶见含石墨变粒岩，出露视厚度823m。在泰安市冯家峪、下长安附近，由于新太古代及古元古代花岗岩侵入并遭受剪切变形，其厚度只有100m。往东到沂源县张家坡出露厚度不大，但向南至韩旺一带厚度急剧变大，仅磁铁石英岩（含铁岩系）厚度可达100余米，引起该层厚度变化的原因为地层褶皱或推覆构造。韩旺一带，雁翎关岩组阳起片岩厚41m，斜长角闪岩厚148m，且都不连续，磁铁石英岩含铁岩系（韩旺铁矿开采层位）厚度可达100m，向西至蔡店、裴家庄等地，磁铁石英岩含铁岩系厚仅数十米。沂沭断裂带内的安丘市常家岭—西崔巴峪地区雁翎关岩组厚度371m，斜长角闪岩与变粒岩互层，斜长角闪岩中常见变余杏仁充填构造。

在济南市枣林—团员沟一带变质玄武岩原岩结构和构造保存相对完好，变质块状玄武岩视厚度从几米到几十米，主要分布在该组下部。变质枕状玄武岩厚度通常在几十米以上，主要分布在该组上部，变质块状玄武岩单层厚度从几米至数十米不等，新鲜面通常为墨绿色，具细粒–微晶结构。变质枕状玄武岩单层厚度与块状变质玄武岩类似，整体变形较强，不同大小的岩枕没有明显的分布规律，部分岩枕之间的填充物保留完好，一些变形较弱的露头上，岩枕的顶底结构显示地层发生了倒转，岩枕上表面与水平面的夹角40°～60°，指示该组地层为"西老东新"。在火贯村西可以分辨出一些变形十分强烈的变质枕状玄武岩。雁翎关地区的雁翎关岩组内变质枕状玄武岩变形更强，岩枕边部的气孔和杏仁构造发育，岩枕内部出现硅质交带的"眼眉构造"，可能反映了两地枕状玄武岩形成的水体深度不同。

4. 岩相及原岩建造

本组主要岩石类型为斜长角闪岩、黑云角闪变粒岩、绿泥阳起片岩类及变质砾岩。在新泰市东天井峪一带（第二大层）主要为绿泥阳起片岩类，并在中部的透闪片岩中发育有鬣刺结构，具科马提岩性质的超基性熔岩特征。在雁翎关一带的斜长角闪岩中见变余枕状构造，显示水下火山熔岩特点。在岩三段斜长角闪岩中变余杏仁构造，保留"红顶绿底"的熔岩特征，反映当时海水较浅，熔岩流露出水面遭氧化作用形成炉渣状、蜂窝状顶层。变质砾岩出现在一段上部，砾石成分为细粒斜长角闪岩、角闪石岩、黑云变粒岩、脉石英、奥长花岗岩、石英闪长岩等，砾石大小不一，大者40×10cm，小者仅1×0.3cm。砾石形状大部分呈压扁的透镜状、长条状，少量砾石保留棱角状；胶结物为角闪变粒岩，原岩含有凝灰质。该砾岩原岩为变质的火山角砾集块岩，而不具底砾岩性质。

5. 雁翎关岩组中的科马提岩

科马提岩是一种被称为超基性的火山岩，它以低二氧化硅含量（45%左右）、高氧化镁含量（大于18%）和具有特殊的火山喷发结构——鬣刺结构为主要特点，其形成时代主要为地热梯度异常高的太古宙时期。泰山科马提岩赋存于古老的泰山岩群中，是形成于太古宙晚期（约27亿年前）的超基性火山岩，也是世界罕见和迄今为止中国唯一保留鬣刺结构的科马提岩。

科马提岩引起国内外地学界关注的原因主要有下列几点：第一，具有鬣刺结构的科马提岩是一种十分罕见的岩石类型，在世界上十分珍贵；第二，根据实验岩石学资料，具有鬣刺结构的科马提岩形成于1650℃至1700℃的极高温条件下，而科马提岩主要形成于太古宙时期，表明太古宙时期的地球处于高地热状态，因而，科马提岩成为反演地球历史热构造状态的证据；第三，与科马提岩共生的一套古火山岩系中，经常赋存经济价值极高的金、镍、铁、铜矿，因此科马提岩可作为寻找超大型矿床的重要地质标志。

20世纪60年代后期，南非共和国一对孪生的年轻地质学家（Viljoen.M.J., 和Viljoen.R.P.,）在南非巴伯顿山区科马提河完成他们的博士论文时，发现了一套特殊的火山岩。此前，岩石学家们认为只有超基性的侵入体（没有喷出地球表面），而没有超基性的火山岩。1969年，他们首次论述了这类火山岩的特点和成因，并根据这类岩石的发现地点而命名为科马提岩。论文发表后立即引起国际地学界的关注，并在澳大利亚、北美、格陵兰等地也相继发现了此类岩石。20世纪80年代，我国已故老一辈著名地质学家程裕淇院士在泰山地区工作过程中，认为泰山雁岭关存在科马提岩，后来山东地矿局的地质学家们又有了新的发现。2007年4月，包括当年发现和研究科马提岩孪生兄弟在内的南非地质代表团一行6人，考察了泰山世界地质公园和具有鬣刺结构的科马提岩标本，根据化学成分和结构特点，他们认为泰山地区存在经典的科马提岩。

科马提岩作为新太古代绿岩带的一个重要标志，一直倍受广大地质工作者的重视，鲁西太古宙地质研究历史悠久，尤其是20世纪80年代以来取得了可喜的进展。程裕淇、徐惠芬等确定了鲁西新太古代花岗岩-绿岩带的存在。张荣隋等（1998、2001）在进行区域地质调查时，于蒙阴县坦埠镇苏家沟村东发现了具典型鬣刺结构的科马提岩，该发现具有重要的地质意义。

苏家沟科马提岩出露宽度约140m，长约450m，视厚度123m，东侧被二长花岗岩侵入，接触处具伟晶岩化，接触面产状450m，西侧二长花岗岩侵入，南部被石英脉穿插。走向北西，倾向南西230°，倾角70°，产状与围岩片麻理基本一致。苏家沟科马提岩主要由蛇纹石化橄榄科马提岩、透闪石岩、透闪片岩、阳起透闪片岩、绿泥透闪片岩、黑云阳起片岩等组成。其中，蛇纹石化橄榄科马提岩位于该岩石组合的中上部，为苏家沟科马提岩的主要组成岩石。

野外露头观察见典型的鬣刺结构。其鬣刺主要由细长的锯齿状橄榄石晶体组成，其形态见有交织状、平行交错状、权枝状、蘑菇状、条纹状、板条状等，风化面上显而易见，新鲜面上则不太明显。由于本区科马提岩分布范围较小，且岩石组出露不全，未见枕状构造。

岩石手标本呈灰绿色、灰色、深灰色，风化者呈灰黄绿色。切面上具鬣刺结构，主要呈块状构造，次为片状构造（主要见于科马提岩边部）、层状构造及角砾状构造等。显微镜下观察，岩石主要由橄榄石、透辉石、透闪石、蛇纹石、蒙脱石-绿泥石以及少量磁铁矿、磁黄铁矿组成。

橄榄石：近于无色，呈半自形或他形粒状。粒径0.02～2.5mm。集合体呈连续的柱状、板条状、权枝状等形态构成鬣刺（大鬣刺）。裂纹发育，沿裂隙广泛被蛇纹石交代。强烈时完全取代之，仅保留其外形轮廓。另外也呈不规则粒状、他形粒状稀疏分布于基质中。透辉石：自形-半自形柱状、板条状、他形粒状、棒状、针状。粒径0.08～2mm。近于无色或呈淡淡的黄色。部分颗粒分布于基质中，部分呈长棒构成"鬣刺"（小刺）。透闪石：半自形–自形柱状，横切面呈菱形六边形，闪石式解理发育；与透辉石紧密共生，主要出现于基质中，部分可构成斑晶（鬣刺），粒径可达4.25mm。蛇纹石：叶片状、纤维状；粒径0.02～2mm，无色或呈淡黄绿色；主要由橄榄石、透辉石蚀变而成；橄榄石中多呈网脉状、网格状，辉石中呈叶片状、纤维状；正突起低；正交偏光下最高干涉色不超过 I 级黄色，一般为一级灰至暗灰，有时具斑点状或波状消光。蒙脱石–绿泥石：交代鬣刺中的橄榄石而生成，为蛇纹石化后进一步蚀变的产物；呈浅绿黄色，粒径0.01～0.75mm；具微弱多色性。磁铁矿：不规则粒状、针状、微粒状，粒径0.01～0.5mm，不透明；部分为橄榄石蚀变为蛇纹石的析出物，部分出现于基质中。磁黄铁矿：不规则粒状，粒径0.01～0.25mm；零星分布于基质中（杨全喜，2000）。

岩石普具鬣刺结构，其鬣刺又可分为大鬣刺（手标本或低倍镜观察，主要由蛇纹石化的橄榄石斑晶组成，见图2-4）和小鬣刺（显微镜下观察，主要由透闪石和透辉石组成）。基质呈半自形–他形粒状、柱状、纤维状结构。岩石主要构造有块状构造、角砾状构造、片状构造等。其中块状构造在科马提岩岩石组合中部最为发育，岩石均一，未受明显的变形作用；角砾状构造由长条状、短柱状、团块状、豆粒状角砾和胶结物组成，两者成分相同，主要由橄榄石、透辉石、透闪石等组成，略具定向排列，扁平面产状与区域片麻理基本一致，片状构造主要见于科马提岩边部。

程素华等（2006）采用XRF和ICP–MS方法对主量元素和微量及稀土元素进行了分析，分析结果见表2-2。

图2-4　苏家沟剖面具鬣刺结构的科马提岩

表2-2　　　　　　蒙阴苏家沟科马提岩地球化学数据表

样品号	K15	K18	K20	K21	K24	K25	K26	K28	K31	K35
$w_B/10^{-2}$										
SiO_2	46.72	47.22	46.46	47.09	47.37	46.31	47.1	47.4	46.45	46.18
TiO_2	0.17	0.19	0.17	0.15	0.17	0.16	0.19	0.18	0.18	0.17
Al_2O_3	5.07	5.17	5.37	4.72	4.92	4.16	4.78	4.74	5.57	5.02
Fe_2O_3	10.5	10.05	9.99	10.66	10.33	11.63	1.039	10.31	10.24	10.49
MnO	0.15	0.15	0.15	0.15	0.15	0.15	0.15	0.15	0.14	0.14
MgO	31.02	30.56	31.73	30.66	30.63	32.07	30.52	30.23	32.22	32.27
CaO	5.43	5.72	5.26	5.7	5.58	4.65	6	6.11	5.33	4.95
Na_2O	0.45	0.47	0.37	0.44	0.39	0.4	0.42	0.42	0.39	0.32
K_2O	0.04	0.03	0.05	0.03	0.03	0.03	0.03	0.03	0.03	0.02
P_2O_5	0.01	0.01	0.01	0.01	0.01	0.01	0.01	0.01	0.01	0.01
$w_B/10^{-6}$										
Ni	1472	1422	1481	1428	1441	1632	1447	1432	1458	1554
Cr	14.39	12.29	10.9	11.01	12.23	9.53	10.16	10.91	9.82	11.15

（引自程素华等，2006）

苏家沟科马提岩具有异常高的MgO含量（30.23%～32.27%）、Ni（1422×10^{-6}～1633×10^{-6}）和Cr（2300×10^{-6}～2700×10^{-6}），TiO₂很低（0.15%～0.19%）。SiO₂从42.42%至44.04%、NaO₂＋K₂O＝0.34%～0.50%、Al₂O₃/TiO₂＝25.50%～30.00%，符合科马提岩的成分范围（Le Bas，2000）。

综上所述，蒙阴苏家沟科马提岩，其矿物组合及蚀变特征为蛇纹石化（绿泥石化）橄榄石质科马提岩，而化学成分则属超镁铁质铝不亏损型科马提岩。苏家沟科马提岩从成分到结构构造与典型地区的科马提岩都十分类似，虽由于本区分布范围较小，岩石组合发育不全，未见有枕状构造及多面节理，但典型的鬣刺结构足以说明，苏家沟科马提岩当与世界典型区具有相似的形成环境。蒙阴苏家沟科马提岩的发现，进一步证明了鲁西新太古代绿岩带的存在。典型的鬣刺结构指示了原始熔体中成分的对流作用，反映了超基性熔岩水下喷溢的环境条件。微量元素、稀土元素和高场强元素与稀土元素分异表明，科马提岩起源于高场强元素相对富集而轻稀土元素亏损的地幔源区。新鲜的科马提岩样

品 ε_{Nd}（t）为＋3.3，也证明源区为亏损的地幔源区。

显然，雁翎关岩组原岩建造为一套海底喷溢的超镁铁质–镁铁质火山熔岩、凝灰岩，并夹少量粉砂岩、泥质粉砂岩。而变质砾岩为火山爆发作用下形成的火山碎屑岩夹层。该组所含 3 个岩性段相当于 3 个火山喷发旋回。根据雁翎关岩组的岩石组合和拉斑玄武岩地球化学组成特征，推测其形成环境与洋底高原更加类似（王世进等，2012）。

（二）孟家屯岩组

1992 年张连峰等（张连峰等，1∶5 万新汶、放城幅区域地质调查报告，1993）在新泰市孟家屯发现一套不同于泰山岩群的、以石英岩组合为主的表壳岩。其主要的岩石类型为石榴石英岩、含石榴黑云长石石英岩，其次为石榴角闪石英岩、十字石石榴黑云石英岩等。其原岩类型为一套成熟度中等偏低的碎屑岩，命名为孟家屯岩组（张连峰，1994）。杜利林等（2006）从野外地质调查入手，初步查明了研究区内孟家屯岩组的野外分布范围、岩石类型及其与其他地质体之间的关系，认为孟家屯岩组不仅包括前人所划的石榴石英岩类，而且包括一些黑云母石英片岩、少量的浅粒岩和角闪变粒岩；根据野外地质关系，将工作区内原划为基性侵入体的早期中细粒斜长角闪岩划归为孟家屯岩组。在此基础上，对其代表性岩石，如石榴石英岩、黑云母石英片岩和斜长角闪岩进行了岩相学、岩石地球化学研究，并对斜长角闪岩进行了Nd同位素分析，结合相关的地球化学判别图解，恢复了孟家屯岩组的原岩建造，同时探讨了其可能的形成环境。

孟家屯岩组以残留体断续分布于新泰市孟家庄—泽国庄一带，呈北西—南东向展布，延伸长达 15km，在新太古代蒙山岩套中呈包体群形式出现。据岩石组合可分为两段：一段以粒度粗、石榴石含量高、含黑云母少为特征，局部可见粒度呈粗、中、细的韵律性变化，岩性以石榴石英岩夹中细粒石榴长石石英岩为主，顶部为中粒石榴角闪石英岩，视厚度96m。二段以粒度细、石榴石少、黑云母多为特征，且有磁铁石英岩夹层，主要岩性为石榴黑云石英岩，含石榴黑云长石石英岩，厚106m。该岩组原岩主要为一套成熟度中等的含泥质的碎屑岩，下未见底，上未见顶，与雁翎关组关系不明（图2-5）。

孟家屯岩组的石榴石英岩主要分布于孟家屯村附近（图2-6）、南官庄北

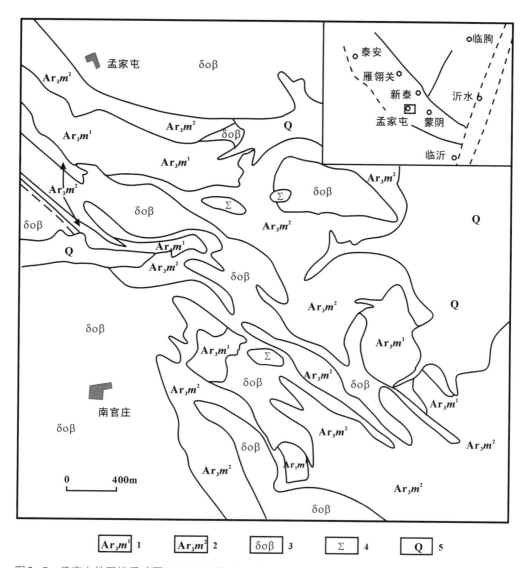

图2-5　孟家屯地区地质略图（据杜利林等，2006）

1—孟家屯岩组石英岩、片岩类；2—孟家屯岩组中细粒斜长角闪岩类；3—条带状黑云斜长片麻岩；4—超基性岩单元；5—第四系

东1km及山头村西等地，其中在孟家屯村西南分布面积最大。北西延伸达2km，出露最大宽度400m左右。具块状、片麻状、条带状构造；沿倾向方向，石榴子石粒度大小、含量和黑云母含量出现层状变化特征。黑云母石英片岩和石榴石英岩野外呈互层状产出，片状、条带状构造，层间小褶皱发育。斜长角闪岩野外出露范围较大，占整个工作区的25%～30%，片麻状、条带状构造，片麻理与石英岩、片岩类中的片理、片麻理近于一致。野外见其与石榴石英岩局部呈互层状产出，并且在斜长角闪岩中夹有与其产状一致的石英岩类岩石。另外，局部见

图2-6　孟家屯组石榴石英岩野外照片

片岩与斜长角闪岩的接触带出现过渡的角闪变粒岩。斜长角闪岩与石英岩、片岩类一样为表壳岩，属于孟家屯岩组的一部分。区内浅粒岩与石英岩、片岩类呈互层状出现，分布较为局限。

1. 剖面描述

新泰市孟家屯村孟家屯岩组实测剖面（图2-7）自上而下，分述如下（引自1：5万新汶、放城幅区调报告）：

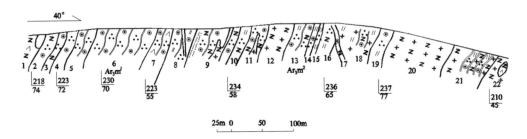

图2-7　新泰市孟家屯村孟家屯岩组实测剖面

22. 奥长花岗岩，含不规则中粒斜长角闪岩包体

——————— 侵入接触 ———————

孟家屯岩组	厚度：217.60m
二岩段	厚度：116.29m
21.中细粒含石榴黑云石英岩，呈断续残留状	7.00m
20.奥长花岗岩	
19.褐灰色中粒含石榴黑云石英岩（间有黑云奥长花岗岩脉体）	7.45m
18.奥长花岗岩，内有残影状石榴黑云长石石英岩	10.00m
17.斜长角闪岩脉	
16.细粒黑云石英岩夹中粒石榴黑云磁铁石英岩（脉体约占60%）	6.97m

（续表）

15.中粒石榴黑云石英岩夹粗粒磁铁石英岩   3.48m

14.褐色中粒石榴黑云石英岩（间有花岗质脉体）   2.61m

13.浅灰色细粒含石榴黑云长石石英岩   14.81m

12.奥长花岗岩

11.灰白色中细粒含石榴长石石英岩（奥长花岗岩脉可占1/3）   12.34m

10.灰色中细粒含石榴黑云长石石英岩（间有奥长花岗岩脉）   6.58m

9.灰白色中细粒含石榴黑云石英岩，含奥长花岗质条带，底部有5m厚的
　岩石发生了糜棱岩化   30.31m

8.深灰色中细粒石榴黑云石英岩（含长英质脉体，约占15%）   14.74m

一岩段   厚度：101.31m

7.黑灰色中粒石榴角闪石英岩   10.65m

6.褐色中粒石榴石英岩，有少量长英质脉体   47.20m

5.褐色粗粒石榴石英岩   14.27m

4.褐色中粒石榴石英岩，有长英质脉体   9.00m

3.灰白色细中粒含石榴长石石英岩   6.73m

2.褐色细中粒含石榴黑云石英岩夹中粒含石榴长石石英岩   13.46m

—————— 侵入接触 ——————

1.中粒斜长角闪岩（新太古代侵入脉岩）

2.岩相学特征

现将孟家屯岩组主要岩石类型的岩相学特征简介如下（杜利林等，2006）：石榴石英岩主要由石英（65%～75%）、石榴子石（20%～25%）、斜长石（＜5%）及少量绿帘石、绿泥石、磁铁矿等组成，粒状变晶结构，块状构造。石英：粒状，粒径多为1mm左右，具波状消光，一般颗粒边界较为圆滑，但局部见石英颗粒边界平直，颗粒边界夹角120°左右，显示出明显的变质特征。石榴子石：粒状、不规则状，淡褐色，均质体，石榴子石颗粒间裂隙发育，有时出现大量的铁质析出，充填在裂隙之中。在有些薄片中，石榴子石有时呈不连续的条带状分布，颗粒边缘或裂纹有绿泥石交代。斜长石：干涉色为一级灰色，聚片双晶发育，斜消光。绿泥石：绿色，片状，围绕交代石榴子石，定向分布，为石榴子石后期的退变产物。

含十字石、石榴、黑云母、石英片岩主要由石英（50%±）、黑云母（35%±）、石榴子石（10%±）、十字石（5%±）组成，具片状构造，鳞片粒状变晶结构，其中黑云母多已发生绿泥石化。石英：粒径为1mm左右，他形粒状，呈条带状分布，具波状消光。黑云母：呈褐色，片状，多色性明显，呈定向排列。石榴子石：粒状、不规则状，淡褐色，均质体。十字石：他形，黄

色。绿泥石：干涉色为一级灰色，具异常干涉色，平行消光，常绕黑云母出现，明显由交代黑云母而成。在镜下发现，有的岩石薄片中存在早期残留的红柱石。

斜长角闪岩灰绿色，粒状变晶结构，片麻状构造，主要矿物组成为普通角闪石（65%±）、斜长石（25%±），见少量石英、绿帘石、绢云母等。普通角闪石：半自形柱状，绿色，多色性明显，具一定的定向排列，局部发生绿帘石化。斜长石：半自形板状、粒状充填在角闪石的空隙中，颗粒一般较小，有的聚片双晶发育，局部发生绢云母化。石英：呈他形粒状充填在角闪石颗粒之间。

3. 原岩恢复

孟家屯岩组变质程度达角闪岩相，局部可达麻粒岩相（蒙阴连埠峪）。依据野外地质、地球化学和原岩恢复综合判定表明，石英岩和片岩类在野外呈互层状产出，局部黑云母和石榴子石含量也呈层状变化特征，可能反映原有的沉积特征，岩石地球化学上也表现为副变质岩的特征；野外见斜长角闪岩中夹有石榴石英岩的成分层，地球化学和Nd同位素分析表明其具正变质岩的特征，斜长角闪岩的原岩可能为岛弧拉斑玄武岩，局部具火山沉积特征（如角闪变粒岩）。本岩组原岩主要为一套成熟度中等的含泥质的碎屑岩，下未见底，上未见顶，与雁翎关组关系不明。

根据杜利林等（2006）研究资料，推测孟家屯岩组原岩主要为镁铁质火山岩和含泥质的碎屑岩，其形成时代新于雁岭关岩组，不排除泰山岩群下部形成环境从洋板块内部的MORB–OPB向弧背景转变的可能性。

二、泰山岩群上部岩石组合（上亚岩群）

厘定后的泰山岩群上部岩石组合（上亚岩群）包括山草峪岩组和原柳行岩组上段，若将柳行岩组上段升级为岩组，则包括了以碎屑岩为主的两套岩石组合。

（一）山草峪岩组

山草峪岩组主要分布在新泰市山草峪、盘车沟，章丘市火贯、西麦腰、官营，沂水县胡同峪，安丘市常家岭，枣庄市太平村及东平县等地。地层总体走向北西，在枣庄一带为北西至近东西向，沂沭断裂带内的安丘市常家岭一带为北东向。以不同成分的黑云变粒岩为主夹少量斜长角闪岩、二云片岩及磁铁石英岩，（视）厚度2110m。常见粒序层、斜层理、交错层、显微层理及变余砂状结构。该组在鲁西各地发育程度不一，厚度变化较大。

在新泰市山草峪该组地层出露齐全，自下而上可划分为4个岩性段。一岩段：黑云奥长变粒岩夹角闪黑云片岩、二云斜长变粒岩、角闪变粒岩，下部黑云变粒岩中含有铁铝榴石，出露（视）厚度624m。二岩段：黑云奥长变粒岩夹二云片岩、二云石英片岩及少量浅粒岩，出露（视）厚度746m。三岩段：黑云奥长变粒岩及微粒二云石英片岩夹浅粒岩，二云变粒岩粒序层理发育，出露（视）厚度453m。四岩段：微粒黑云片岩，二云片岩、二云石英片岩、二云石英片岩夹黑云变粒岩、黑云石英片岩，出露（视）厚度199m。

该岩组划分标志明显，以不同成分的黑云变粒岩为主夹二云片岩及少量角闪变粒岩及黑云角闪片岩为特征，下部岩石中常含有铁铝榴石，并在中上部常见粒序层、斜层理及显微层理。该组与下伏雁翎关组及上覆柳杭组均呈韧性断裂接触。区域上该岩组中上部发育条带状含铁建造，在局部地段（枣庄—苍山及东平—汶上）形成较大规模的变质铁矿床。

岩相厚度变化情况：在新泰市山草峪—南白塔一带出露地层较全，出露（视）厚度达2100m。向北西至章丘市火贯—西麦腰一带厚度锐减，岩性为黑云变粒岩夹斜长角闪变粒岩，出露（视）厚度为1194m和533m，大致相当于山草峪组中上部。往南到新泰市盘车沟一带出露该组中上部地层，岩性为黑云变粒岩夹二云片岩，（视）厚度531~953m。往北延伸到章丘市西麦腰—火贯、官营一带亦出露中上部地层，岩性为黑云变粒岩夹少量斜长角闪岩，（视）厚度533m。在沂源县张家坡一带山草峪岩组岩性以黑云变粒岩为主夹角闪变粒岩，出露（视）厚度约800m，大致相当于山草峪组中下部。东部沂水胡同峪一带为含石榴黑云变粒岩夹含石榴角闪变粒岩，（视）厚度约83m。西部在东平县至汶上县一带，为黑云变粒岩夹磁铁石英岩、磁铁角闪石英岩、黑云角闪片岩、斜长角闪岩、透闪阳起片岩等，含铁岩层（视）厚度84~130m，总（视）厚度大于290m。平阴县至东阿县一带，为黑云变粒岩夹斜长角闪岩及条带条纹状磁铁角闪石英岩，铁质岩层厚度10~20m，该组在该地区总厚度1855m。沂沭断裂带内的安丘市常家岭一带以黑云变粒岩为主，下部夹斜长角闪岩，上部夹二云片岩，局部夹角闪变粒岩，（视）厚度145m。西南部—南部的东平县至枣庄市太平村、卓子山附近，以黑云变粒岩为主夹斜长角闪岩、角闪岩、磁铁直闪石英岩，其中铁质岩石（视）厚度可达115m，共有5个矿带，下部夹阳起石英片岩。地层总（视）厚度690～5281m。

该岩组主要岩石类型为黑云奥长变粒岩及角闪变粒岩，其次为微粒云母石英片岩。岩石粒序层理发育，每个沉积韵律层自下而上表现为：石英含量由多变少，粒度变细，黑云母则由少变多，反映下部以碎屑为主，往上部泥质增多，局部能见到斜层理。镜下观察：黑云奥长变粒岩具变余砂状结构，微粒二长石英片岩具变余泥质粉砂结构，变余层状构造。本岩组中上部黑云奥长变粒岩所夹的含绿帘黑云角闪二长变粒岩具变余凝灰质粉砂结构，原岩为中酸性凝灰质粉砂岩。顶部微粒黑云片岩具变余凝灰结构，斜长石呈棱角状，个别晶屑呈半自形晶体，板柱状，并含有少量岩石碎屑，原岩为凝灰岩，锆石颗粒呈浑圆–半浑圆状，经历过搬运作用。

综上所述，该岩组原岩相当于粉砂级至细砂级碎屑沉积物，粒度分选较好，从韵律及交错层来看，可能是深水浊流作用下形成的。在沉积过程中，伴有由小规模中酸性物质成分的火山活动。另外在中上部见有浅海环境形成的含铁硅质岩的条带状磁铁角闪石英岩。从沉积物来源分析，除有少量的火山活动外，可能主要为较老的花岗质岩石。山草峪岩组变质程度为角闪岩相，其原岩为细砂级的碎屑岩及粉砂岩，夹含铁硅质岩系，属较稳定环境下的浅海相沉积。

1. 剖面描述

本岩组底部利用程裕淇教授等剖面研究资料及专题研究剖面，共划分四个岩性段。剖面位于新泰市东石棚村东南（据1∶20万泰安、新泰幅区调资料，1990）。现自上而下分述如下（图2-8）：

雁翎关岩组斜长角闪岩

——— **韧性剪切构造** ———

山草峪岩组（Ar3ŝ）	出露厚度2036m
四岩段	厚度213m
56. 含砾黑云奥长变粒岩及黑云奥长变粒岩，其中砾石主要为奥长花岗岩	14m

（续表）

55. 微粒二云片岩	59m
54. 微粒黑云片岩	66m
53. 微粒二长石英片岩与黑云变粒岩互层	25m
52. 微粒含角闪黑云片岩	11m
51. 微粒含角闪黑云石英片岩	12m
50. 微粒白云母石英片岩夹浅粒岩	17m
49. 微粒白云母石英片岩	9m
三岩段	厚度453m
48. 黑云奥长变粒岩夹二云变粒岩	15m
47. 黑云奥长变粒岩（有二长花岗岩侵入）	82m
46. 黑云奥长变粒岩夹浅粒岩	22m
45. 二云变粒岩夹少量浅粒岩	13m
44. 二云变粒岩	22m
43. 黑云奥长变粒岩及绿帘黑云变粒岩	39m
42. 绿帘黑云奥长变粒岩	32m
41. 黑云奥长变粒岩	228m
二岩段	厚度746m
40. 黑云奥长变粒岩夹二云片岩	11m
39. 黑云奥长变粒岩夹黑云角闪片岩	48m
38. 黑云奥长变粒岩夹二云片岩	25m
37. 黑云奥长变粒岩	148m
36. 黑云奥长变粒岩夹绿帘石化黑云角闪片岩	16m
35. 黑云奥长变粒岩及二云片岩	23m
34. 黑云奥长变粒岩夹二云石英黑云片岩	52m
33. 黑云奥长变粒岩夹二云石英片岩，顶部夹薄层黑云角闪片岩	16m
32. 白云母奥长变粒岩，底部有浅粒岩	8m
31. 黑云奥长变粒岩夹二云石英片岩	18m
30. 黑云奥长变粒岩与含绿帘黑云角闪二长变粒岩互层	7m
29. 黑云奥长变粒岩	32m
28. 黑云奥长变粒岩与二云石英片岩互层	6m
27. 含石英碎屑的黑云奥长变粒岩	62m
26. 含石英碎屑的黑云奥长变粒岩夹黑云角闪片岩	51m
25. 黑云奥长变粒岩	63m
24. 黑云奥长变粒岩夹二云石英片岩，顶部夹黑云角闪片岩	24m
23. 黑云奥长变粒岩夹黑云角闪片岩，角闪变粒岩	20m
22. 黑云奥长变粒岩夹二云石英片岩	68m
21. 黑云奥长变粒岩夹黑云角闪变粒岩及少量角闪黑云片岩	48m
一岩段	厚度624m
20. 含石英碎屑黑云奥长变粒岩	67m
19. 含石英碎屑的黑云奥长变粒岩夹二云斜长变粒岩及绿帘石化奥长变粒岩	18m
18. 黑云奥长变粒岩、二云斜长变粒岩及绿帘石化奥长变粒岩	16m
17. 含黑云绿帘石奥长变粒岩夹黑云奥长变粒岩	12m
16. 黑云奥长变粒岩	32m
15. 黑云奥长变粒岩夹含黑云奥长变粒岩	21m
14. 含绿帘石黑云奥长变粒岩	16m
13. 含有较多的斜长石石英碎屑的黑云变粒岩	30m
12. 二云变粒岩，顶部有含角闪石黑云变粒岩	33m

（续表）

11. 含有细小云母结集体（0.5～1mm）的黑云变粒岩和二云变粒岩，底部5cm
　　 含铁铝榴石（1～2mm） 　44m

10. 厚层二云变粒岩，偶有绢云母质疙瘩（或瘤状体） 　11m

9. 二云变粒岩夹两层细纹状（或波纹状）黑云阳起片岩 　4m

8. 含少量绢云母（石英）疙瘩（0.4～0.5mm）的二云变粒岩，片理构造发育 　7m

7. 含有中粒石英碎屑的白云母化黑云变粒岩 　39m

6. 厚层含有长石石英碎屑的绿帘石化黑云变粒岩 　50m

5. 黄绿色薄层含1～2mm大小的长石石英碎屑的细粒黑云变粒岩和二云变粒岩 　137m

4. 厚层状细粒铁铝榴石黑云变粒岩，具清楚的层纹理。局部有平行层理的石英
　 小脉和小透镜体（几厘米到数十厘米），有的含黑云母多，铁铝榴石较大（达
　 2～3mm），还伴生有白云母和透闪石等。下部夹有透镜状浅绿色含黑云母的
　 透闪阳起片岩 　39m

3. 中下部为黑云变粒岩与角闪变粒岩互层，后者常与小石英脉伴生，上部以细纹
　 状含铁铝榴石黑云变粒岩为主，夹有薄层细粒透闪石化的角闪变粒岩 　11m

2. 下部为灰绿色含豆状石英结集体的细粒镁铁闪石变粒岩，上部为薄层具细纹状
　 和条带状的含铁铝榴石石英角闪变粒岩 　8m

1. 含少量铁铝榴石的黑云变粒岩为主，局部夹有二云变粒岩，底部有一层（4.9m）
　 细粒含铁铝榴石和具疙瘩状绢云母（石英）集合体的黑云变粒岩 　30m

────── 韧性剪切构造 ──────

　　下伏地层：雁翎关岩组　黑灰色薄层条带状细粒斜长角闪岩，夹有多层极薄的石榴石角闪黑云变粒岩和透闪变粒岩。

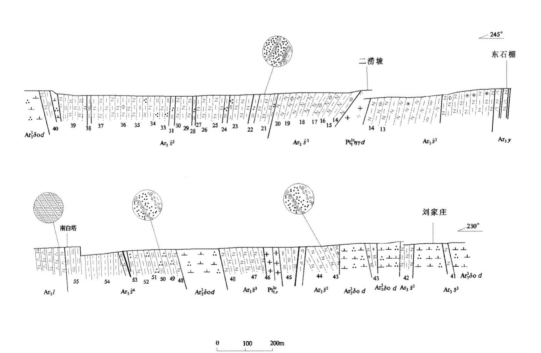

图2-8　新泰市东石棚—二涝坡—南白塔泰山岩群山草峪岩组实测地层剖面图

（据1：20万泰安、新泰幅区调报告，1990）

（二）柳杭岩组（Ar₃l）

柳杭岩组（主要指泰安市西南峪地区原划柳杭组上段）主要分布在泰安市西南峪—新泰市柳杭一带，沂水县东虎崖、安丘市崔岜峪等地也有出露。地层总体走向为北西向，只在沂沭断裂带内的崔岜峪一带呈北东向。（视）厚374～744m，主要岩石类型为绿泥片岩、黑云变粒岩、角闪黑云变粒岩、绢云石英片岩、中酸性变质火山角砾岩和变质沉积砾岩。变粒岩可见到清晰的变余晶屑结构、变余砂状结构。变质砾石以酸性成分岩浆岩为主，主要有变斜长花岗岩、变石英闪长岩、伟晶岩、脉石英及变霏细岩等，包括火山角砾和沉积碎屑两大类。

该组在鲁西地区发育程度不一，厚度、岩性各地均有差异，在层序发育较全的柳杭—裴家庄一带，为变质砾岩及黑云奥长变粒岩，出露（视）厚度107～170m，砾石较大，沿走向延伸往南东逐渐变薄，砾石变小。该组变质砾岩有两层，砾石含量约占50%以上，砾石成分主要为中细粒奥长花岗岩，还有少量变石英闪长岩、斜长角闪岩等。呈透镜状、卵圆状及浑圆状，大小不一，一般长20～30cm，大者达60cm。岩石中沉积韵律发育，并具变余凝灰角砾状结构、变余凝灰结构及变余砂状结构。以上表明黑云变粒岩、石英片岩及变质砾岩之原岩为变质中酸性火山岩及火山沉积岩。柳杭岩组与山草峪岩组为韧性剪切构造接触。其岩石组合特征，表明已达到了低角闪岩相变质程度，其原岩主要为正常沉积的碎屑岩及中酸性的火山碎屑岩、凝灰岩等。

1. 剖面描述

剖面位于泰安市西南峪—新泰市李家庄、柳杭一带，出露层序齐全。该剖面是柳杭组层型剖面（图2-9，据1∶20万泰安、新泰幅区调资料，1990），现自上而下分述如下：

柳杭岩组（Ar₃l）	出露（视）厚度170m
21. 残斑白云母奥长变粒岩，角闪黑云奥长变粒岩	34m
20. 变质砾岩、含砾黑云变粒岩。砾石成分以奥长花岗岩为主，有变闪长岩、脉石英、霏细岩等，胶结物为黑云变粒岩（镜下鉴定为变质英安质凝灰岩）	15m
19. 残斑白云母奥长变粒岩	28m
18. 含砾黑云变粒岩，变质砾岩（镜下鉴定为条带状中酸性熔岩）。砾石成分有奥长花岗岩、霏细岩、脉石英，呈浑圆状、压扁椭圆状及长条状	66m
17. 变质火山凝灰角砾岩，含斜长角闪质砾石	8m
16. 黑云变粒岩	19m

（续表）

———— 韧性剪切构造 ————

雁翎关组　　　　　　　　　　　　　　　　　　　　　　　　　　　　　　厚度405m

15. 中细粒斜长角闪岩，夹细粒斜长角闪岩，顶部具变余杏仁状构造，
　　其原岩为基性熔岩　　　　　　　　　　　　　　　　　　　　　　　　95m
14. 细粒斜长角闪岩，夹具侵入产状的蛇纹滑石片岩　　　　　　　　　　17m
13. 中细粒斜长角闪岩夹细粒斜长角闪岩　　　　　　　　　　　　　　　13m
12. 中细粒斜长角闪岩与细粒斜长角闪岩互层　　　　　　　　　　　　　40m
11. 细粒斜长角闪岩　　　　　　　　　　　　　　　　　　　　　　　　16m
10. 中细粒斜长角闪岩夹角闪变粒岩　　　　　　　　　　　　　　　　　　7m
9. 含角闪黑云变粒岩，局部具条带状构造　　　　　　　　　　　　　　　15m
8. 黑云奥长变粒岩　　　　　　　　　　　　　　　　　　　　　　　　　56m
7. 含石英阳起片岩　　　　　　　　　　　　　　　　　　　　　　　　　　5m
6. 含角闪黑云片岩　　　　　　　　　　　　　　　　　　　　　　　　　11m
5. 角闪黑云片岩　　　　　　　　　　　　　　　　　　　　　　　　　　18m
4. 黑云片岩　　　　　　　　　　　　　　　　　　　　　　　　　　　　24m
3. 斜长角闪岩（局部地段相变为磁铁石英岩）　　　　　　　　　　　　　53m
2. 碳酸盐化绿泥片岩　　　　　　　　　　　　　　　　　　　　　　　　11m

———— 韧性剪切构造 ————

山草峪岩组　　　　　　　　　　　　　　　　　　　　　　　　　　　　厚度14m
1. 含砾黑云奥长变粒岩及黑云奥长变粒岩，其中砾石主要为奥长花岗岩　14m

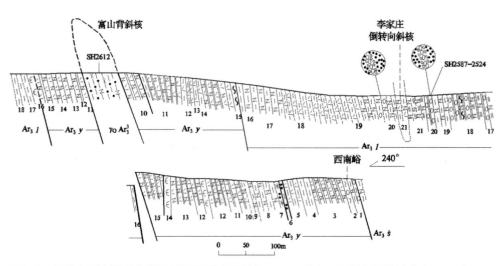

图2-9　泰安市西南峪泰山岩群实测地层剖面图（据1:20万泰安、新泰幅区调报告修改，1990）

2. 地层划分、标志及接触关系

该组在鲁西地区发育程度不一，厚度、岩性各地均有差异，在层序发育较全的柳杭一带，为变质砾岩及黑云奥长变粒岩，出露厚度170m。

本岩组识别标志以黑云片岩、绢云片岩、变质中酸性火山角砾岩、磁铁石英岩、变质沉积砾岩发育为特征。变质砾岩以花岗质砾岩为主，闪长质岩石次之，明显区别于雁翎关组以铁镁质、闪长质、脉石英为主要成分的变质砾岩。柳杭岩组与雁翎关岩组、山草峪岩组呈韧性剪切构造接触。

该岩组所含的矿产相对较少，仅在化马湾一带该组中下部含条带状磁铁石英岩，但全铁含量较低，没有经济价值，而在其中部含有石墨矿化，一般不具工业价值。

3. 岩性及厚度变化

在新泰市柳杭村—泰安市西南峪一带，本岩组为变质砾岩及残斑黑云奥长变粒岩等，变质砾岩以裴家庄至西南峪最厚，达107m，砾石也大，沿走向南北两侧逐渐变薄，砾石变小，砾石成分以花岗质为主，闪长质次之。

4. 岩相及原岩建造

本岩组变质砾岩有两层，砾石含量约占50%以上，砾石成分主要为中细粒奥长花岗岩，还有少量变石英闪长岩、斜长角闪岩等。呈透镜状、卵圆状及浑圆状，大小不一，一般长20~30cm，大者达60cm。岩石中沉积韵律发育，并具变余凝灰角砾状结构及变余凝灰结构、变余砂状结构。以上表明二段中黑云变粒岩、石英片岩及变质砾岩之原岩为变质中酸性火山岩及火山沉积岩。

柳杭岩组与山草峪岩组为韧性剪切构造接触。其岩石组合特征，表明已达到了低角闪岩相变质程度，其原岩主要为正常沉积的碎屑岩及中酸性的火山碎屑岩、凝灰岩等。

综上所述，泰山岩群上部岩石组合以变质碎屑岩为主，山草峪岩组和柳行岩组原岩性质并没有明显区别，只是后者含较多的砾岩层，仅说明它们所处海下扇的不同部位。泰山岩群上部岩石组合的发育已接近大陆边缘斜坡，由于获得大量来自陆缘碎屑物质的供给，形成以海下扇背景下的山草峪岩组和柳行岩组，即使出现火山岩夹层，也是成熟度较高的酸性火山物质，推测此时的洋板块已逐步接近消亡，洋/陆转换已趋完成。

厘定后的泰山岩群组成及特征可参见表2-3。

表2-3 泰山岩群岩石组合类型及划分

岩石组合 类型	建议划分 命名	与原划分关系 （王世进等，2012）	新划分 的方案	主要岩石 组合	推测形成的 构造环境
第Ⅱ组合	泰山岩群 上亚岩群	原柳行岩组上段	柳行 岩组	含砾石层夹 层的变碎屑 岩	大陆斜坡海下扇中— 上部为主
		山草峪岩组	山草 峪岩组	变碎屑岩为 主	大陆斜坡海下扇下部 为主
第Ⅰ组合	泰山岩群 下亚岩群	孟家屯岩组	孟家 屯岩组	变玄武岩与 变碎屑岩、 石英岩	与弧有关的岩石组合 特点
		原柳行岩组下段 雁岭关岩组	雁岭 关岩组	科马提岩及 变玄武岩	洋板块形成的MORB、 OPB等

（据万渝生等，2012修改）

　　根据上述资料，以往认为泰山岩群各岩组的形成时代均为2.7Ga左右的认识存在一定的问题。近年来的年代学研究已经证实，泰山岩群形成于新太古代2.75～2.71Ga和2.53～2.50Ga两个时期，两部分表壳岩为构造接触关系。下部形成于2.75～2.71Ga的岩石包括雁翎关岩组变科马提岩-玄武岩组合、一些变安山玄武岩、少量变质沉积岩和柳杭岩组下部的变玄武质熔岩；上部形成于2.53～2.50Ga的岩石包括雁翎关岩组顶部变安山质火山沉积岩、柳杭岩组上部变安山质火山沉积岩和变质砾岩以及山草峪岩组变安山-流纹质火山沉积、变细碎屑沉积岩和BIF。泰山岩群两部分表壳岩的形成时代、岩石组合和原岩成因都有明显差别。

　　与泰山岩群下部雁翎关岩组变科马提岩-玄武岩组合形成时代接近的表壳岩系是孟家屯岩组，其中石英岩和片岩是一套源区为中酸性岩浆岩的近源碎屑沉积岩，变碎屑岩源区形成的时代为2.74～2.72Ga，侵入孟家屯岩组的TTG片麻岩限定其沉积时代为2.72～2.70Ga（杜利林等，2003）。由于泰山岩群与孟家屯岩组没有直接接触，根据变质程度，有学者将孟家屯岩组置于泰山岩群之下（杜利林等，2003）。泰山岩群变质科马提岩-玄武岩中玄武安山岩夹层的时代为2747Ma（Wan et al，2011），虽然存在分析误差，这一年龄仍要大于孟家屯岩组变质沉积岩原岩的沉积下限2.72Ga，笔者亦倾向于孟家屯岩组的地层时代略晚于雁翎关岩组。

　　以绿岩带为代表的太古宙表壳岩系记录了地球早期大陆地壳形成和演化的重

要信息，在泰山及邻区已确认的新太古代~2.7Ga和~2.5Ga两期表壳岩为进一步认识华北克拉通陆壳形成提供了物质基础。通过表壳岩记录的岩浆和变质作用可以初步确定，泰山及邻区太古宙大陆地壳基底的形成先后经历了地幔柱控制下大规模壳幔分异作用和陆壳的垂向增生、陆壳水平运动引发的类似岛弧火山岩浆作用以及广泛的变质－深熔作用导致的地壳部分熔融过程。一方面，鲁西~2.7Ga变科马提岩－玄武岩组合的岩石地球化学性质可与全球同期其他绿岩带对比，这表明华北在新太古代早期的陆壳演化过程应该与其他克拉通是相似的；另一方面，~2.5Ga变火山岩系显示出与现代岛弧火山岩类似的地球化学特征，这在华北具有一定的普遍性，它们很可能是微陆块水平运动并发生拼合的产物。

第三节　泰山及邻区新太古代侵入岩带组成与特征

一、概　述

花岗岩－绿岩带中均以花岗质侵入体出露面积最大，通常在70%以上。花岗质岩石以变形程度的差异分为片麻岩、片麻状及块状岩石。岩石类型复杂，但主要分为两类岩石组合：一类岩石组合以英云闪长岩－奥长花岗岩－花岗闪长岩为主，称为TTG组合，其特点是岩石中主元素Na_2O含量大于K_2O，为富钠花岗岩类；另一类以花岗岩－二长花岗岩－正长花岗岩为主，称为GMS组合，其特点是岩石中主元素K_2O含量大于Na_2O，为富钾花岗岩类。通常TTG与GMS组合中，TTG形成时代早于GMS，它们属岩浆弧中的侵入弧，前者是岩浆弧演化早期的产物，后者是岩浆弧演化晚期的产物，但实际情况远比这一单向演化模型要复杂得多，泰山就是明显的例证。

泰山及邻区是我国新太古代早、中、晚三期侵入岩浆活动最发育的地区，构成花岗岩－绿岩带的主体。新太古代早期岩浆活动形成~2.7Ga的英云闪长质片麻岩、条带状英云闪长质片麻岩。新太古代中期岩浆活动形成2.6Ga的TTG

质花岗片麻岩。新太古代晚期岩浆活动从TTG到大规模的花岗岩–二长花岗岩–正长花岗岩（GMS）的发育，导致大规模陆壳的形成。中元古代早期，有少量岩浆沿太古代刚性陆壳裂解形成的张性裂隙侵入（王世进等，2008）。

　　曹国权（1995）估计岩浆岩及花岗质片麻岩岩石，包括混合岩在内几乎占鲁西前寒武纪结晶基底95%。当时他将岩浆活动从老到新划分为三期，分别是：新太古代早期（新甫山期）＞2700～2600Ma，包括峄山斑状花岗闪长岩、新甫山片麻状花岗闪长岩、黑虎山和富山奥长花岗岩、太平顶和望府山片麻状英云闪长岩；晚太古代晚期（中天门期）＞2600～2500Ma，包括中天门和水泉石英闪长岩、桃科变辉长岩和麻塔角闪石岩；早元古代早期（傲徕山期）2450～2400Ma，包括四海山钾质（正长）花岗岩、傲徕山和雌山二长花岗岩。

　　侵入岩在空间上大致分为四个区（图2-10），自东向西分别为：沂沭断裂区、沂山—鲁山区、泰山—徂徕山—蒙山区和马山—凤仙山—峄山区（曹国权，

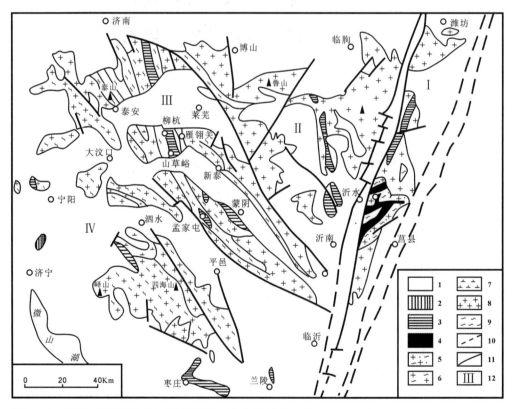

图2-10　鲁西早前寒武纪地（岩）层及侵入岩分布略图（据曹国权，1995）

1—新生界—上元古界；2—济宁岩群；3—泰山岩群；4—沂水岩群；5—沂水期紫苏花岗岩；6—新甫山期TTG岩类；7—中天门期闪长岩类；8—傲徕山期二长花岗岩类；9—构造糜棱岩；10—韧性剪切带带；11—断层；12—构造分区

1995）。本书仅涉及后三个区，不涉及沂沭区。沂山—鲁山区（Ⅱ区）主要分布傲徕山二长花岗岩；泰山—徂徕山—蒙山区（Ⅲ区）各期侵入岩均较发育，但以新甫山期侵入岩为主；马山—凤仙山—峄山区（Ⅳ区）内新甫山期侵入岩最发育。当时在没有精确定年资料情况下，将马山—凤仙山—峄山区的TTG岩套认为属于新太古代早期的新甫山期，后来王世进等在获得新资料的情况下将该区TTG的时代从新太古代早期修正为新太古代晚期。

（一）新代古代三期侵入岩

王世进等（2008）在地质调查和众多新测定的同位素年龄资料基础上，对上述曹国权的划分进行了修订。他们将鲁西地区侵入岩划分为新太古代早、中、晚三期岩浆活动，并进一步细分为9个岩浆活动阶段，对应于9个侵入岩岩套（表2-4）。

表2-4　　　　　　　　　泰山及邻区新太古代侵入岩划分方案

时代（期）	阶段	岩套	主要岩石或组合类型
中元古代早期		牛岚	辉绿玢岩
新太古代晚期	第Ⅴ阶段	红门	中基性侵入岩
	第Ⅳ阶段	四海山	正长花岗岩
	第Ⅲ阶段	傲徕山	二长花岗岩
	第Ⅱ阶段	峄山	TTG岩套
	第Ⅰ阶段	南涝坡	超基性、基性岩类，规模小而分散
新太古代中期	第Ⅱ阶段	新甫山	以上港片麻状奥长花岗岩和新甫山片麻状花岗闪长岩为代表
	第Ⅰ阶段	黄前	超基性-基性侵入岩类，呈岩墙、岩脉状穿插新太古代早期英云闪长质片麻岩内
新太古代早期	第Ⅱ阶段	泰山	条带状英云闪长质片麻岩、闪长质片麻岩组成
	第Ⅰ阶段	万山庄	超基性-基性侵入岩类呈规模小而分散的包体残留于花岗质片麻岩系内

（据王世进等2008年资料简化）

新太古代早期侵入岩：集中出露于泰安、新泰、蒙阴、平邑等地区，第一阶段为超基性-基性侵入岩类（称万山庄组合），呈规模小而分散的包体残留于花岗质片麻岩系内；第二阶段为中性-中酸性灰色片麻岩套（原称蒙山片麻岩套，现改称泰山片麻岩套），主要由条带状闪长质片麻岩、英云闪长质片麻岩组成，锆石SHRIMP U-Pb年龄值2740～2700Ma间。

新太古代中期侵入岩：主要分布于鲁西地区的泰山东侧上港—新甫山一带。第一阶段为地幔岩浆侵入形成的超基性-基性侵入岩类，呈岩墙、岩脉状穿插新太古代早期英云闪长质片麻岩、条带状英云闪长质片麻岩侵入岩中，或呈包体残留于新太古代中期片麻状奥长花岗岩内。第二阶段TTG质花岗岩，以上港片麻状奥长花岗岩和新甫山片麻状花岗闪长岩为代表。形成时代略大于2.60Ga。

新太古代晚期侵入岩在鲁西地区分布较广者，是变质基底重要组成部分，规模大，形成于～2.56Ga至2.48Ga期间，由五个阶段（岩套）侵入岩岩石系列组成。第一阶段为超基性、基性岩类，规模小而分散，归并南涝泊组合；第二阶段为中性-中酸性TTG花岗岩系列，归并于峄山岩套；第三阶段为中酸性钾质花岗岩系列，归并于傲徕山岩套；第四阶段为正长花岗岩系列，归并于四海山岩套；第五阶段形成中基性侵入杂岩体——红门岩套。前人（王世进等，2008）将该期构造岩浆活动时代归入古元古代早期，由于本书将新太古代顶界时限上延至2420Ma，故第五阶段形成时代归于新太古代末期，而不置于古元古代。第五阶段早期主要造成2480Ma左右的地幔岩浆侵入，形成中基性侵入杂岩体（红门岩套），出露总面积170km²。其后有壳源二长花岗岩（摩天岭岩套）岩株-岩墙状产出，出露面积73km²。根据野外接触关系和泰山普照寺闪长岩及泰山中天门石英闪长岩锆石年龄（张成基等，1996；陆松年等，2008）等综合分析，其形成于新太古代末期。

（二）新太古代三条花岗岩带

上述三个时期的侵入岩浆活动在空间上构成北西-南东向展布的三条岩浆岩带（图2-11），中带侵入岩带岩石类型复杂，时代跨度最大，而新太古代峄山TTG岩套和鲁山二长花岗岩-正长花岗岩系列则分别出露在中带的西南和东北侧，大致构成从南西向北东方向三条侵入岩浆岩带。

1. 中部花岗质侵入岩带（B带）

中部花岗质侵入岩带，相当于万渝生等（2015）所划的B带，从泰山、章丘西南部地区向南东，经新泰化马湾、雁翎关等地，再到孟家屯及盘东沟一带，主要出露泰山岩群的变质表壳岩、TTG片麻岩及各类条带状岩石；相对年轻的花岗质岩石（约2.5Ga）也有分布。该带西北部较宽（大于20km），东南部较窄（约10km），呈北西-南东向延伸，总长超过150km。

著名的望府山英云闪长质片麻岩，傲徕山片麻状二长花岗岩是中带TTG和GMS组合中最具代表性的钠质和钾质花岗岩侵入体，分别是新元古代早期不成熟侵入弧和晚期成熟弧的代表性岩体。但中带保存的岩石类型多样且复杂，时代跨度从接近2.75Ga延续至2.48Ga。

2. NE侵入岩浆岩带（A带）

NE侵入岩浆岩带相当于万渝生等所划的A带，在该带以东至郯庐断裂带，壳源花岗质岩石大范围分布。徂徕山地区位于与中带（B带）相邻的NE带（A带）内，向北西方向延伸到泰山地区。主要岩石类型包括片麻状TTG岩石、变质石英闪长岩、片麻状二长花岗岩和二长花岗岩，此外还有表壳岩泰山岩群存在。万渝生等（2015）对徂徕山地区3个岩石样品进行了锆石SHRIMP U-Pb定年研究。英云闪长质片麻岩遭受一定重结晶影响的岩浆锆石年龄为2711±11Ma，变质作用时代可能为～2.6Ga。变质石英闪长岩遭受强烈重结晶影响的岩浆锆石年龄为2.51Ga，被解释为构造热事件的时代，而岩浆锆石年龄可能在2.53～2.55Ga之间。二长花岗岩锆石普遍存在强烈铅丢失，根据数据点在谐和线上的分布特征，二长花岗岩的形成时代应为～2.5Ga。

鲁山位于NE侵入岩浆岩带的中北部，主要出露正长花岗岩和二长花岗岩。鲁山位于山东省淄博市，主峰高1108m，是山东5座海拔超过千米的名山之一。研究区南北两侧早古生代盖层上伏于太古宙基底花岗质岩石之上，基底壳源花岗岩主要由粗粒钾长花岗岩、中-粗粒二长花岗岩和斑状二长花岗岩组成，较老的表壳岩和TTG质岩石为大小不等的包体残存于其中。根据SHRIMP锆石U-Pb定年，其形成时代分别为2525±13Ma、2517±13Ma和2508±20Ma（王伟等，2010）。

从徂徕山向东至鲁山一带，侵入岩时代有逐渐变新，岩石类型由英云闪长岩-石英闪长岩向二长花岗岩-正长花岗岩变化的趋势，这种趋势是否代表新太古代侵入岩浆弧从不成熟向成熟弧逐步演化的信息，值得引起重视。

3. SW侵入岩浆岩带（C带）

SW侵入岩浆岩带相当于万渝生等所划的C带，在中带南西出露大面积的新太古代晚期峄山岩套TTG质花岗岩。前人曾认为峄山岩套是新太古代早期的产物，新的测年数据表明们它它们形成于2560～2530Ma的新太古代晚期，晚于中岩浆岩带而略早于北东岩浆岩带。

峄山岩套主要包括窝铺片麻状中粒黑云英云闪长岩、马家河片麻状粗中粒含角闪黑云花岗闪长岩及宁子洞斑状片麻状含黑云花岗闪长岩（王世进等，2012b）。窝铺片麻状中粒黑云英云闪长岩出露于泗水县金庄镇—邹县城前镇一带及费县四亩地村等地，呈北西-南东向带状产出，出露总面积约90km²。岩体侵入望府山英云闪长质片麻岩，被马家河花岗闪长岩侵入。岩体发育片麻理，片麻理走向与区域构造线方向基本一致。窝铺片麻状中粒黑云英云闪长岩风化面灰白色-灰色，新鲜面灰色-灰黑色，具片麻理构造，粗中粒半自形粒状结构，矿物粒度在3～5mm之间，总体以中粒为主，部分地段过渡为粗粒和中细粒，暗色矿物分布亦不均匀，有的地方角闪石含量多，超过黑云母，而有的地方角闪石含量少。主要组成矿物为斜长石（50%～65%）、石英（15%～20%）、黑云母（5%～12%）、普通角闪石（2%～8%）和微斜长石（0%～8%），含少量磷灰石、榍石、磁铁矿、绿帘石等矿物。

马家河片麻状粗中粒含角闪黑云花岗闪长岩主要出露于平邑县丰阳镇—费县梁邱镇一线及峄山岩带，呈北西向带状，出露总面积约639km²。岩体与宁子洞斑状花岗闪长岩为渐变过渡关系。岩体普遍发育片麻理，片麻理走向290°～330°，多倾向南西，倾角多为75°左右，局部片麻理发育不强，矿物的自形程度较好。岩石中韧性剪切带发育，糜棱面理大多与片麻理一致。

峄山岩套马家河片麻状粗中粒含角闪黑云花岗闪长岩具片麻状构造，粗中粒半自形粒状结构，局部为变余花岗结构-变晶结构，矿物粒度多在2～5mm之间，属中粒，局部出现粗粒。主要由斜长石（45%～55%）、石英（15%～20%）、微斜长石（10%～20%）、黑云母（5%～10%）、角闪石（18%）及少量条纹长石组成，含磷灰石、榍石、磁铁矿、绿帘石等矿物。主要出露于泗水县泗张镇—平邑县白彦镇一线及峄山岩带，呈北西向带状，出露总面积约443km²。岩体与马家河花岗闪长岩为渐变过渡关系。岩体具弱片麻状构造，以具似斑状结构为特征，斑晶主要为微斜长石，有个别为斜长石，斑晶通常为较自形的斑柱局部定向排列，斑晶含量5%～20%。一般在10%～15%之间，斑晶数量及大小均不均匀。

峄山岩套宁子洞斑状片麻状含黑云花岗闪长岩中可见细粒闪长质及石英

闪长质包体带，包体带最宽可达2km。包体形态多为椭圆状、透镜状及不规则状，其大小多为几厘米至几十厘米，个别大的直径可达数米。受包体的影响，整个包体带的寄主岩石暗色矿物含量增多，包体带的成因可能为基性岩浆混染所形成。岩石具弱片麻状构造、块状构造，似斑状结构，斑晶为微斜长石，基质为中粒半自形粒状结构，基质粒度在1~5mm之间，多数在2~3mm之间，主要组成矿物有斜长石（45%~55%）、微斜长石（12%~25%）、石英（18%~25%）、黑云母（5%~15%），并有少量角闪石、磁铁矿、磷灰石、榍石、绿帘石等矿物。

除上述3个大型岩体外，该侵入岩带中的蒙山主峰龟蒙顶岩体由片麻状中粒花岗闪长岩组成，属峄山岩套龟蒙顶单元，SHRIMP U-Pb锆石定年为2539±17Ma和2544±15Ma。蒙山北部云蒙峰岩体由中粒二长花岗岩组成，SHRIMP U-Pb锆石定年为2534±8Ma。上述岩体形成时代均为新太古代晚期。野外接触关系表明，二长花岗岩明显侵入峄山岩套龟蒙顶单元片麻状花岗闪长岩。

王世进等（2010）认为上述三个岩浆岩带中形成时代最老的中带是古陆核部，随着时代变迁，陆壳从核部向两侧生长，分别形成SW和NE带，或C与A带。其中富钾花岗岩多形成于构造运动后期（post tectonic），为地壳部分熔融（或深熔）作用产物，标志着古陆块克拉通化结束。鲁西地区壳源花岗岩岩体内多含斜长角闪质或闪长质包体，具大量残余锆石（年龄通常＞2.55Ga），这些古老地壳物质的再循环是华北克拉通新太古代晚期强烈构造热事件的结果，标志鲁西和华北古陆块克拉通化完成。该期岩浆活动是本区主要的地质事件，可能是新太古代末期向古元古代过渡时，地壳重新活动加剧的反映。

综上所述，本书作者赞同王世进等（2010）、万渝生等（2015）对深成岩浆活动时空分布规律的基本认识（表2-4、图2-11），但有下列几点说明：第一，上述表2-4对深成岩期次的划分大部分具有野外地质关系和同位素年龄资料的佐证，经得起实践的检验。但万山庄、黄前和南涝坡岩套中的超基性岩并无可靠的同位素年龄资料，原作者可能基于岩浆岩分异演化的考虑，将它们分别置于每个岩浆演化期的最早期。这三个岩套是否完全是岩浆分异的产物，抑或有更复杂的成因，尚待进一步厘定。第二，三个岩浆岩带未必是以中部为陆核，随时间变新分别向南西和北东两个方向演化的结果。它们现在的位态不代表它们原来的空间关系，新太古代早—中期和新太古代晚期从TTG向GMS的演化代

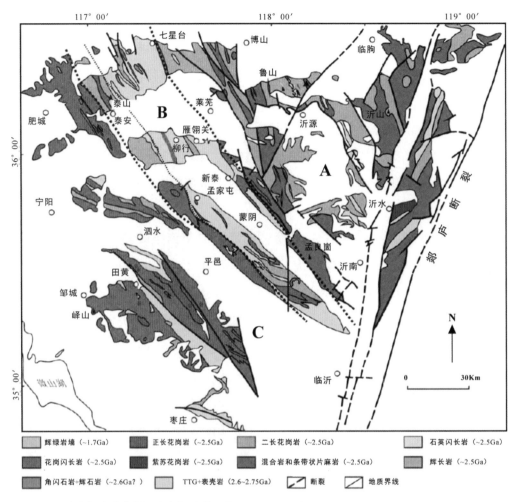

图2-11　泰山新太古代侵入岩空间分带示意图（据万渝生等，2015）

表了两次岩浆演化过程，可能受到洋/弧和弧/陆构造演化过程的制约，对此本书《中篇》将进一步讨论；第三，实际地质调查的结果要比总结的时空规律更复杂，例如中部岩浆岩带虽以新太古代早期泰山岩套TTG为主，并演化为傲徕山二长花岗岩，但也出现新太古代最晚期的普照寺等与俯冲有关的闪长岩为主的岩石组合，与富钠质花岗岩向富钾质花岗岩的单向演化规律并不吻合，显然我们对一些规律性的总结和认识还有一段长时期的实践—认识—再实践过程。

二、前人对泰山深成侵入岩地质事件的认识

泰山位于上述三个侵入岩浆岩带中带的偏西北侧，是鲁西花岗岩–绿岩带中

出露最好、研究程度最高的地区。前人对泰山以花岗质为主的侵入岩做过大量地质调查和专题研究，其中如曹国权等、Jian et al、庄育勋等、王世进等、万渝生等在不同时期都做过系统研究。例如，庄育勋等（1995）将泰山区内的深成侵入岩分出5个地质事件，对应于5个规模较大的侵入岩体，从老到新分别是望府山英云闪长质片麻岩、大众桥期角闪辉长岩–英云闪长岩深成侵入岩系列、傲徕山期二长花岗岩系列、中天门期闪长岩–花岗闪长岩系列和摩天岭期二长花岗岩。

（一）望府山英云闪长质片麻岩

60年代区域地质测量中所划分的五个岩组总体上是一套条带状黑云斜长片麻岩，可称为望府山片麻岩。剔除部分熔融的长英质条带，望府山片麻岩总体上表现出成分均匀的深成侵入岩体外貌。地球化学资料表明，望府山片麻岩属英云闪长岩，并经强烈变质变形作用改造，使岩石具有条带状、片麻状构造及宏观上层状的外貌。在栗杭水库一带，这些条带状构造表现为轴面直立、枢纽北西向倾伏的宽缓褶皱。条带状构造本身表现为紧闭的塑性揉流褶皱。在南天门、三阳观一带，岩石为平直近直立的条带状构造。在大河水库一带条带构造减少，再往西南渐变为无条带的均匀中粒黑云斜长片麻岩。这种脉体发育程度和褶皱形态由强至弱的空间变化可能代表英云闪长岩形成之后由深至浅层次塑性流变强度变弱的垂向变化。从现有资料分析望府山期英云闪长岩形成以后经历了两个阶段的变形作用改造，略早为普遍的片麻理化，略晚是在变形作用下形成的条带状构造。

在望府山片麻岩中卷入了多种早期形成的岩石成分，主要有以下几种：（1）层状斜长角闪岩，如在大河水库、竹林寺—黑龙潭一带；（2）金云母阳起石透闪片岩、细粒斜长角闪岩、角闪变粒岩、电气石阳起片岩。如在阎家庄、孟家庄一带；（3）块状斜长角闪岩及角闪石岩，它们呈石香肠状、透镜状分布于望府山片麻岩中，如在官地、东门庄一带。前两者应属残存于望府山期英云闪长岩中早已形成的表壳岩系，第三种属望府山期深成岩浆侵入事件早期形成的超基性–中基性侵入体。还有一种沿望府山片麻岩的条带状构造及片麻理顺"层"侵位并变形的石英闪长岩，属于大众桥期的石英闪长岩。

在望府山深成岩浆侵入事件的末期发育组粒闪长岩脉和伟晶岩脉，江博明等（1988）的同位素年代学研究表明望府山期深成岩浆侵入及改造事件应发生在

2800～2700Ma间。

（二）大众桥期角闪辉长岩-英云闪长岩深成侵入岩系列

此侵入岩系列首先发育麻塔角闪石岩和金牛山角闪辉长岩。麻塔角闪石岩野外露头上呈北西向展布的岩脉，由＞90%粗粒伟晶角闪石和斜长石组成块状构造。金牛山角闪辉长岩宏观上呈堆积结构，镜下在自形板状角闪石三角架之间发育板条状斜长石（An＝32），而在较粗斜长石格架间还发育更细的板条状钠长石（An＝4）。岩石主要由普通角闪石（60%～90%）和斜长石（40%～10%）组成。在金牛山角闪辉长岩发育之后，随之发育石英闪长岩和英云闪长岩。其斜长石呈环带状消光，An＝22～28。这一岩浆岩系列的稀土地球化学特点表现为轻稀土元素逐渐富集，而重稀土元素含量变化不大的配分模式，并出现Yb负异常，这一现象还有待于进一步研究。主元素表现为钙碱性变化的趋势。此侵入岩系列地幔岩浆在壳源物质不断添加过程中，岩浆成分向中酸性演化并依次侵位形成。

（三）傲徕山期二长花岗岩系列

此系列岩体更大面积发育在泰山地区北东侧的苗山、沂山一带，其中保留着尚可追索的斜长角闪岩、磁铁石英岩层状残余。在尚未完全改造成二长花岗岩的残余岩石中出现大量边缘模糊的囊状、不规则状粉红色钾质脉体。泰山地区傲徕山期二长花岗岩系列依次发育玉皇顶斑状二长花岗岩、虎山粗粒片麻状二长花岗岩、傲徕山中粒片麻状二长花岗岩和调军顶细粒片麻状二长花岗岩。较早发育的玉皇顶斑状二长花岗岩、虎山粗粒片麻状二长花岗岩中有较多呈阴影状、条痕状望府山片麻岩残余。在此岩石系列中演化越晚的岩石越均匀，粒度也越细。显微镜下可见两个世代的组构：第一世代由较粗大的斜长石、黑云母等组成，岩石中广泛发育交代结构，如斜长石的微斜长石化、蠕英结构、条纹结构、交代穿孔、交代净边结构等，其矿物组成及其组构特点与望府山黑云斜长片麻岩相同；第二世代由石英、微斜长石及黑云母组成，粒度小，新鲜。岩石呈轻稀土中等富集，负铕明显的右倾型稀土配分模式。稀土地球化学特点表明其成分相当于太古宙上部陆壳区。总体上表现出傲徕山期二长花岗岩系列是以新太古代早期前绿岩陆壳为主的陆壳岩石，在交代熔融作用下不断演化形成的。

（四）中天门期闪长岩－花岗闪长岩系列

此系列依次发育普照寺闪长岩、中天门石英闪长岩和大寺花岗闪长岩。普照寺细粒闪长岩呈网格状岩脉或岩床沿脆性断裂侵入于傲徕山期二长花岗岩系列及更早产生的岩石中。中天门石英闪长岩是中天门期闪长岩－花岗闪长岩系列的主体，中粒、块状，典型的岩浆岩半自形粒状结构，斜长石宽板状，An＝30，发育聚片双晶和环带状消光现象。中天门石英闪长岩呈较大岩株沿近东西和北西两组脆性断裂侵位。大寺花岗闪长岩呈较小的岩株状。此系列岩石中含有达2%的榍石。此系列岩石稀土总量较之其他岩石系列明显地高，为无或弱负铕异常、轻稀土富集型右倾型配分模式，并表现为连续的钙碱性演化的趋势。其成分表现为亏损地幔与太古宙下地壳混合的特点。

（五）摩天岭期二长花岗岩

摩天岭二长花岗岩具细粒、片麻状构造，交代结构十分发育。镜下明显表现出两个世代的组构：较粗大的斜长石有较强的绢云母化、绿帘石化而显得脏污，表面有较多的裂纹，并在钾交代作用下微斜长石化。较晚世代的组构由细粒、洁净的斜长石、微斜长石、石英及少量的黑云母组成，且定向排列。其稀土配分模式表现为中等负铕异常轻稀土较强富集的右倾型特点。总体上表现为此期二长花岗岩是已有岩石经深熔作用形成的。

三、泰山主要花岗质岩体的岩相学特征简述

泰山属于鲁西花岗岩－绿岩带的一部分，花岗岩－绿岩带是由很古老的变质火山岩－沉积岩与形成时代相近的花岗岩所组成的地质单元。泰山属于上述三个侵入岩浆岩带中带（B带）的西北侧，就泰山本身而言，主要是由花岗岩－绿岩带中的花岗岩所组成，占有泰山95%以上面积。在前人工作基础上，本书作者对其中出露面积较大的望府山片麻岩体、玉皇顶花岗岩体、傲徕山二长花岗岩体、中天门及大众桥花岗闪长岩体和普照寺闪长岩体等进行过初步研究（陆松年等，2008），现分别叙述经作者调查的下述岩体的岩相学特征。

（一）新太古代早—中期TTG组合

1. 闪长质片麻岩（SD0613-01）

岩石样品取自栗杭村水库旁岩石露头（图2-12），岩石呈灰色，细粒变晶结构，由于遭受变形和强烈的混合岩化作用改造，原岩闪长岩与多种结构和矿物组成有差异的长英质淡色体构成条带状构造。岩石主要组成矿物为斜长石、黑云母和角闪石。斜长石多发育聚片双晶，亦见卡钠复合双晶，含量约为50%；黑云母呈明显定向性排列，含量约为25%；角闪石具蓝灰色—浅棕黄色多色性，亦呈定向排列，含量约为25%。黑云母和角闪石可交生一起，但界线平直，不具交代关系。

图2-12　栗杭村条带状闪长质片麻岩（左下部）被淡色奥长花岗岩侵入（右上部）

2. 彩石溪一带斜长角闪岩（SD0601）及其中的长英质淡色脉体（SD0602）

泰山彩石溪一带条带状斜长角闪岩与条带状英云闪长质片麻岩出露极好，东侧龙潭—桃花峪索道站一带为英云闪长质片麻岩，西侧—桃花峪景区大门一带为傲徕山二长花岗岩。条带状斜长角闪岩有两种，一种是泰山岩群变质地层残留的斜长角闪岩，具变余层状构造，矿物颗粒细小；另一种斜长角闪岩

图2-13 泰山彩石溪斜长角闪岩及淡色脉体野外照片

矿物分布均匀颗粒较粗，原岩为变辉长岩。斜长角闪岩（SD0601）样品采自泰山风景区内的彩石溪一带（图2-13），岩石呈灰黑色，出露范围较大，且岩石组成及结构构造特点一致。基于岩石野外地质产状和矿物组成特点，本文认为该岩石应是古中（基）性侵入岩遭受变质作用改造的产物，岩石具中粗粒变晶结构，主要矿物组成为角闪石（55%±）、斜长石（40%±）和少量石英（5%以下），斜长石发育聚片双晶，中等强度绢云母化和帘石化，石英可呈交代其他矿物形式产出。斜长角闪岩中长英质淡色脉体极为发育，按照矿物组成和结构构造变化特点，可划分出多种不同类型，样品SD0601是其中之一，该淡色脉体呈不规则脉状、条带状产出，具明显的片麻理构造，并显示强烈的塑性变形特征，与寄主岩斜长角闪岩之间界线清晰；岩石主要组成矿物为斜长石（70%±）、石英（25%±）和少量黑云母（5%±），其中斜长石发育聚片双晶。

3. ～2.6Ga英云闪长岩和奥长花岗岩

本项目工作分别采集了出露于泰山景区的望府山英云闪长岩、栗杭一带的英云闪长岩、奥长花岗岩样品开展锆石年代学测定研究。望府山英云闪长岩

（SD0604）样品采集地点经纬度坐标为N：36°15′22.8″，E：117°05′32.1″。岩石呈灰色，片麻状状构造，并以发育淡色长英质脉体为特征，可构成条带状构造，主要矿物组成为斜长石、石英、黑云母，偶见钾长石，斜长石多发育聚片双晶，中等-强绢云母化蚀变，亦见帘石化，含量约为60%～70%，石英具波状消光，常聚集产出，含量约为25%～30%，黑云母含量约占总矿物量的5%，可见退变为绿泥石。需要指出的是，按照本样品矿物组成，该岩石样品应定为花岗闪长岩为好。栗杭一带的英云闪长岩（SD0502）采样地点经纬度坐标为N：36°17′58.6″，E：117°09′27.4″。岩石具中粗粒变晶结构、片麻状构造，主要组成矿物为斜长石、角闪石、黑云母和石英，斜长石发育聚片双晶，弱-中等绢云母化及帘石化蚀变，粒径2.5～1mm，含量约占总矿物量的45%；大量角闪石矿物的出现是本岩石的一个重要特征，含量可达25%，而其他矿物石英、黑云母的含量分别为15%和10%。奥长花岗岩（SD0503）采样地点经纬度坐标为N：36°18′01.9″，E：117°09′14.1″。岩石呈浅灰白色，中粗粒，岩石矿物组成主要为斜长石（60%）和石英（35%左右）（图2-14、图2-15），黑云母含量不足5%。

图2-14　采集栗杭村村边公路旁的英云闪长岩样品

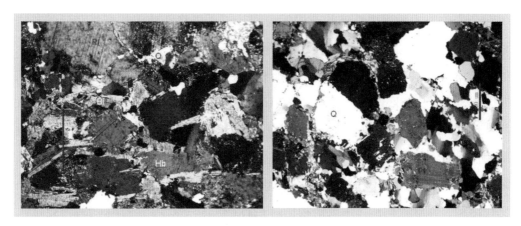

图2-15 英云闪长岩（SD0502）（左）和奥长花岗岩（SD0503）（右）矿物组成（+）

Q—石英；Pl—斜长石；Hb—角闪石

4. 上港奥长花岗岩

上港单元片麻状奥长花岗岩主要分布于济南市历城区大南营—泰安市石屋志以东，章丘市宫营—莱芜市香山以西的广大范围，在泰安市富山等地也有分布，其他地区则零星出露。岩体总走向北西，南北长约20~28km，宽约10~12km，出露总面积约260km²。岩体内部一般较均匀，其边部有弱片麻状构造，存在斜长角闪岩及角闪石岩包体，其大小一般在0.5~5.0m之间，无定向排列。岩体西侧边部含有大量麻塔角闪石岩包体及斜长角闪岩包体，呈北西向带状分布，宽度一般在1~50m之间，最宽可达500m，长度在1~3km之间。由于含包体，出现多种同化混染现象。

岩性为中粒含黑云奥长花岗质片麻岩，浅灰–灰白色，中粒结构–似斑状结构，块状–弱片麻状构造。斑晶为斜长石，多为宽板状，大小在0.5~1.0cm之间，含量10%~20%。主要组成矿物：斜长石57%、微斜长石＜1%、石英31%、黑云母7%、绿帘石4%、角闪石＜1%。锆石SHRIMP U–Pb年龄为2623±9Ma，代表岩体形成时代（王世进，2012）。

5. 新甫山片麻状花岗闪长岩

新甫山岩体主体岩性为花岗闪长岩及奥长花岗岩，岩体总体呈北西向分布，与区域构造线方向一致。其侵入泰山岩群雁翎关组底部。程裕淇先生曾将该岩体暂划为任家庄组称黑云奥长均质混合岩。王致本等（参见王世进，1991）在该区进行1：5万区调工作后划为混合质条带状奥长花岗岩、雾迷状混合岩等。1988年，程裕淇先生到鲁西地区进行地质考察时，同意将任家庄组黑云奥长均质混合岩改划为新甫山片麻状花岗闪长岩。王世进将新甫山片麻状花岗闪长岩划为新太古代中期新甫山阶段（王世进等，2012）。

　　新甫山岩体主要分布于莱芜市与新泰市交界处的新甫山一带，呈北西—南东方向展布，延长15km，宽一般1.5～3.5km，最宽处为4km。岩石片麻状构造发育，片麻理走向与区域构造线方向一致。岩体中存在较多斜长角闪岩捕房体，岩体西南侧侵入雁翎关组斜长角闪岩，北部被寒武系覆盖，东侧及南侧被新太古代二长花岗岩侵入。岩性为中细粒片麻状花岗闪长岩，灰白色，中细粒变余花岗结构、交代结构，片麻状构造。主要矿物为斜长石（47%～58%）、石英（2%～32%）、微斜长石（13%～20%）、黑云母（2%～8%）及绿帘石。新甫山片麻状花岗闪长岩锆石SHRIMP不一致线上交点年龄为2625±15Ma，代表岩浆结晶时代。

（二）新太古代晚期（2560～2480Ma）

这一类侵入岩包括玉皇顶花岗岩、傲徕山型二长花岗岩、大众桥石英闪长岩、中天门二长闪长岩以及普照寺型闪长岩、龙泉村一带的花岗闪长岩等。

1. 玉皇顶花岗岩体

玉皇顶花岗岩（SD0510）呈灰白色、浅肉红色，该类岩石的一个重要特征就是含有一定数量的稀疏钾长石斑晶，使得岩石呈现似斑状结构，这些斑晶具定向排列特点或呈眼球状，显示岩石曾遭受剪切变形改造。主要组成矿物为钾长石、斜长石、石英及少量黑云母（图2-16）：钾长石主要为条纹长石和钾微斜长石，含量约占岩石总矿物量的40%，常见粗大的钾长石包裹斜长石矿物；斜长石多见弱-中等绢云母化，含量约为25%；石英具明显波状消光，含量约为30%；黑云母含量

图2-16　玉皇顶花岗岩（SD0510）矿物组成的显微照片

Kf—钾长石；Pl—斜长石；Q—石英

小于5%。

2. 黄前英云闪长岩体

英云闪长岩（SD0504）出露于泰山景区东北黄前水库一带，呈北西向展布，面积约5km²，所采样品位于黄前水库东侧，经纬度坐标为N：36°18′54.01″，E：117°14′35.5″。岩石呈灰白色，中细粒花岗结构，弱片麻状－块状构造，主要矿物组成为斜长石、石英、黑云母、少量钾长石（微斜长石）、绿帘石等，副矿物为锆石、磷灰石等。

3. 花岗闪长岩

花岗闪长岩（SD0501）采样地点经纬度坐标为N：36°16′08.3″，E：117°09′57.1″。岩石具细粒花岗变晶结构，矿物定向性排列明显，主要组成矿物为斜长石石英、钾长石和黑云母，斜长石发育聚片双晶，含量约占45%，石英的波状消光特征明显，含量在25%～30%，钾长石类矿物由条纹长石和微斜长石组成，含量约为20%，黑云母含量仅占5%左右。

4. 傲徕山二长花岗岩

傲徕山二长花岗岩（SD0509），为泰山景区主体岩石类型之一，在景区内呈北西向延长的带状、长椭圆状的岩基或岩枝产出，规模较大（图2-17）。该样品采自泰山景区黑龙潭瀑布长寿桥侧，经纬度为N：36°13′11.6″，E：

图2-17　傲徕山二长花岗岩远景照片

117°05′43.1″。岩石呈灰白色，中粗粒花岗结构，块状构造为主，局部片麻状－弱片麻状构造；主要矿物组成为斜长石、钾长石、石英以及黑云母等（图2-18）。岩石中钾长石矿物一般较为粗大，含量约35%，矿物类型以发育格子双晶的钾微斜长石为主，常见包含斜长石，构成典型二长结构；斜长石粒度相对要小，多发育弱－中等绢云母化蚀变，含量约为35%；石英他形粒状，波状消光，含量约为25%；黑云母含量较少，约为5%，但清楚地呈现定向排列，可能预示岩石曾遭受了构造变形作用的改造。

图2-18　傲徕山型二长花岗岩（SD0509）矿物组成的显微照片

Kf—钾长石；Pl—斜长石；Q—石英

5. 于科花岗闪长岩

取自于科村的花岗闪长岩（SD0514），采样地点经纬度坐标为N：36°22′12.0″，E：117°09′41.0″。岩石呈肉红色，中粗粒，块状构造，俗称"大地红"，貌似正长花岗岩（图2-19），镜下岩相学观察可见，岩石主要由斜长石、石英和少量

图2-19　于科花岗闪长岩采石场（左）及岩石露头近景

钾长石及暗色矿物组成,原岩应为花岗闪长岩(图2-20),其中大部分的矿物遭受明显的碎裂变形,许多斜长石呈现的肉红色是铁的氧化物顺裂隙侵染后所致。

6. 玉皇顶片麻状石英闪长岩

片麻状石英闪长岩(SD0606)采自泰山风景区内的玉皇顶一带(图2-21),采样地点经纬度坐标为N:36°15′19.2″,E:117°06′07.8″。岩石具片麻状构造,中粗粒变余花岗结构,主要矿物组成为斜长石(45%±)、黑云母(25%±)、石英(15%±)、角闪石(10%±)和钾长石(5%±)等。

片麻状石英闪长岩(SD0611)

图2-20　花岗闪长岩(SD0514)显微镜下的矿物组成

Or—钾长石;Pl—斜长石;Q—石英

取自泰山风景区的大众桥一带(图2-22),属于前人划分的大众桥岩体,采样地点经纬度坐标为N:36°12′21.7″,E:117°06′10.7″。岩石呈现弱片麻状构造,中粗粒、不等粒结构,主要矿物组成为斜长石、黑云母和石英,少量钾长石。

斜长石呈乳白色,部分呈明显粗大的半自形板柱状矿物或矿物集合体产出,也是该岩石有别于其他岩石类型的重要特征,斜长石含量约占岩石总矿物量的60%左右,石英呈它形不规则粒状,含量约为20%,黑云母具灰绿色—浅棕黄色多色性,含量约为

图2-21　玉皇顶片麻状石英闪长岩

图2-22　大众桥片麻状石英闪长岩野外露头照片

15%，钾长石以钾微斜长石为主，含量约占5%。

7. 中天门二长闪长岩

中天门岩体为二长闪长岩（SD0609-1），岩石样品取自泰山风景区中天门一带（图2-23），采样地点经纬度坐标为：N：36°14′21.1″，E：117°06′33.1″。

图2-23　中天门二长闪长岩

岩石具中粒花岗结构，块状构造，主要组成矿物为斜长石（约65%）、角闪石＋黑云母（10%～15%，邻近地点的同类岩石样品黑云母和角闪石的相对含量此长彼消，或以黑云母为主，或以角闪石为主），石英含量从不足5%至接近10%，钾长石含量在10%左右。

8. 普照寺闪长岩

普照寺型细粒闪长岩，主要分布于泰山分景区普照寺一带，呈小的岩株、岩脉状产出，野外可见，该类岩石侵入傲徕山型二长花岗岩和大众桥石英闪长岩等。其中，样品SD0612取自普照寺一带、呈岩株状产出的细粒闪长岩（经纬度坐标为N：36°12′25″，E：117°06′37″），SD0610-01样品取自泰澳山庄一带环山公路旁（图2-24）（经纬度坐标为N：36°12′17.7″，E：117°05′10.9″），呈脉状侵入于傲徕山型二长花岗岩和望府山英云闪长片麻岩中，前者矿物组成为：斜长石、黑云母、角闪石和少量石英。斜长石多见发育聚片双晶，约占岩石总矿物量的50%；黑云母具灰绿－棕黄色多色性，含量约占35%，偶见细小钾长石；角闪石多具兰绿色－

图2-24　普照寺岩体

浅棕黄色多色性，含量约占10%；石英含量小于5%。后者矿物组成与样品SD0612基本相似，但出现了接近5%的钾长石矿物。

四、新太古代超基性－基性侵入岩

根据王世进等公开发表的资料及多幅地质调查成果，新太古代鲁西地区超基性－基性侵入岩类有三期，新太古代早期为万山庄组合，新太古代中期为黄前组合，新太古代晚期为南涝坡组合。

（一）新太古代早期超基性-基性侵入岩——万山庄组合

该期侵入岩为超基性-基性侵入岩类，原称万山庄超单元，后改称万山庄组合。呈规模小而分散的包体残留于花岗质片麻岩系内，散布于鲁西地区的新泰、泰安、长清的一些地区。万山庄组合呈大小不等的透镜、长条、椭圆及不规则的残留包体，规模均很小，总面积不足10km²。该组合侵入于泰山岩群，其展布方位及侵入体长轴方向均与区域构造线吻合，接触界面平滑整齐，包括前麻峪变辉石橄榄岩（蛇纹石岩、透闪阳起片岩）、安子沟中粗粒变角闪石岩、张家庄斑状细粒变角闪辉长岩、赵家庄中粒变角闪辉长岩等5个典型产地。野外为蛇纹石岩、透闪阳起片岩、变角闪石岩、变角闪辉长岩及斜长角闪岩等，暗色调，纤维变晶或粒状变晶结构，块状或片麻构造。

（二）新太古代中期超基性-基性侵入岩——黄前组合

黄前基性-超基性岩组合是从原划分的南涝坡超单元中解体的，包括西店子变辉石橄榄岩（蛇纹岩、透闪阳起片岩）、麻塔粗粒角闪石岩、刘家沟斑状中粗粒变角闪辉长岩、竹子园中细粒变角闪辉长岩等。黄前组合分布于济南市南部山区水帘峡地质公园至泰山东部麻塔、竹子园一带，呈岩枝、岩瘤状产出。在泰安麻塔，角闪石岩脉侵入于条带状英云闪长质片麻岩。济南水帘峡地质公园，角闪石岩、斜长角闪岩呈北西向不规则条形包体赋存于上港片麻状奥长花岗岩中，形成泰山奇石的一种重要类型，主要有麻塔粗粒角闪石岩、竹子园中细粒变角闪辉长岩等一套超基性-基性侵入岩岩石组合，遭受角闪岩相和后期退变质作用的叠加改造，野外为蛇纹岩、透闪阳起片岩、角闪石岩、斜长角闪岩等。该组合原岩为辉石橄榄岩-角闪石岩-辉长岩，是2650～2630Ma左右的地幔岩浆侵入形成的。

（三）新太古代晚期超基性-基性侵入岩——南涝坡组合

本阶段构造岩浆活动，造成25.5亿年左右的地幔岩浆侵入，形成南涝坡基性-超基性岩石组合。包括南盐店细粒变辉长岩（斜长角闪岩）、余粮店斑状细粒变角闪辉长岩、百草房中粗粒变角闪辉长岩，呈单体的岩枝、岩瘤状产出，侵入于新太古代早中期侵入岩，呈北西向不规则条形包体赋存于峄山岩套和傲徕山岩套中。

在花岗岩−绿岩带中，超基性−基性岩研究的程度远不及花岗质侵入体。通常它们出露的范围小，有明显的交代蚀变，加之年龄的测定难度较大，前人仅将这些岩石视为"古老的深源侵入体"。然而这类岩石在地球动力学研究中由于可提供深部地幔信息，具有其他类型岩石难以替代的作用。根据其他地区的研究成果，它们不一定都是侵入体，在一些文献中已将它们界定为地幔橄榄岩单元，属肢解蛇绿岩的一部分。目前我们对泰山一带出露的三期超基性−基性岩还不能提出新看法，它们的成因与泰山新太古代地质演化史之间的联系也不清晰，显然这是亟待加强的研究对象。

第四节　岩石地球化学特征

前期在泰山地质公园内部及周边地区采集了多个新鲜未蚀变的岩石地球化学样品，对这些样品在廊坊区调所实验室开展200目的碎样，将粉末样送西北大学大陆动力学实验室开展主量、稀土、微量元素的分析测试工作。

主量元素采用西北大学大陆动力学实验室X射线荧光（XRF，Rigaku RIX 2100）玻璃熔饼法进行分析。选用国家一级标样，根据其含量与测得的X射线荧光强度的关系，预先做好校正曲线，测定未知样品的X射线荧光强度，使用校正曲线，确定含量的方法，并采用经验系数法进行基体校正。

稀土、微量元素分析采用西北大学大陆动力学实验室Hewlett-Packard公司生产的Agilent 7500a型号电感耦合等离子体质谱进行分析（ICP-MS），样品溶解在Teflon高压熔样弹中进行，并采用模拟地壳样品中元素天然丰度比基体匹配的校正标准溶液为外标标准溶液进行校正，以10 ng/ml的Rh元素为内标元素，来校正信号响应值的变化。同时，在一批溶液分析中加测2个BHVO-2、AGV-2和1个BCR-2或其他国际标准物质，采用含量权重的线性拟合方式对样品进行最终的校正计算。获得数据结果见表2-5、表2-6。

表2-5

岩石地球化学测试结果

样品号	SD0601	SD0613-1	SD0502	SD0502-1	SD0604	SD0610-02	SD0503	SD0504	SD0501	SD0606	SD0611	SD0510
岩石名称	斜长角闪岩	深灰色细粒闪长质片麻岩	望府山英云闪长片麻岩	望府山英云闪长片麻岩	英云闪长片麻岩	条带状望府山花岗片麻岩	奥长花岗片麻岩	英云闪长片麻岩	细粒花岗闪长岩	玉皇顶石英闪长片麻岩	大众桥石英闪长质片麻岩	玉皇顶花岗片麻岩
SiO_2	52.72	53.65	59.32	63.78	66.7	69.15	76.71	67.54	72.01	58.6	65.2	73.87
TiO_2	1.3	1.79	0.67	0.46	0.47	0.32	0.11	0.41	0.26	1.13	0.65	0.2
Al_2O_3	13.34	14.9	16.72	17.75	15.08	16.44	13.01	15.04	14.84	15.55	16.05	13.83
Fe_2O_3	4.10	6.70	1.99	1.82	2.07	0.63	1.08	1.88	0.46	2.98	1.07	0.49
FeO	8.98	6.86	4.1	2.68	1.8	1.53	0.81	1.83	1.24	4.33	3.04	0.83
MnO	0.24	0.21	0.09	0.04	0.06	0.04	0.01	0.05	0.02	0.09	0.06	0.03
MgO	4.81	2.89	3.88	1.32	2.03	1.06	0.17	2.02	0.48	2.73	2.36	0.34
CaO	8.88	6.96	6.4	4.83	4.18	3.1	2.42	3.573	1.92	4.79	2.92	1.32
Na_2O	3.14	3.16	4.38	4.79	4.71	5.48	4.49	4.52	4.87	3.91	4.01	4.39
K_2O	0.84	1.23	1.38	1.38	1.21	1.51	0.77	2.1	3.08	3.08	3.54	3.91
P_2O_5	0.19	0.54	0.18	0.37	0.16	0.1	0.02	0.16	0.09	0.83	0.18	0.06
H_2O	1.5	1.12	0.92	0.58	1.02	0.56	0.14	0.69	0.18	1.26	0.78	0.32
CO_2	0.11	0.07	0.3	0.25	0.05	0.11	0.27	0.25	0.11	0.2	0.11	0.21
LOS	0.72	0.44	0.68	0.53	1.01	0.35	0.27	0.65	0.13	0.88	0.59	0.38
TOTAL	100.87	100.52	101.01	100.58	100.55	100.38	100.28	100.71	99.69	100.36	100.56	100.18
$Mg^{\#}$	40.37	28.57	54.02	35.29	49.72	47.41	14.54	50.57	34.10	40.99	51.24	32.30
$FeO^{\#}$	1.48	2.50	0.85	1.83	1.01	1.11	5.88	0.98	1.93	1.44	0.95	2.10

（续表）

样品号	SD0601	SD0613-1	SD0502	SD0502-1	SD0604	SD0610-02	SD0503	SD0504	SD0501	SD0606	SD0611	SD0510
岩石名称	斜长角闪岩	深灰色细粒闪质片麻岩	望府山英云闪长片麻岩	望府山英云闪长片麻岩	英云闪长片麻岩	条带状望府山花岗片麻岩	奥长花岗片麻岩	英云闪长片麻岩	细粒花岗闪长岩	玉皇顶石英闪长片麻岩	大众桥斜英闪长质片麻岩	玉皇顶花岗片麻岩
FeO（T）	12.67	12.88	5.89	4.32	3.66	2.10	1.78	3.52	1.65	7.01	4.00	1.27
ASI	2.20	2.28	1.92	1.89	1.66	1.54	1.58	1.55	1.31	1.59	1.54	1.21
A/NK	2.79	2.74	2.38	2.38	2.13	1.95	2.12	1.80	1.44	1.67	1.58	1.24
A/CNK	0.60	0.78	0.82	0.98	0.91	1.01	1.03	0.93	1.00	0.84	1.02	1.00
σ	1.63	1.81	2.03	1.83	1.48	1.87	0.52	1.79	2.18	3.13	2.57	2.23
K/Na	0.18	0.26	0.21	0.19	0.17	0.18	0.11	0.31	0.42	0.52	0.58	0.59
A.R	1.44	1.50	1.66	1.75	1.89	2.11	2.03	2.10	2.80	2.05	2.32	3.42
σ43	1.56	1.74	2.01	1.82	1.46	1.86	0.51	1.77	2.17	3.04	2.55	2.23
Q	5.51	10.04	9.19	17.92	23.08	23	51.49	22.58	26.67	11.2	17.61	29.93
An	20.09	23.13	22.07	22.18	16.68	14.35	10.12	14.67	9.3	16.05	13.08	6.38
Ab	26.93	27.08	37.37	40.82	40.45	46.59	31.76	38.58	41.5	33.66	34.19	37.41
Or	5.03	7.36	8.22	8.21	7.26	8.97	3.8	12.52	18.33	18.52	21.08	23.27
La	8.14	25.6	17.6	68.3	15.1	31.1	17.3	22.7	24.8	80.1	34.3	35.5
Ce	19.7	74	36.7	129	33.7	49.4	29.4	148.8	44	157	68.1	68.5
Pr	2.76	9	4.48	13.3	4.18	4.95	2.68	5.7	4.38	17.2	7.05	6.97
Nd	12.6	37.2	18.2	44.8	16.7	16.3	8.12	22.4	15	62.7	24	23.1
Sm	3.79	8.55	3.65	5.28	3.39	2.47	0.83	4.02	2.4	10.1	4.2	3.49

（续表）

样品号	SD0601	SD0613-1	SD0502	SD0502-1	SD0604	SD0610-02	SD0503	SD0504	SD0501	SD0606	SD0611	SD0510
岩石名称	斜长角闪岩	深灰色细粒闪长质片麻岩	望府山英云闪长片麻岩	望府山英云闪长片麻岩	英云闪长片麻岩	条带状望府山花岗片麻岩	奥长花岗片麻岩	英云闪长片麻岩	细粒花岗闪长岩	玉皇顶石英闪长片麻岩	大众桥石英云闪长质片麻岩	玉皇顶花岗片麻岩
Eu	1.8	2.49	1.13	1.44	0.89	0.56	0.44	1.02	0.54	2.08	0.71	0.48
Gd	3.94	6.96	3.04	3.35	2.32	1.32	0.56	2.94	1.78	5.44	2.54	2.39
Tb	0.85	1.37	0.49	0.39	0.38	0.22	0.06	0.41	0.27	0.88	0.46	0.31
Dy	5.58	8.44	2.49	1.12	2.04	1.1	0.21	1.93	1.21	4.4	2.51	1.1
Ho	1.18	1.72	0.47	0.16	0.38	0.2	0.05	0.34	0.22	0.78	0.48	0.18
Er	3.58	5.11	1.38	0.52	1.06	0.58	0.17	1.03	0.67	2.17	1.47	0.56
Tm	0.53	0.74	0.19	0.05	0.14	0.08	0.05	0.14	0.09	0.27	0.21	0.07
Yb	3.47	4.79	1.25	0.32	0.9	0.5	0.24	0.93	0.64	1.65	1.39	0.51
Lu	0.53	0.73	0.19	0.05	0.14	0.08	0.05	0.13	0.1	0.25	0.2	0.09
LREE	48.79	156.84	81.76	262.12	73.96	104.78	58.77	204.64	91.12	329.18	138.36	138.04
HREE	19.66	29.86	9.5	5.96	7.36	4.08	1.39	7.85	4.98	15.84	9.26	5.21
ΣREE	68.45	186.7	91.26	268.08	81.32	108.86	60.16	212.49	96.1	345.02	147.62	143.25
$(La/Yb)_N$	1.58	3.60	9.49	143.90	11.31	41.93	48.60	16.46	26.13	32.73	16.64	46.93
Eu*	1.41	0.96	1.01	0.98	0.92	0.86	1.87	0.87	0.77	0.78	0.62	0.48
Y	36.1	54	13.5	4.68	11	7.04	1.28	9.8	7.36	23	16.7	5.51
Li	43.2	13.5	17.8	18.8	80.5	81.5	5.37	28.8	41.1	105	129	94.3
Rb	18.1	33.3	34.8	49.8	59.6	133	19.5	74	168	131	207	291

（续表）

样品号	SD0601	SD0613-1	SD0502	SD0502-1	SD0604	SD0610-02	SD0503	SD0504	SD0501	SD0606	SD0611	SD0510
岩石名称	斜长角闪岩	深灰色细粒闪长质片麻岩	望府山英云闪长片麻岩	望府山英云闪长片麻岩	英云闪长片麻岩	条带状望府山花岗片麻岩	奥长花岗片麻岩	英云闪长片麻岩	细粒花岗闪长岩	玉皇顶石英闪长片麻岩	大众桥石英闪长质片麻岩	玉皇顶花岗片麻岩
Sr	205	256	503	760	530	433	353	464	303	706	397	163
Cu	64.1	46.1	18	24.5	13.9	12.3	1.17	16.1	4.1	39.5	11.4	1.11
Zn	129	154	85.4	89.6	71.3	41.9	28.9	68.4	56.4	119	80.1	38.6
Ni	67.4	6.66	62	6.08	25.3	14.7	1.44	24.1	3.1	18.7	19.3	2.76
Cr	58.7	5.87	83.3	4.36	53	28.3	2.25	37.6	6.14	47.4	40.6	6.46
Co	42.9	25.6	25.5	9.96	9.84	5.67	1.58	11.9	3.3	15.6	12.5	2.05
V	352	91.7	114	42.7	70.9	35.8	5.98	68.6	16.9	125	73.7	12
Ba	196	504	647	1174	528	566	501	620	1020	1028	1188	648
Zr	77.9	276	118	234	149	182	186	124	149	269	163	159
Hf	2.14	6.06	2.97	4.93	3.51	3.85	4.76	3.27	4.06	5.65	4.2	4.62
Be	0.66	1.24	1.27	1.2	1.11	2.3	0.66	1.17	2.33	2.05	1.7	3.26
Sc	41.4	24.2	12.9	2.6	8.7	3.17	0.77	8.36	2.71	12.2	7.71	2.42
Nb	5.25	28	4.59	4.69	4.2	5.67	1.09	4.38	7.92	15.9	18.6	7.5
Ta	0.47	1.57	0.3	0.16	0.29	0.56	0.06	0.39	1.07	0.82	1.81	0.71
Th	1.4	1.39	2.84	10.9	1.61	8.13	2.89	5.35	11.3	6.24	14.9	22.5
U	1.3	0.57	0.63	0.37	0.57	1.42	0.18	0.82	1.83	1.49	1.4	2.33

主量元素为百分含量，微量元素稀土元素为 ppm。

表2-6

岩石地球化学测试结果

样品号 岩石名称	SD0509 傲徕山二 长花岗岩	SD0509-1 傲徕山二 长花岗岩	SD0509-02 傲徕山 奥长花岗岩	SD0609-01 中天门石 英闪长岩	SD0609-02 中天门石 英闪长岩	SD0610-01 细粒 闪长岩	SD0612 细粒黑云 母闪长岩	SD0514-1 钾长 花岗岩	SD0514-2 钾长 花岗岩	SD0514-3 钾长 花岗岩	SD0514-4 钾长 花岗岩	SD0514-5 钾长 花岗岩
SiO_2	73.79	74.34	74.19	57.92	58.49	58.35	57.38	75.67	75.58	75.82	75.49	75.18
TiO_2	0.18	0.18	0.18	1.22	1.03	1.21	1.34	0.1	0.08	0.09	0.09	0.11
Al_2O_3	13.58	13.36	13.66	15.61	15.33	15.68	15.71	13.32	13.14	13.7	13.14	13.39
Fe_2O_3	0.56	0.50	0.40	3.97	4.15	3.34	3.40	0.59	0.46	0.45	0.51	0.71
FeO	0.76	0.84	0.77	3.84	3.7	3.88	4.49	0.16	0.27	0.16	0.27	0.27
MnO	0.02	0.03	0.02	0.09	0.09	0.09	0.1	0.03	0.04	0.02	0.03	0.04
MgO	0.29	0.33	0.33	3.09	3.04	2.58	3.31	0.19	0.12	0.17	0.18	0.22
CaO	1.17	1.19	1.15	5.14	4.92	4.61	4.72	0.27	0.81	0.3	0.8	0.78
Na_2O	3.62	3.68	3.79	4.19	4.1	4.37	4.69	4.22	4.32	4.38	4.29	4.24
K_2O	5.05	4.75	4.98	2.88	3.1	3.49	2.86	4.49	4.29	4.5	4.26	4.3
P_2O_5	0.05	0.05	0.05	0.76	0.8	0.84	0.97	0.03	0.03	0.02	0.03	0.04
H_2O	0.38	0.36	0.64	1.18	1.38	0.9	0.86	0.32	0.28	0.32	0.36	0.46
CO_2	0.2	0.14	0.07	0.11	0.12	0.11	0.14	0.21	0.29	0.3	0.5	0.38
LOS	0.41	0.37	0.52	0.93	0.86	0.4	0.44	0.46	0.54	0.6	0.83	0.75
TOTAL	100.06	100.12	100.75	100.93	101.11	99.85	100.41	100.06	100.25	100.83	100.78	100.87
$Mg^{\#}$	29.04	31.33	34.17	42.64	42.18	40.07	43.88	32.91	23.84	34.93	30.58	30.16
$FeO^{\#}$	2.44	2.19	1.93	1.35	1.37	1.50	1.28	2.04	3.19	1.86	2.27	2.32

（续表）

样品号	SD0509	SD0509-1	SD0509-02	SD0609-01	SD0609-02	SD0610-01	SD0612	SD0514-1	SD0514-2	SD0514-3	SD0514-4	SD0514-5
岩石名称	傲徕山二长花岗岩	傲徕山二长花岗岩	傲徕山奥长花岗岩	中天门石英闪长岩	中天门石英闪长岩	细粒闪长岩	细粒黑云母闪长岩	钾长花岗岩	钾长花岗岩	钾长花岗岩	钾长花岗岩	钾长花岗岩
FeO（T）	1.26	1.29	1.13	7.41	7.43	6.88	7.55	0.69	0.68	0.56	0.73	0.91
ASI	1.19	1.19	1.18	1.56	1.52	1.43	1.45	1.13	1.12	1.13	1.13	1.15
A/NK	1.11	1.13	1.11	1.68	1.61	1.50	1.61	1.11	1.12	1.13	1.13	1.15
A/CNK	1.00	1.00	1.00	0.81	0.80	0.81	0.81	1.08	0.99	1.09	1.00	1.03
σ	2.44	2.27	2.47	3.35	3.35	4.02	3.96	2.32	2.28	2.40	2.25	2.27
K/Na	0.92	0.85	0.86	0.45	0.50	0.53	0.40	0.70	0.65	0.68	0.65	0.67
A.R	3.85	3.75	3.90	2.03	2.10	2.26	2.17	4.57	4.22	4.47	4.17	4.03
σ43	2.43	2.26	2.46	3.28	3.28	3.93	3.9	2.32	2.27	2.4	2.24	2.26
Q	30.48	31.58	30.11	8.45	9.17	7.82	6.03	33.32	32.31	32.29	32.45	32.18
An	5.73	5.8	5.14	15.46	14.43	13.04	13.47	1.18	3.82	1.39	3.84	3.67
Ab	30.91	31.37	32.2	35.87	35.09	37.5	40	36.05	36.87	37.21	36.64	36.15
Or	30.12	28.28	29.55	17.22	18.53	20.91	17.04	26.79	25.57	26.7	25.41	25.6
La	46.9	45.2	46.7	84.6	90.1	98.4	89.8	9.88	9.71	9.07	9.34	10.8
Ce	93.1	90.5	87.7	177	183	195	187	23	22.3	21.2	21.6	24.7
Pr	9.61	9.3	9.17	20.1	20.8	21.2	21.8	2.65	2.59	2.37	2.6	2.89
Nd	31.4	30.4	29.8	74.8	75.9	76.8	81.1	9.38	9.42	8.47	9.41	10.4
Sm	4.93	4.87	4.91	12.1	12.2	12.1	13.1	1.83	1.89	1.65	1.9	2.13

（续表）

样品号 岩石名称	SD0509 傲徕山二长花岗岩	SD0509-1 傲徕山二长花岗岩	SD0509-02 傲徕山奥长花岗岩	SD0609-01 中天门石英闪长岩	SD0609-02 中天门石英闪长岩	SD0610-01 细粒闪长岩	SD0612 细粒黑云母闪长岩	SD0514-1 钾长花岗岩	SD0514-2 钾长花岗岩	SD0514-3 钾长花岗岩	SD0514-4 钾长花岗岩	SD0514-5 钾长花岗岩
Eu	0.54	0.49	0.48	2.54	2.4	2.6	2.94	0.27	0.28	0.24	0.28	0.33
Gd	3.93	3.75	2.55	6.27	6.27	5.92	6.8	1.36	1.33	1.21	1.37	1.64
Tb	0.6	0.57	0.5	1.02	1.06	1.02	1.09	0.23	0.22	0.19	0.23	0.27
Dy	2.81	2.77	2.72	5.08	5.23	5.04	5.5	1.16	1.14	1	1.2	1.45
Ho	0.52	0.51	0.52	0.89	0.94	0.88	0.94	0.24	0.24	0.21	0.25	0.28
Er	1.7	1.61	1.6	2.54	2.62	2.58	2.68	0.85	0.85	0.72	0.86	0.99
Tm	0.24	0.23	0.24	0.31	0.33	0.32	0.33	0.14	0.14	0.12	0.14	0.16
Yb	1.69	1.59	1.62	1.97	2.05	2.02	2.05	1.11	1.14	0.95	1.02	1.8
Lu	0.24	0.24	0.25	0.28	0.3	0.3	0.3	0.17	0.18	0.15	0.17	0.21
LREE	186.48	180.76	178.76	371.14	384.4	406.1	395.74	47.01	46.19	43	45.13	51.25
HREE	11.73	11.27	10	18.36	18.8	18.08	19.69	5.26	5.24	4.55	5.24	6.8
ΣREE	198.21	192.03	188.76	389.5	403.2	424.18	415.43	52.27	51.43	47.55	50.37	58.05
$(La/Yb)_N$	18.71	19.17	19.44	28.95	29.63	32.84	29.53	6.00	5.74	6.44	6.17	4.05
Eu*	0.36	0.34	0.37	0.80	0.75	0.83	0.86	0.50	0.51	0.50	0.51	0.52
Y	16.2	16.3	17.2	27.1	28.2	26.8	28.2	8.6	9.11	7.69	9.72	10.9
Li	75.9	78.6	37.4	64.9	50.1	96.2	29.9	41.4	38.2	36.7	42.1	49.2
Rb	255	255	265	124	116	109	76.9	275	289	274	270	283

（续表）

样品号 岩石名称	SD0509 傲徕山二长花岗岩	SD0509-1 傲徕山二长花岗岩	SD0509-02 傲徕山奥长花岗岩	SD0609-01 中天门石英闪长岩	SD0609-02 中天门石英闪长岩	SD0610-01 细粒闪长岩	SD0612 细粒黑云母闪长岩	SD0514-1 钾长花岗岩	SD0514-2 钾长花岗岩	SD0514-3 钾长花岗岩	SD0514-4 钾长花岗岩	SD0514-5 钾长花岗岩
Sr	136	131	129	803	758	796	883	31.7	56.1	25.1	47.4	49.1
Cu	6.38	4.74	4.72	54.9	75.2	41.3	36	3.03	2.41	2.85	2.56	1.96
Zn	39.2	39.9	28.5	121	119	122	125	15.1	40.7	15.1	17.5	26.3
Ni	4.63	2.93	2.64	28.9	31.8	21.8	45.3	1.48	1.55	1.43	1.66	1.8
Cr	7.36	6.77	5.8	60.8	70.6	21.2	39.8	3	2.7	3.11	2.34	3.29
Co	2.11	2.1	1.38	17.9	18.1	15.8	15.3	0.64	0.8	0.6	0.99	0.93
V	12.9	12.1	18.8	135	144	110	116	5.77	4.27	4.78	5.1	6.2
Ba	764	688	694	1033	1163	1197	1064	93.7	83.6	78.8	90.6	85.5
Zr	154	164	138	313	561	479	350	104	82.7	69.1	83.6	107
Hf	4.6	4.93	4.05	6.61	10.4	9.06	7.25	3.44	3.22	2.66	3.38	4.04
Be	2.82	2.91	2.32	2.38	2.27	2.85	2.66	3.92	4.14	4.03	3.97	4
Sc	2.59	2.88	3.15	12.7	13.5	12.4	12.5	1.97	2.23	1.75	2.25	2.67
Nb	14.5	13.3	15.1	21.3	18.7	24	23.7	19.4	17.4	16.8	16.4	17.4
Ta	1.62	1.39	1.67	0.98	0.99	1.06	1.14	1.96	1.74	1.73	1.67	1.74
Th	22.5	26.1	18.8	4.95	5.42	5.03	3.67	14.9	20.5	9.66	21.6	23.3
U	3.7	3.15	3.75	1.56	1.86	1.4	1.28	3.03	7.21	3.33	8.85	4.46

一、新太古代早—中期DTTG岩石组合

（一）彩石溪斜长角闪岩（SD0601）

斜长角闪岩（SD0601）样品呈灰黑色，出露范围较大，是古中（基）性侵入岩遭受变质作用改造的产物。样品的岩石化学分析结果见表2-5。其岩石地球化学分析测试结果显示，斜长角闪岩SiO_2含量52.72%，Al_2O_3含量13.34%，TiO_2则相对较低含量为1.3%，Fe_2O_3含量4.10%，全铁TFeO含量12.67%，MnO含量0.24%，MgO含量4.81%，$Mg^{\#}=40.37$，属于邓晋福等（2010）定义的镁安山/闪长岩系列，可能为俯冲洋壳脱水熔融形成的岩浆与楔形地幔橄榄岩反应形成的岩浆产物。CaO含量8.88%，Na_2O含量3.14%，K_2O含量0.84%，全碱ALK（Na_2O+K_2O）为3.98%。样品稀土总量68.45×10^{-6}，其中轻稀土（LREE）48.79×10^{-6}，重稀土（HREE）19.66×10^{-6}，$(La/Yb)_N=1.58$，轻稀土（LREE）弱富集，稀土配分模式近平坦（图2-25）。$Eu/Eu^*=1.41$，显示了正Eu异常。原始地幔标准化微量元素蛛网图显示（图2-26），岩石相对富集大离子亲石元素（LILE）U、K，高场强元素（HFSE）平坦，Nb、Ta无明显亏损，Ti弱亏损。

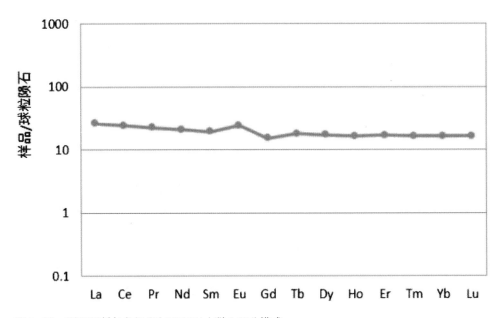

图2-25　彩石溪斜长角闪岩（SD0601）稀土配分模式

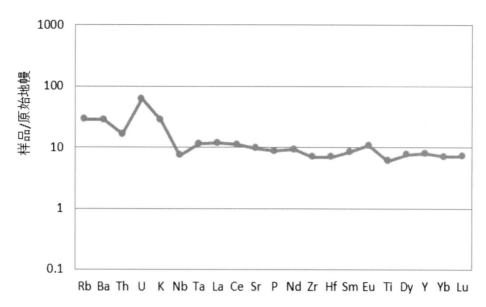

图2-26　彩石溪斜长角闪岩（SD0601）微量元素蛛网图

（二）闪长质片麻岩（SD0613-01）

栗杭水库旁闪长质片麻岩，受后期强烈的变形和混合岩化作用改造，与长英质淡色体构成条带状构造，选取均一的闪长质片麻岩开展地球化学分析：闪长质片麻岩 SiO_2 含量53.65%，Al_2O_3 含量高为14.90%，TiO_2 则相对较低含量为1.79%，全铁TFeO含量12.88%，MnO含量0.21%，MgO含量较低为2.89%，$Mg^{\#}=28.57$，

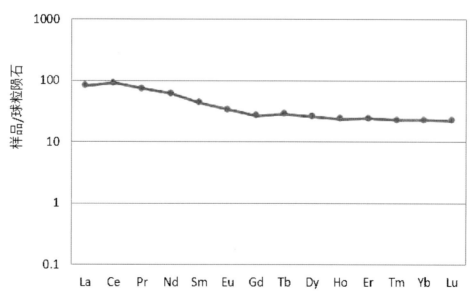

图2-27　闪长质片麻岩（SD0613-01）稀土配分模式

反映岩浆经历了较强的结晶分异演化，可能发生过铁镁质矿物的结晶分离。CaO含量6.96%，Na_2O含量3.16%，K_2O含量1.23%，全碱ALK（Na_2O+K_2O）为4.39%。样品稀土总量$186.7×10^{-6}$，其中轻稀土（LREE）$156.84×10^{-6}$，重稀土（HREE）$29.86×10^{-6}$，$(La/Yb)_N=3.60$，轻稀土明显富集，稀土配分模式近平坦（图2-27）。$Eu/Eu^*=0.96$，具有弱的负Eu异常。原始地幔标准化微量元素蛛网图（图2-28）显示，岩石相对富集大离子亲石元素Nb、Ta无明显亏损，Sr、Ti弱亏损。

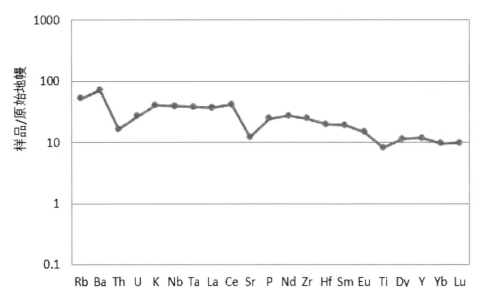

图2-28　闪长质片麻岩（SD0613-01）微量元素蛛网图

（三）～2.6Ga英云闪长岩（SD0502，SD0502-1，SD0604，SD0610-02）

样品分别采自栗杭水库、南天门附近，SiO_2含量59.32%～69.15%，Al_2O_3含量高为15.08%～17.75%，TiO_2含量较低为0.32%～0.67%，全铁TFeO含量2.10%～5.89%，MgO含量1.06%～3.88%，$Mg^\#=35.29～54.02$，属于邓晋福等（2010）定义的镁安山/闪长岩系列。亦可能为俯冲洋壳脱水熔融形成的岩浆与楔形地幔橄榄岩反应形成的岩浆产物。CaO含量3.10%～6.40%，Na_2O含量4.38%～5.48%，K_2O含量1.21%～1.51%，Na_2O/K_2O为3.17～3.89。全碱ALK（Na_2O+K_2O）为5.76%～6.99%。利用TAS图解（图2-29A）投图，该期英云闪长岩样品均落在闪长岩-花岗闪长岩区域，进一步利用An-Ab-Or图解（图2-29B）进行判别，所有数据点投入英云闪长岩区。在SiO_2-K_2O图解（图2-30A）、A/CNK-A/NK图解（图2-30B）上面明显可以看出，望府山英云闪长岩属于准铝质钙碱性岩石系列岩石。

4个样品稀土总量差别较大，轻重稀土分馏程度也特别高，SD0502样品稀土总量91.26×10^{-6}，其中轻稀土（LREE）81.76×10^{-6}，重稀土（HREE）9.5×10^{-6}，$(La/Yb)_N=9.49$；SD0502-1样品稀土总量268.08×10^{-6}，其中轻稀土（LREE）262.12×10^{-6}，重稀土（HREE）5.96×10^{-6}，$(La/Yb)_N=143.90$；SD0604样品稀土总量81.32×10^{-6}，其中轻稀土（LREE）73.96×10^{-6}，重稀土（HREE）7.36×10^{-6}，$(La/Yb)_N=11.31$；SD0610-02样品稀土总量108.86×10^{-6}，其中轻稀土（LREE）104.78×10^{-6}，重稀土（HREE）4.08×10^{-6}，$(La/Yb)_N=41.93$。四

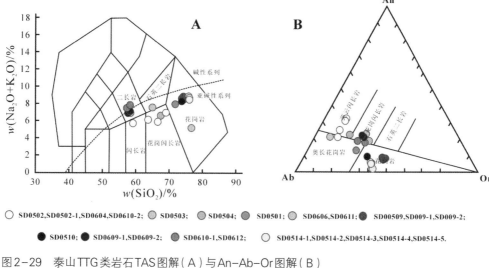

○ SD0502,SD0502-1,SD0604,SD0610-2; ◐ SD0503; ◐ SD0504; ● SD0501; ◐ SD0606,SD0611; ● SD00509,SD009-1,SD009-2;

● SD0510; ● SD0609-1,SD0609-2; ◐ SD0610-1,SD0612; ○ SD0514-1,SD0514-2,SD0514-3,SD0514-4,SD0514-5.

图2-29　泰山TTG类岩石TAS图解（A）与An-Ab-Or图解（B）

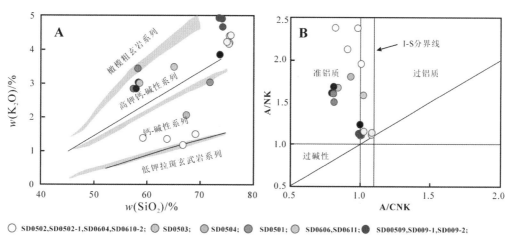

○ SD0502,SD0502-1,SD0604,SD0610-2; ◐ SD0503; ◐ SD0504; ● SD0501; ◐ SD0606,SD0611; ● SD00509,SD009-1,SD009-2;

● SD0510; ● SD0609-1,SD0609-2; ◐ SD0610-1,SD0612; ○ SD0514-1,SD0514-2,SD0514-3,SD0514-4,SD0514-5.

图2-30　泰山TTG类岩石SiO_2-K_2O图解（A）、A/CNK-A/NK图解（B）

个样品轻稀土明显富集（图2-31），Eu/Eu*＝0.86～1.01，具有弱的负Eu异常到无异常。原始地幔标准化微量元素蛛网图显示（图2-32），岩石相对富集Rb、K等大离子亲石元素（LILE），亏损Nb、Ta、P、Ti等高场强元素（HFSE），表现出火山弧花岗岩的特征。

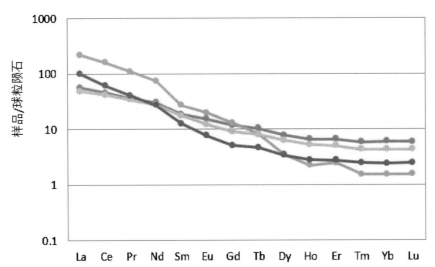

图2-31　～2.6Ga英云闪长岩（SD0502-1, SD0610-02, SD0502, SD0604）稀土配分模式图

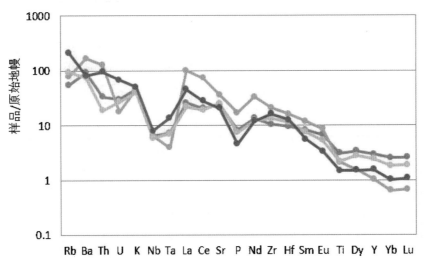

图2-32　～2.6Ga英云闪长岩（SD0502-1, SD0610-02, SD0502, SD0604）微量元素蛛网图

（四）～2.6Ga奥长花岗岩（SD0503）

奥长花岗岩呈岩脉状或英云闪长质片麻岩中的浅色体产出，其岩石地球化学成分为SiO_2含量76.71%，Al_2O_3含量13.01%，FeO（t）含量1.78%，MgO含

量0.17%，CaO含量2.42%，Na_2O含量4.49%，K_2O含量0.77%，A/CNK比值为1.03，Na_2O/K_2O为5.83（质量比值），$Mg^\#$仅为14.54，在TAS图解投图落在花岗岩岩区（图2-29A），进一步在An-Ab-Or图解上投入奥长花岗岩区（图2-29B）。稀土总量很低，为$60.16×10^{-6}$，其中轻稀土（LREE）$58.77×10^{-6}$，重稀土（HREE）$1.39×10^{-6}$，具有强烈的分馏稀土型式，其$(La/Yb)_N = 60.16$，有明显的Eu正异常（$Eu/Eu^* = 1.87$）（图2-33）。原始地幔标准化微量元素蛛网图显示，岩石相对富集Rb、Ba、K等大离子亲石元素（LILE），亏损Nb、Ta、P等高场强元素（HFSE）（图2-34）。

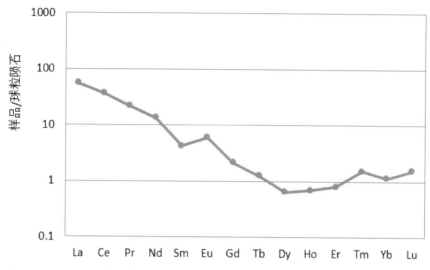

图2-33 ～2.6Ga奥长花岗岩（SD0503）稀土配分模式图

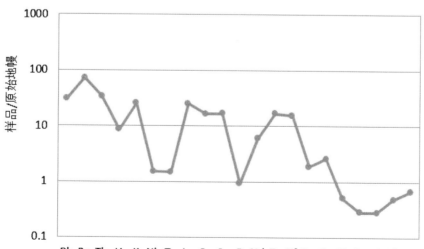

图2-34 ～2.6Ga奥长花岗岩（SD0503）微量元素蛛网图

二、新太古代晚期侵入岩类

这一类侵入岩包括玉皇顶花岗岩、傲徕山型二长花岗岩、大众桥石英闪长岩、中天门二长闪长岩以及普照寺型闪长岩、龙泉村一带的花岗闪长岩等。

（一）玉皇顶花岗岩体

玉皇顶花岗岩（SD0510）采自玉皇顶天街下面，呈灰白色、浅肉红色，含有一定数量的稀疏钾长石斑晶，岩石呈现似斑状结构。

岩石地球化学数据表明，岩石具有高的 SiO_2 含量，为73.87%，低 $FeO(t)$，含量为1.27%，低 MgO，含量0.34%，低 TiO_2，含量0.20%，富碱（Na_2O+K_2O 为8.30%）高钾（K_2O 为3.91%）的特点。属于高钾钙碱性岩浆系列。在TAS图解（图2-29A）、An-Ab-Or图解（图2-29B）上均投入花岗岩区。

样品稀土总量为 143.25×10^{-6}，其中轻稀土（LREE）138.04×10^{-6}，重稀土（HREE）5.21×10^{-6}，具有强烈的分馏稀土型式，其（La/Yb）$_N$＝46.93，稀土元素球粒陨石标准化配分曲线右倾，属轻稀土富集型（图2-35），有Eu的负异常（Eu/Eu*＝0.48）。

在微量元素球粒陨石标准化蛛网图（图2-36）上，随着元素不相容程度的降低，其元素的配分曲线呈现向右倾斜的特点，并不同程度地富集Rb、Th、U、

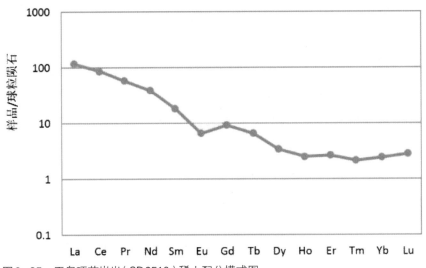

图2-35　玉皇顶花岗岩（SD0510）稀土配分模式图

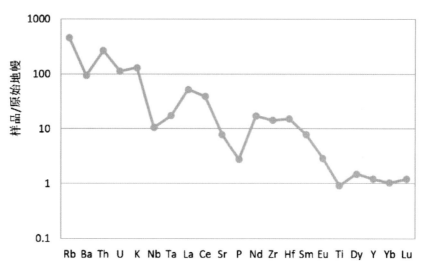

图2-36　玉皇顶花岗岩（SD0510）微量元素蛛网图

K等大离子亲石元素（LILE），而Nb、Ta、Ti、P则相对亏损，表现出火山弧花岗岩的特征。

（二）黄前英云闪长岩体

英云闪长岩（SD0504）出露于泰山景区东北黄前水库一带，SiO_2含量67.54%，Al_2O_3含量高15.04%，TiO_2含量较低，为0.41%，全铁TFeO含量3.52%，MgO含量2.02%，$Mg^\#$＝50.57，属于邓晋福等（2010）定义的镁安山/闪长岩系列。CaO含量3.57%，Na_2O含量4.52%，K_2O含量2.1%，Na_2O/K_2O为2.15。全碱ALK

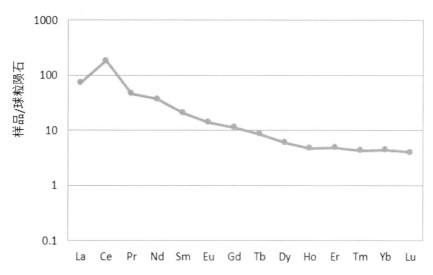

图2-37　英云闪长岩（SD0504）稀土配分模式图

（Na_2O+K_2O）为6.62%。在An-Ab-Or图解上投入英云闪长岩区（图2-29B），英云闪长岩属于准铝质钙碱性岩石系列岩石。稀土总量212.49×10^{-6}，其中轻稀土（LREE）204.64×10^{-6}，重稀土（HREE）7.85×10^{-6}，$(La/Yb)_N=16.46$；轻稀土明显富集（图2-37），$Eu/Eu^*=0.87$，具有弱的负Eu异常。原始地幔标准化微量元素蛛网图显示，岩石相对富集Rb、Ba、Th、U、K等大离子亲石元素（LILE），亏损Nb、Ta、P、Ti等高场强元素（HFSE），表现出火山弧花岗岩的特征（图2-38）。

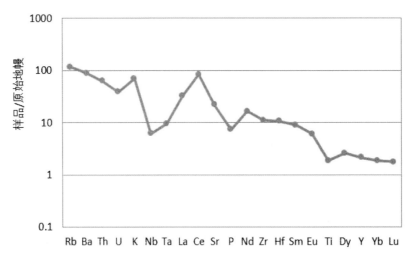

图2-38　英云闪长岩（SD0504）微量元素蛛网图

（三）花岗闪长岩（SD0501）

花岗闪长岩（SD0501）样品在小津口村附近采集，从地球化学分析数据看岩石SiO_2含量较高，为72.01%，低FeO（t），含量为1.65%，低MgO，含量0.48%，CaO含量1.92%，低TiO_2，含量0.26%，富碱（Na_2O+K_2O为7.95%，其中K_2O含量3.08%）的特点，属于钙碱性岩浆系列。铝饱和指数（ACNK）为0.99～1.08，ANK指数为1.11～1.15，属于准铝质岩石。在TAS图解上投入花岗岩区（图2-29A），与An-Ab-Or图解上投入奥长花岗岩区（图2-29B）。

样品稀土总量为96.1×10^{-6}，其中轻稀土（LREE）91.12×10^{-6}，重稀土（HREE）4.98×10^{-6}，具有强烈的分馏稀土型式，其$(La/Yb)_N=26.13$，稀土元素球粒陨石标准化配分曲线右倾，属轻稀土富集型（图2-39），有较弱的Eu负异常（$Eu/Eu^*=0.77$）。

在微量元素球粒陨石标准化蛛网图上，随着元素不相容程度的降低，其元素的配分曲线呈现向右倾斜的特点（图2-40），并不同程度地富集Rb、Ba、Th、U、K等大离子亲石元素（LILE），而Nb、Ti、P则相对亏损。

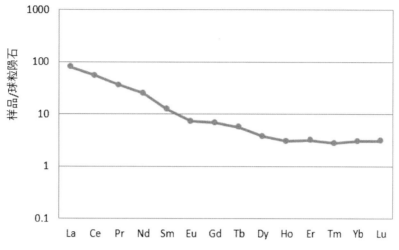

图2-39 花岗闪长岩（SD0501）稀土配分模式图

图2-40 花岗闪长岩（SD0501）微量元素蛛网图

（四）片麻状石英闪长岩

片麻状石英闪长岩分别取自采自泰山风景区内的玉皇顶（SD0606）以及大众桥片麻状石英闪长岩（SD0611），其中玉皇顶片麻状石英闪长岩（SD0606）暗色矿物略多，长英质矿物少一些。在岩石地球化学数据上可以看出，玉皇顶片麻状石英闪长岩（SD0606）、大众桥片麻状石英闪长岩（SD0611）两个样品的元素含量也略有不同，其中玉皇顶片麻状石英闪长岩（SD0606）SiO_2含量58.6%，Al_2O_3含量高15.55%，TiO_2含量1.13%，全铁TFeO含量7.01%，MgO含量2.73%，

$Mg^{\#}=40.99$，CaO含量4.79%，Na_2O含量3.91%，K_2O含量3.08%，全碱ALK（Na_2O+K_2O）为6.99%。TAS图解上投入二长岩区（图2-29A）。铝饱和指数（ACNK）为0.84，ANK指数为1.67，属于高钾钙碱性准铝质岩石（图2-30）。大众桥片麻状石英闪长岩（SD0611）SiO_2含量65.2%，Al_2O_3含量高16.05%，TiO_2含量0.65%，全铁TFeO含量4.00%，MgO含量2.36%，$Mg^{\#}=51.24$，CaO含量2.92%，Na_2O含量4.01%，K_2O含量3.54%，全碱ALK（Na_2O+K_2O）为67.55%。TAS图解上投入石英二长岩区（图2-29A）。铝饱和指数（ACNK）为1.02，ANK指数为1.58，属于高钾钙碱性过铝质岩石（图2-30）。

尽管含量略有不同，但是玉皇顶片麻状石英闪长岩（SD0606）与大众桥片麻状石英闪长岩（SD0611）表现出较为一致的稀土配分特征与微量元素蛛网图特征（图2-41）。其中玉皇顶片麻状石英闪长岩（SD0606）稀土总量为345.02×10^{-6}，其中轻稀土（LREE）329.18×10^{-6}，重稀土（HREE）15.84×10^{-6}，$(La/Yb)_N=32.73$，轻稀土明显富集，$Eu/Eu^*=0.78$；大众桥片麻状石英闪长岩（SD0611）稀土总量为147.62×10^{-6}，其中轻稀土（LREE）138.36×10^{-6}，重稀土（HREE）9.26×10^{-6}，$(La/Yb)_N=16.64$，轻稀土明显富集，$Eu/Eu^*=0.62$。两个样品均具有铕的负异常。

原始地幔标准化微量元素蛛网图显示（图2-42），两个岩石样品均相对富集Rb、Ba、Th、U、K等大离子亲石元素（LILE），亏损Nb、P等元素。

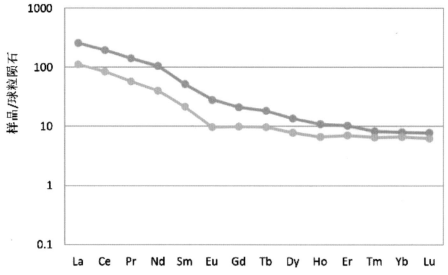

图2-41　片麻状石英闪长岩（SD0606—橙色，SD0611—灰色）稀土配分模式图

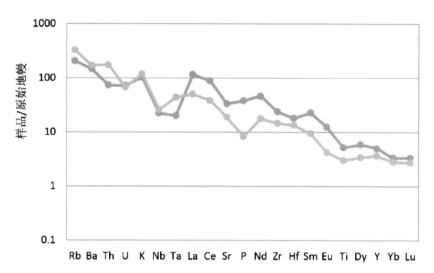

图2-42 片麻状石英闪长岩（SD0606—橙色，SD0611—灰色）微量元素蛛网图

（五）傲徕山二长花岗岩

傲徕山二长花岗岩（SD0509），为泰山景区主体岩性之一，在景区内呈北西向延长的带状、长椭圆状的岩基或岩枝产出，规模较大。样品采自泰山景区黑龙潭瀑布长寿桥附近。地球化学数据结果显示，岩石具有高的SiO_2含量，为73.79%～74.34%，低FeO（t），含量为1.13%～1.29%，低MgO，含量0.29%～0.33%，低TiO_2，含量0.18%，富碱（Na_2O＋K_2O为8.43%～8.77%）高钾的特点，属于高钾钙碱性岩浆系列。在TAS图解（图2-29A）、An-Ab-Or图

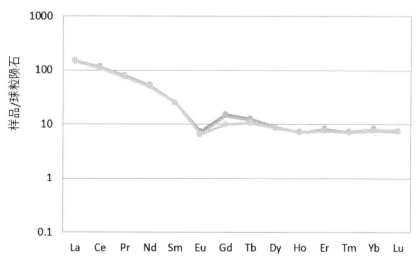

图2-43 傲徕山二长花岗岩（SD0509，SD0509-1，SD0509-2）稀土配分模式图

解（图 2-29B）上均投入花岗岩区。

　　稀土总量为 $188.76 \times 10^{-6} \sim 198.21 \times 10^{-6}$，其中轻稀土（LREE）$178.76 \times 10^{-6}$ $\sim 186.48 \times 10^{-6}$，重稀土（HREE）$10 \times 10^{-6} \sim 11.73 \times 10^{-6}$，具有强烈的分馏稀土型式（图 2-43），其（La/Yb）$_N$ ＝ $18.71 \sim 19.44$，有明显的 Eu 负异常（Eu/Eu* ＝ $0.34 \sim 0.37$），说明其源岩浆发生了显著的斜长石结晶分异作用。原始地幔标准化微量元素蛛网图显示（图 2-44），岩石相对富集 Rb、Ba、Th、U、K 等大离子亲石元素（LILE），亏损 Nb、Sr、P、Ti 等高场强元素（HFSE）。

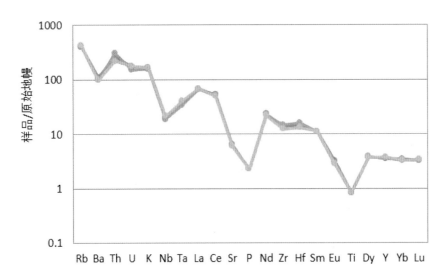

图 2-44　傲徕山二长花岗岩（SD0509，SD0509-1，SD0509-2）微量元素蛛网图

（六）中天门二长闪长岩

　　中天门二长闪长岩（SD0609-1，SD0609-2），岩石样品取自泰山风景区中天门一带。岩石地球分析数据（表）表明，中天门二长闪长岩具低硅高铝富镁特征，SiO_2 为 $57.92\% \sim 58.49\%$，K_2O 为 $2.88\% \sim 3.10\%$，Na_2O 为 $4.10\% \sim 4.19\%$，$Na_2O + K_2O$ 为 $7.09\% \sim 7.20\%$，属于高钾钙碱性系列岩石。岩石 Al_2O_3 含量 $15.33\% \sim 15.61\%$，FeO（t）含量 $7.41\% \sim 7.43\%$，MgO 含量 $3.04\% \sim 3.09\%$，P_2O_5 为 $0.76\% \sim 0.80\%$，铝饱和指数（ACNK）为 $0.80 \sim 0.81$，ANK 指数为 $1.61 \sim 1.68$，属于准铝质岩石。在 TAS 图解投入二长岩区（图 2-29A）。

　　中天门二长闪长岩（SD0609-1，SD0609-2）的稀土元素丰度高，稀土总量为 $389.5 \times 10^{-6} \sim 403.2 \times 10^{-6}$，其中轻稀土（LREE）$371.14 \times 10^{-6} \sim 384.4 \times 10^{-6}$，重稀土（HREE）$18.36 \times 10^{-6} \sim 18.8 \times 10^{-6}$，具有强烈的分馏稀土型式，其（La/Yb）$_N$ ＝

$28.95\times10^{-6}\sim29.63\times10^{-6}$，稀土元素球粒陨石标准化配分曲线右倾，且所有样品曲线近乎一致，属轻稀土富集型（图2-45），有较弱的Eu负异常（Eu/Eu* $=$ $0.75\sim0.80$）。

在微量元素球粒陨石标准化蛛网图上（图2-46），随着元素不相容程度的降低，其元素的配分曲线呈现向右倾斜的特点，并不同程度地富集Rb、Ba、Th、U、K等大离子亲石元素（LILE），而Nb、Ta则相对亏损，是板块汇聚边缘岩浆岩固有的特征，显示出岛弧型花岗岩的性质。

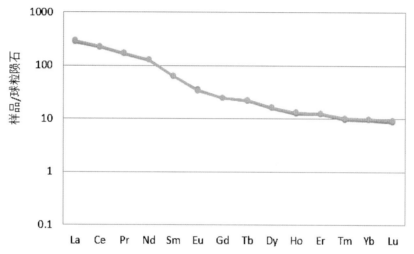

图2-45 中天门二长闪长岩（SD0609-1, SD0609-2）稀土配分模式图

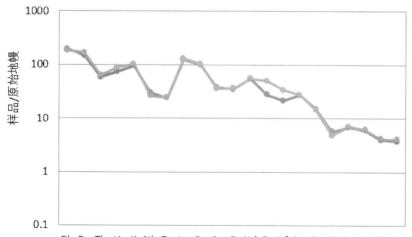

图2-46 中天门二长闪长岩（SD0609-1, SD0609-2）微量元素蛛网图

（七）普照寺细粒二长闪长岩

普照寺细粒二长闪长岩，主要分布于泰山分景区普照寺一带，呈小的岩株、岩脉状产出，野外可见，该类岩石侵入傲徕山二长花岗岩和大众桥石英闪长岩等。样品SD0612取自普照寺一带、呈岩株状产出的细粒闪长岩，SD0610-01样品取自泰澳山庄一带环山公路旁。

岩石地球分析数据（表）表明，普照寺细粒二长闪长岩也具有低硅高铝富镁特征，SiO_2为57.38%～58.35%，K_2O为2.86%～3.49%，Na_2O为4.37%～4.69%，Na_2O+K_2O为7.55%～7.86%，属于高钾钙碱性系列岩石。岩石Al_2O_3含量15.68%～15.71%，FeO（t）含量6.88%～7.55%，MgO含量2.58%～3.31%，P_2O_5为0.84%～0.97%，铝饱和指数（ACNK）为0.81～0.81，ANK指数为1.50～1.61，属于准铝质岩石。

普照寺细粒二长闪长岩（SD0612，SD0610-01）的稀土元素丰度高，稀土总量为415.43×10^{-6}～424.18×10^{-6}，其中轻稀土（LREE）395.74×10^{-6}～406.10×10^{-6}，重稀土（HREE）18.08×10^{-6}～19.69×10^{-6}，具有强烈的分馏稀土型式，其$(La/Yb)_N = 29.53$～32.84，稀土元素球粒陨石标准化配分曲线右倾，且所有样品曲线近乎一致，属轻稀土富集型（图2-47），有较弱的Eu负异常（$Eu/Eu^* = 0.83$～0.86）。

在微量元素球粒陨石标准化蛛网图（图2-48）上，随着元素不相容程度的降低，其元素的配分曲线呈现向右倾斜的特点，并不同程度的富集Rb、Ba、

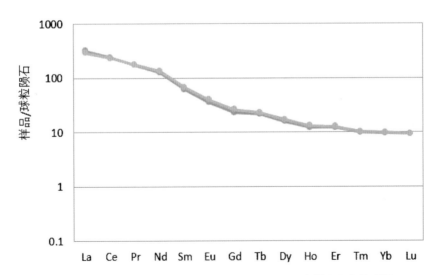

图2-47　普照寺细粒二长闪长岩（SD0612，SD0610-01）稀土配分模式图

Th、U、K等大离子亲石元素（LILE），而Nb、Ta则相对亏损，是板块汇聚边缘岩浆岩固有的特征，显示出岛弧型花岗岩的性质。

普照寺细粒闪长岩岩石地球化学化学特征与中天门二长闪长岩具有非常相似的岩石地球化学特点，反映了其岩浆可能同源的演化特征。

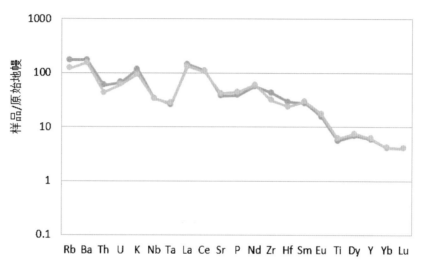

图2-48　普照寺细粒二长闪长岩（SD0612，SD0610-01）微量元素蛛网图

（八）于科花岗（闪长）岩

花岗闪长岩（SD0514）取自于科村，岩石呈肉红色，中粗粒，块状构造，俗称"大地红"，貌似正长花岗岩，镜下岩相学观察可见，岩石主要由斜长石、石英和少量钾长石及暗色矿物组成，原岩应为花岗闪长岩，其中大部分的矿物遭受明显的碎裂变形，许多斜长石呈现的肉红色是铁的氧化物顺裂隙侵染后所致。

地球化学数据结果显示，岩石具有高的SiO_2含量，为75.18%～75.82%，低FeO（t），含量为0.56%～0.91%，低MgO，含量0.12%～0.22%，低TiO_2，含量0.08%～0.11%，富碱（Na_2O+K_2O为8.43%～8.71%）高钾的特点，属于高钾钙碱性岩浆系列。铝饱和指数（ACNK）为0.99～1.08，ANK指数为1.11～1.15，属于准铝质–过铝质岩石。在TAS图解与An-Ab-Or图解上均投入花岗岩区（图2-29A，B）。

稀土总量相对较低，为47.55×10^{-6}～58.05×10^{-6}，其中轻稀土（LREE）43×10^{-6}～51.25×10^{-6}，重稀土（HREE）4.55×10^{-6}～6.8×10^{-6}，具有较强

的分馏稀土型式，其（La/Yb）$_N$＝4.05～6.44，有明显的Eu负异常（Eu/Eu*＝0.50～0.52）（图2-49），说明其源岩浆发生了斜长石结晶分异作用。在微量元素对原始地幔标准化模式图上（图2-50），所有样品显示明显的Ba、Sr、P、Ti亏损和高场强元素U、Th、Zr、Hf的相对富集，Rb/Nb比值（14.17～16.60）明显高于大陆壳（2.2～4.7），暗示陆壳物质对成岩影响大，导致Rb的含量增加（Sylvester，1989）。

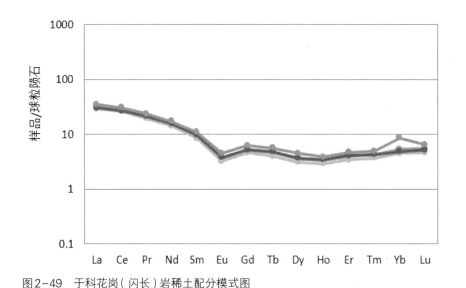

图2-49　于科花岗（闪长）岩稀土配分模式图

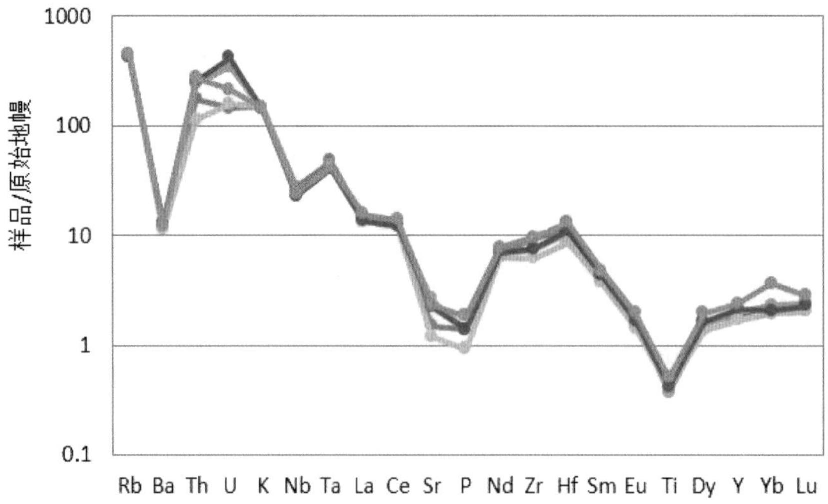

图2-50　于科花岗（闪长）岩微量元素蛛网图

三、构造环境探讨

在Pearce等的w（Rb）-（w（Yb＋Ta）），w（Rb）-（w（Y＋Nb）），w（Ta）-w
（Yb）和w（Nb）-w（Y）微量元素构造环境判别图解（图2-51）上，泰山新太古
代中期、晚期的TTG类岩石样品均落入同碰撞-火山弧花岗岩区，反映它们的形
成可能与新太古代的俯冲碰撞有关。

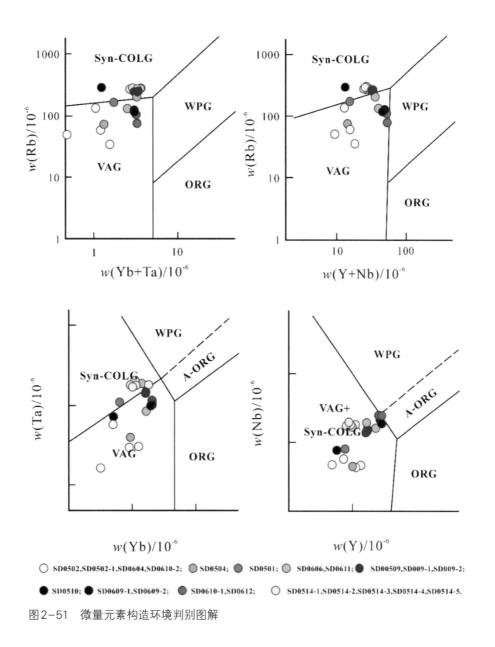

○ SD0502,SD0502-1,SD0604,SD0610-2; ○ SD0504; ● SD0501; ○ SD0606,SD0611; ● SD00509,SD009-1,SD009-2;
● SD0510; ● SD0609-1,SD0609-2; ● SD0610-1,SD0612; ○ SD0514-1,SD0514-2,SD0514-3,SD0514-4,SD0514-5.

图2-51　微量元素构造环境判别图解

第五节　变质地质作用简述

曹国权（1996）根据变质作用类型、变质相、变质时代及其演变历程，把鲁西分为三个变质期：新太古代早期的角闪岩相变质大致发生在2600Ma前后；新太古代晚期绿帘角闪岩相变质约发生在2500Ma；古元古代末期的低绿片岩相变质，大致发生在2000～1800Ma左右。

泰山岩群经历了三期变质作用，可以分为高角闪岩相变质作用，低角闪岩相变质作用和绿片岩相变质作用，局部地区达到麻粒岩相。其中高角闪岩相变质作用是泰山岩群的主变质期，它和早期构造变形密切相关。后两期变质作用叠加在早期变质作用之上，表现为广泛的退化变质。

一、变质矿物共生组合

第一期变质作用所形成的矿物组合仅呈残留体形式存在，主要在泰山岩群及大致同时代的侵入岩中见及。如在变辉长岩中可见两期角闪石，早期角闪石呈半自形-不规则状，粒度大，有时呈残留体形式存在，Ng＝黄绿-深绿色，Np＝浅黄色。第二期角闪石主要分布于早期角闪石边部，有时单独存在，细粒状，Ng＝蓝绿-蓝色，Np＝淡黄色。角闪石成分环带明显，早期具高的Al^{IV}和Al^{VI}，如花岗闪长片麻岩中早期角闪石Al^{IV}和Al^{VI}分别为1.516和0.395，而晚期角闪石Al^{IV}和Al^{VI}分别为1.276和0.314，黑云母可分为两期：早期黑云母Ng＝红褐色，晚期黑云母Ng＝深褐色；各岩石中斜长石牌号明显具有三个区间，最多出现的斜长石An＝18～24，为更长石，另外，偶见有An＝35～44的中长石。在韧性剪切变形中可见An＝5的钠长石。第一期角闪石、黑云母是早期高角闪岩相的残留，第二期角闪石、黑云母是第二期低角闪岩相的产物。泰山岩群各期变质作用平衡矿物共生组合见表2-7。

表2-7　　　　　各期变质作用平衡矿物共生组合一览表

期次	变质相	平衡矿物共生组合	
		镁铁质岩石	长英质岩石
第Ⅰ期	高角闪岩相	$Hbl_1 + Pl$（An_{35-44}）$\pm Qtz \pm Bt$ $Hbl_1 + Pl$（An_{35-44}）$+ Kfs + Qtz \pm Bt$ $Di + Hbl_1 + Pl \pm Qtz$	$Grt + Bt + Pl + Qtz$ $Mt + Hbl + Cum + Qtz$
第Ⅱ期	低角闪岩相	$Hbl_2 + Pl$（An_{18-24}）$\pm Qtz \pm Bt$ $Hbl_2 + Pl$（An_{18-24}）$+ Kfs + Qtz + Bt$ $Act + Bt + Pl + Qtz$	$Bt + Pl + Kfs + Qtz$ $Gr + PHe + Kfs + Ab + Qtz$ $Mt + Cum + Qtz$
第Ⅲ期	绿片岩相	$Chl + Ab + Qtz$ $Act + Ab + Chl + Qtz$ $Chl + Ep + Ab$	$Chl + Ep + Ab + Qtz$

（据曹国权，1996）

二、温压条件估算

利用斜长石-角闪石矿物对，对鲁西东部地区的泰山岩群和西部地区的泰山岩群的各期变质作用进行温压估算。东部地区的各期变质条件为第一期：T：600℃±，P：0.55GPa；第二期：T：550℃，P：0.40～0.50GPa；第三期：T：450℃；P：0.15GPa。而西部地区对应三期变质的温度为第一期532℃，第二期443℃，第三期350℃±。总的看来，东部地区比西部地区的变质温度相对同一期高100℃左右。不论是从测试温度结果，还是从矿物组合及光学特点分析，西部地区没有达到高角闪岩相，而东部地区不仅达到高角闪岩相，在个别点尚达到了麻粒岩相。但是泰山岩群的发育情况西部比东部好，所以泰山岩群低角闪岩相变质给人们的印象更深刻。泰山岩群变质作用的这种差别可能与东、西地区剥露深浅程度有关。

三、区域变质作用类型

数十年来的各类地质工作，揭示鲁西地块上出露多时代、多种机制形成的各类变质岩，它们经受的变质作用与所处大地构造位置、构造变形、岩浆活动、地壳深处的温压条件及流体活动等诸多因素有着密切的关系（曹国权，1996）。

鲁西变质地带变质作用特征主要表现为：在时间上，从老到新，变质程度从麻粒岩相→角闪岩相→绿片岩相，显示出不可逆的单向演化规律。空间上，变质等级分布既有表现出均一性的地区，又存在不均一性的地区。其不均一性是沂水—孟良崮一带新太古代期变质事件在空间上的表现，从麻粒岩相至南北两侧的麻粒岩相-角闪岩相；其均一性是指新太古代阜平期变质事件，空间上表现均一，均为角闪岩相，上述两期变质事件均被新太古代末期绿片岩相变质事件所叠加。总的看来，区内变质作用与构造变形和岩浆作用的多次活动相对应，变质作用多期性非常明显。

鲁西变质地带前寒武纪基底岩石（表壳岩和深成岩）在其演化历史中均经历了广泛而复杂的变质作用，不同的原岩类型对各类变质作用有不同的相应，不同期次的变质作用也发生了广泛的叠加，甚至兼并，致使早期的变质被后期改造，因而较难判断其变质期次和原始的变质类型，但通过不同地区的大量资料研究，调查区内的变质类型大致可以恢复，调查区主要发育高中温区域变质作用、中温区域变质作用、低温区域动力变质作用。

（一）高中温区域变质作用

鲁西变质地带的高中级变质主要发育在两个带上，一是泰山—蒙山带，孟家屯岩组中发育高角闪岩相的早期变质，连埠峪、孟良崮一带在条带状铁英岩捕掳体中发育麻粒岩相变质的石榴紫苏磁铁石英岩和石榴二辉磁铁石英岩等；二是沂水县城以东石山官庄—林家官庄带，沂水岩群麻粒岩相变质发育。这两个带均与大面积发育的新太古代早期条带状岩石相伴生，条带状岩石深熔作用比较发育。而高中级变质岩石分布的范围较小，也较集中和孤立，并且多数叠加了后期的低角闪岩相变质和绿片岩相的变质。

空间上，沂水岩群变质作用分布极不均匀，如在沂水县城东石山官庄及羊圈一带达麻粒岩相，变质温压条件最高，向南北两侧变质温、压条件逐渐降低，并由角闪麻粒岩相过渡到角闪岩相。上世纪，多数人认为沂水岩群沉积与麻粒岩相变质时代为中太古代（曹国权，1996；沈其韩等，1995）。近年来的研究证实，沂水岩群沉积、紫苏花岗岩形成与麻粒岩相变质时代为新太古代（苏尚国，1999；沈其韩等，2004）。紫苏花岗岩的麻粒岩相和角闪岩相变质年龄为2518 ± 13Ma和2508 ± 5Ma。不论是麻粒岩相变质或角闪岩相变质，只是表明热流和压力条件有不同的反映，其作用时间看来基本相同，都属新太古代末（沈其韩等，2004）。时间上，变质作用至少有三个变质幕发生，即早期（第一幕）的角闪岩相变质作用，中期（第二幕）的麻粒岩相和后期（第三幕）的角闪麻粒岩相变质作用。尽管第一变质幕存在仅是靠变质矿物的残晶而确定的，但第一变质幕与第二变质幕之间的进变质，第二变质幕和第三变质幕之间的退变质从变质矿物的世代演化关系分析，应该是一个连续作用过程。而晚期角闪岩相变质作用很可能是晚期的叠加，之后又经过了绿片岩相动力变质作用的改造。根据各期变质作用的温压条件，沂水岩群所经历的PTt演化趋势。目前对该类型变质有两种认识：一种认识该变质类型是与中级变质同期的变质作用，因为该带发育热点，或局部的热流值较高，而发育较高级的变质，与相邻的中级变质呈渐变过渡关系。另一种认为是发育最早的一期区域高中级变质被后期的变质改造，而多数早期变质特征已不明显，仅在局部残留有高级变质的迹象。

（二）中温区域变质作用

中温区域变质作用是该区的主要变质作用类型，广泛发育于前寒武纪基底岩系中，在变质表壳岩中表现最为明显，主要表现为角闪岩相和绿片岩相变质，可能发育不同的期次，并发生叠加。从前述的岩相学及矿物共生关系等资料分析，泰山岩群变质作用可分为三期，即：高角闪岩相变质作用、低角闪岩相变质作用、绿片岩相变质作用。角闪岩相变质是泰山岩群的主变质期，它和早期构造变形密切相关。根据雁翎关组上部斜长角闪岩中钙质闪石的优选方位和变余杏仁体的定向排列特征，其拉伸线理沿X方向拉长，最大可达10～20倍，拉伸方向北西，在XZ面上没有明显的旋转，优选方位表现为（100），这种塑性变形的特征表明其发生在地壳较深层次（约>10km），钙质闪石在塑性状态下重结晶，变余杏仁和砾石在塑性状态下变形而重新排列，可能与拉张为主的动力学机制有关。因此，角闪岩相变质作用是同构造的，应属于区域热动力型变质类型。绿帘角闪岩相变质是鲁西地区又一次影响广泛的区域动热变质作用，既使新形成的花岗岩发生低角闪岩相变质，又致使早期角闪岩相变质发生趋同退变质。

（三）低温区域动力变质作用

低温区域动力变质作用主要发生在后期的韧性变形带中，变形带附近也有较广的发育，与吕梁构造变形期一致。绿片岩相变质作用，具区域韧性剪切—动热变质作用特点，对先存面理具明显继承性，常出现黑硬绿泥石和硬绿泥石等变质或矿物。

除上述区域变质作用总的特点外，有两点应予强调。一是杜利林等（2003）报道在孟家屯岩组的绿泥石化含十字石石英黑云母片岩中，发现长石颗粒包裹有一种残留的矿物（长石为主期变质矿物），单偏光下无色，中正突起，一组解理完全，另外还有一组垂直于解理方向的裂纹；在正交偏光镜下干涉色为一级黄，平行消光。根据光性特征和成分分析，该矿物应为红柱石；另外，在绿泥石化含十字石长石黑云母片岩中，镜下也发现了十字石和石英颗粒中包裹有早期的红柱石，十字石和石英为主期变质矿也发现黑云母中包裹有一种粒状矿物（黑云母为主期变质矿物），单偏光下呈绿色，具高–极高正突起，无解理，正交偏光下全消光。根据光性特征和成分，应为锌尖晶石。原作者认为红柱石和锌尖晶石在以往孟家屯岩组的研究中从未报道过，锌尖晶石的发现在孟家屯岩组乃至整个鲁西地区尚属首次。这两种矿物的发现，表明在以往研究认为的主变质序列之前，至少还可能存在着一期变质作用。根据 Al_2SiO_5 三相平衡实验结果中红柱石的稳定范围和锌尖晶石的生成条件，估计这期变质温度约为750℃，压力相对较低，可能反映了该区当时具高热流的特点。

二是张增奇等（2012）报道在山东新泰龙廷地区发现了刚玉，刚玉呈红色，部分达到宝石级，称为红宝石。刚玉产于二长花岗岩的壳源岩石包体之中。包体在二长花岗岩体中相对集中，呈北西–南东向带状展布，包体带宽度一般30～50m，长度约500m，岩石因深熔作用而形成长英质网状细脉。该区与刚玉关系比较密切的暗色岩石包体主要有透辉岩、浅绿色含铬二云片岩、黑云更长变粒岩和英云闪长质片麻岩等，而含有刚玉的岩石包体与围岩间的同化混染现象比较明显。核部岩石中的透辉石、普通角闪石、黑云母、绿色含铬白云母含量较高，而愈往边部岩石中的斜长石、石英逐渐增高。Stern 等（2013）指出，翡翠和红宝石等矿物的成因与俯冲—碰撞过程密切相关（图2-52），翡翠由硬玉构成，是俯冲洋壳在上覆地幔楔冷凝过程中超临界流体释放时在地球20～120km深度形成。因此，硬玉岩的出现标志折返的俯冲带的位置。红宝石，是刚玉的红色宝玉石变种，在角闪岩相–麻粒岩相变质过程或富Al、贫硅原岩熔融时在地壳10～40km处形成。太古宙由于地幔温度过高，难于形成深俯冲带

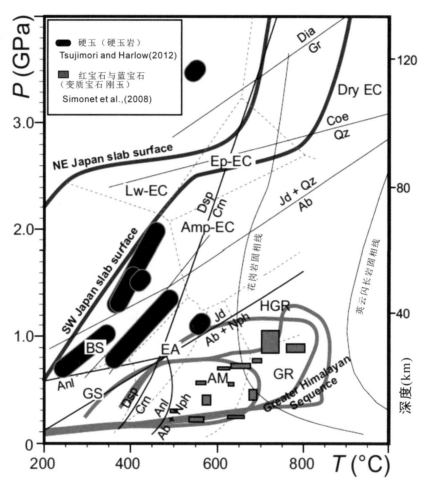

图2-52　温度—压力图（P–T）指示板块构造宝玉石（PTG）硬玉岩和刚玉记录的P-T条件
（据Stern et al, 2013）

粗的浅灰色线表示碰撞带P—T轨迹（Jamieson et al.2006），粗黑线代表热和冷俯冲带板片表面的P-T轨迹
（Syracuse et al., 2010）。矿物缩写：Ab—albite 钠长石；Anl—analcime 方沸石；Coe—coesite 柯石英；Crn—corundum 刚玉；Dia—diamond 金刚石；Dsp—diaspora 水铝石；Gr—graphite 石墨；Jd—jadeite 硬玉；Nph—nepheline 霞石；Qz—quartz 石英。变质相：BS—蓝片岩相；AM—角闪岩相；Lw-EC—硬柱石榴辉岩相；Ep-EC—绿帘石榴辉岩相；Amp-EC—角闪石榴辉岩相；Dry EC—干榴辉岩相；GS—绿片岩相；EA—绿帘石角闪岩相；GR—麻粒岩相；HGR—高压麻粒岩相

和高压–超高压变质矿物，从常理上推断不会出现翡翠；但红宝石形成的压力不会太高，符合角闪岩相-麻粒岩相变质条件及富Al、贫硅原岩熔融即可能发育。新太古代泰山岩群上亚岩群中山草峪岩组—柳行岩组某些泥质成分较高的岩石，特别是形成于海下扇尾部的山草峪岩组的富Al、贫硅原岩，在角闪岩相变质过程中发生熔融时可能出现红宝石级刚玉，与翡翠相比，它形成时的压力较低，而温度则较高。

四、深熔作用和混合岩化

（一）概述

程裕淇先生在1987年发表的《有关混合岩和混合岩化作用的一些问题——对半个世纪以来某些基本认识的回顾》一文中，总结了当时对混合岩成因的两种不同认识：一是由芬兰地质学家寨得霍姆于1907年提出并予以强调的"注入变质"，是由原岩同外来的花岗质岩浆或岩汁在原地混合形成的，二者相互作用，形成一些长英质或花岗质的脉状体。这些外来浆、汁可由一定深处的岩石经分异性熔融或深熔形成；另一种认识由瑞典的霍姆魁斯特提出，他认为混合岩中的上述脉体是通过原岩的超变质的分异作用所形成，在其生成过程中没有外来物质的加入，后来许多人认为这是由原岩经熔融作用形成。程裕淇指出在自然界这两种现象都是客观存在的，而且在混合岩形成时，两者都起着明显的作用。30年前程老发表的该文对我们泰山的研究工作仍有重要的指导意义。

众所周知，在高级变质作用的某些区域，当温度足够高时，使得物质发生部分熔融，即深熔，产生通常是长英质或花岗质成分的液体。如果这些液体保持封闭，并在生成它们的地质体内结晶，从而产生混合的岩石，这个过程称为混合岩化，它是属于变质作用范畴（固体状态下的结晶过程）向岩浆作用（硅酸盐熔体的结晶过程）过渡的类型。深熔作用又称重熔作用，指区域变质作用后期在没有外来物质的参与下，固体岩石发生选择性熔（溶）融，其中具低共熔点的长石和石英首先开始熔化成为液相的作用，由此产生的岩浆称为深熔岩浆。从这种浆质体的形成、演化特点考虑又称再生作用或再造作用。由于这种作用往往是由区域变质作用演变而形成，故长期以来又称超变质作用。

深熔地质作用与变质作用、混合岩化作用、岩浆作用有着密不可分的联系。深熔地质作用是介于变质作用和岩浆作用之间，承上启下的一种地质作用，它与上述二者之间没有截然的界限，其间是过渡和叠加关系。当温度达到花岗岩饱和水的固相线之后，变质岩开始发生深熔作用，形成富水花岗岩熔体。开始熔体含量很少（3%～4%），随着温度的进一步升高和变质反应的继续，熔体比例增大，熔体成分也发生有规律的变化。随着熔体含量增加，会发生熔体–固体间的分离作用，熔体开始发生运移形成长英质的新生脉体，甚至形成较大的岩浆体进一步侵位、固结。鲁西变质地带的深熔地质作用主要发生在泰山—蒙山带、田黄带、沂水石山官庄—林家官庄带等几个主要的早期构造活动带上，普遍发育深熔作用各阶段形成的深熔构造，甚至新的深熔地质体。

（二）混合岩的基本组成

混合岩由暗色的基体（substrate）和浅色的脉体（vein material）两个部分组成。基体是角闪岩相-麻粒岩相变质岩，代表混合岩原岩。脉体是长英质或花岗质，代表混合岩中新生的部分，分别称为古成体（paleosome）和新成体（neosome）。脉体通常具有暗色矿物聚集而成的边，称为暗色体（melanosome），主体浅色长英质部分称为淡色体（leocusome）。

混合岩中含有不同比例的变化较小的原岩组分或"古成体"和新生组分或"新成体"。原岩组分活动性一般较差，而新生组分多属活动组分。在原岩组分中除不同成分的长石或一定的石英外，常含较多的黑云母、角闪石、辉石等铁镁矿物。新生组分一般主要由长英质或花岗质，有时由含钾、钠等的流体交代原岩组分而生成。其中有的来源于附近的花岗质侵入体，有的可能来自更远或更深的地方。有时这种新生组分主要是原岩经变质分异或经部分熔（溶）融形成的硅酸盐流体相的产物。

大量野外研究表明随变质增度增高，混合岩形态发生明显变化。在深熔区低熔部分，混合岩中古成体占主导地位（即新成体比例低），而老的、前部分熔融构造，如层理、成分层、面理及褶皱保存较多。新成体以各种方向的窄带状淡色脉为特征，淡色脉与由残留矿物组合和成分组成的暗色脉相接。根据流变状态，这些混合岩的总体特征不同于未曾受到部分熔融的固态岩石（图2-53，2-54）。

随深熔程度增高，混合岩形态发生变化。新成体占了主导地位，这是许多较高级混合岩中的显著特点。淡色脉体远比残留物质丰富。后者与古成体及暗色体的团块在一起在淡色脉体中以镁铁质矿物的析离体形式出现。在高级混合岩中古成体不丰富，甚至缺失，前部分熔融构造也不出现。它们在新成体形成过程中消失，或被同深融构造置换，出现典型的岩浆或复杂面理，或流动条带。从流变特征判断，这类混合岩中的新成体类似岩浆。

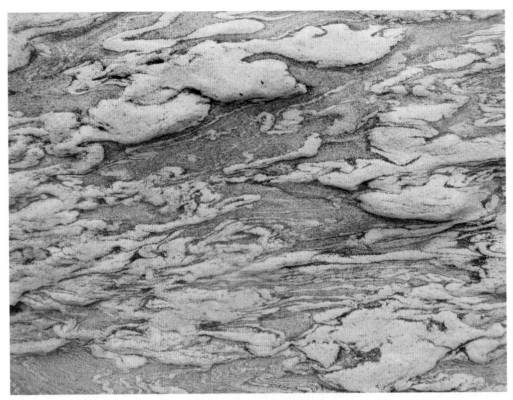

图2-53　英云闪长片麻岩（照片中深色部分）中深熔淡色脉体（照片中浅色部分）

图2-54　浙江陈蔡黑云斜长片麻岩中变形深熔淡色脉体，照片下部为古成体，中部以新成体为主

（三）混合岩的成因类型

混合岩主要有四种成因类型：注入型混合岩（花岗质岩浆注入较老岩石）、交代型混合岩（岩石被深部岩汁交代，发生成分转变）、变质型混合岩（变质流体参与，变质分异）和深熔型混合岩（部分熔融）。

注入作用：外来物质（岩浆、岩汁、流体）沿变质岩的叶理或裂隙等注入，并同岩石发生交代反应的作用。交代作用：在一定的温度、压力条件下，外来流体中的一些物质同原有变质岩中的某些物质发生反应。其结果往往在混合岩中形成更多的碱性长石（奥长石、钠长石、钾长石等），暗色矿物则被交代。在化学成分上表现为钾、钠、硅增加和铁、镁、钙等相应减少。变质分异作用（metamorphic differentiation）：成分和结构构造比较均匀的岩石变质时，在不发生部分熔融或交代作用的情况下，由于温度、压力、应力和溶液等的影响，使岩石中某些组分发生迁移聚集和重新组合，形成成分和结构构造不均匀的变质岩，这种变化称为变质分异作用。例如，在变质岩中出现的变斑晶，不规则的结核或团块，平行或斜交片理的小脉或小透镜体，某些条带状构造等，有时就是变质分异作用的结果。深熔作用：又称重熔作用，指区域变质作用后期在没有外来物质的参与下，固体岩石发生选择性熔（溶）融，其中具低共熔点的长石和石英首先开始熔化成为液相的作用，由此产生的岩浆称为深熔岩浆。从这种浆质体的形成、演化特点考虑又称再生作用或再造作用。由于这种作用往往是由区域变质作用演变而形成，故长期以来又称超变质作用。

上述四种成因类型中熔体注入相当于岩浆侵入机制；交代作用在一定范围内，递进变质作用的岩石具有等化学性质（烧失组分除外），说明交代作用在区域变质作用中并不重要，不是混合岩形成的主要因素；变质分异作用在低于固相线温度时就已发生，应属变质作用范畴；在高级变质作用区及其下部地壳，深熔作用广泛发生并产生巨量的花岗质岩浆，深熔作用是混合岩形成的主要过程。

（四）混合岩命名

国际上对混合岩的分类命名并没有统一。20世纪初以来，北欧地质文献中出现了以外貌形态命名的混合岩类型：①脉状混合岩；②角砾状混合岩；③网状混合岩；④雾迷岩又称为云染岩，指呈星云状外貌的混合岩。20世纪40～50

年代以来，提出了反映混合岩化程度不同的一些混合岩名称。对只受轻微混合岩化作用的变质岩，冠以"混合质"或"混合岩化"等词；对混合岩化最终产物类似花岗岩的岩石称为混合花岗岩；对介于混合质变质岩和混合花岗岩之间的岩石统称为混合岩。程裕淇（1987）后来又增加了下列以形态命名的混合岩：①眼球状混合岩；②条带状混合岩；③条痕状混合岩；④均质混合岩。

野外工作过程中大致可根据混合岩中古成体和新成体的比例，对深熔型混合岩进行一级分类（Sawyer，2008；Sawyer et al，2011）：初级深熔混合岩，由古成体–新成体构成的多相岩石、古成体中保存完整的部分熔融前的构造、新成体组分（暗色部分和浅色部分）很少、新成体（浅色体＋暗色体）未彼此分离；高级深熔混合岩，新成体为主，熔体广泛分布、古成体呈分散碎块或团块，或缺失、深熔同期流动构造发育，部分熔融前的构造缺失、发育各种各样的新成体（浅色体、中色体和暗色体）。显然这种分类是一种粗略的定性分类。

鲁西变质地带的深熔地质作用主要发生在泰山—蒙山带、田黄带、沂水石山官庄—林家官庄带等几个主要的早期构造活动带上，普遍发育深熔作用各阶段形成的深熔构造，甚至新的深熔地质体（奥长花岗岩和钠长石伟晶岩脉）。在泰

图2-55 泰山高级深熔混合岩

山区内，深熔地质作用可见于大众桥、特别是彩石溪一带（图2-55，2-56），淡色体在混合岩中占有不同的比例，且淡色体形成时代也有差异，说明泰山的深熔地质作用发生过不止一期，但大致和本区演化阶段耦合，主要发生于～2.6Ga和～2.5Ga。

对泰山混合岩化的专项研究成果和系统认识并不多见，20世纪80年代万渝生在就读博士期间曾对雁翎关地区雌山混合花岗岩做过年代学、地球化学和副矿物的研究（万渝生，1987、1990）。雁翎关地区位于山东泰安东南四十余公里处，雌山混合花岗岩带分布于东石棚—马家雌山西南和磨石山香水河东北的狭长地带，岩体呈北西–南东延伸，长10多千米，宽2～3km。岩石类型主要为中粒黑云混合花岗岩和斑状黑云混合花岗岩，围岩为泰山岩群的山草峪组黑云变粒岩。在岩体东南部，分布着一些均质混合岩，规模最大者延长上千米，宽度可达百米以上，其中还见有黑云变粒岩残余体，二者又同时成为雌山岩体中的残余体。已有的研究表明，均质混合岩是由黑云变粒岩经混合岩化作用形成，雌山岩体是均质混合岩在封闭条件下发生熔融而形成，中粒和斑状混合花岗岩外貌的差异只在于它们形成条件的不同。根据作者当年的描述，混合岩岩中的古成体应为山草峪组黑云变粒岩，而新成体应为长英质物质，形成均质或斑状混合岩。混合岩化的进一步深融则形成雌山混合花岗岩。

图2-56　泰山初级深熔混合岩

第三章

泰山岩石形成的年龄谱系

泰山的历史从岩石开始，不同时代、不同类型、不同构造环境中形成的岩石分别组成泰山岩群中的变火山-沉积岩系和深成侵入体。地质学家通过野外考察和各种测试数据从一块一块冰冷的石头中解读泰山鲜活生动的地质历史。其中最重要的基础工作之一是测定它们诞生的时代，曾经经历过的地质事件，排出它们形成的先后顺序，廓清泰山岩石形成的年龄谱系。本章将以锆石U-Pb测年数据为主识别这些石头的辈分和序次。

第一节　U-Pb同位素测年方法简介

同位素地质年代学（Isotope Geochronology）又称同位素年代学，它根据放射性同位素衰变规律确定地质体形成和地质事件发生的时代，以研究地球和行星物质的形成历史和演化规律。所涉及的同位素主要有U-Th-Pb体系、Sm-Nd体系、Rb-Sr体系、K-Ar体系、Ar-Ar体系、Re-Os体系、Lu-Hf体系、La-Ce体系、^{14}C等，其中以U-Th-Pb体系应用最广泛。陈文等（2011）在《同位素地质年龄测定技术及应用》一文中对各种测年方法做了阐述，现简要介绍如下。

目前正在使用的主要U-Pb同位素测年方法有：离子探针微区原位U-Pb测年法、LA-ICP-MS激光剥蚀法、热离子质谱稀释法和TIMS蒸发法。U-Pb测年对象有锆石、独居石、磷灰石、蛋白石、榍石、金红石、钙钛矿、磷钇矿等，但最理想的测定矿物是锆石。锆石的优点在于它是最常见的副矿物，广泛存在于不同地质体中，抗风化能力强；无或很低的普通铅，而U含量适当；U–Pb同位素体系保存良好，可判断体系是否封闭；应用阴极发光图像（CL）等方法可对锆石进行成因研究（图3–1，3–2）；SHRIMP等原位分析方法应用年龄测定范围可从＜1百万年至44亿年。

图3–1　具有环带结构的岩浆锆石的阴极发光CL图像

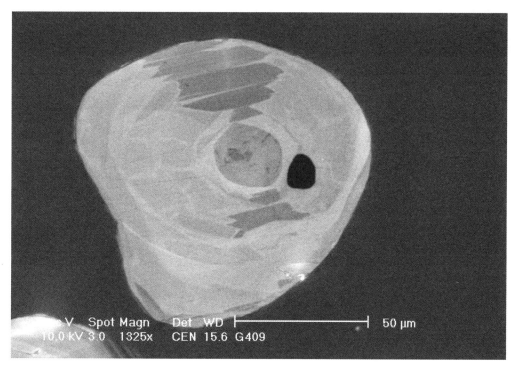

图3–2　具冷杉状结构的变质锆石的阴极发光CL图像

值得注意的是岩浆岩中从酸性岩中选取锆石的几率较高，而镁铁质岩特别是超镁铁质岩中所含锆石含量少，且锆石成因复杂，因而应尽可能从相对基性程度低，如辉长岩等选取斜锆石进行U-Pb定年。岩石中有三种重要的含锆测年矿物，分别是：锆石（zircon，$ZrSiO_4$）、斜锆石（baddeleyite，ZrO_2）和钙钛锆石（zirconolite，$CaZrTi_2O_7$）。斜锆石矿物成分单一，结构简单，存在于各种硅不饱和的基性-超基性岩石，包括碳酸盐岩石、金伯利岩、碱性辉长岩、正长岩和辉长岩等岩石中。斜锆石的U-Pb含量较高而非放射成因的初始普通铅含量却很低，是非常适合进行U-Pb同位素测年的矿物，容易得到比较精确而且地质意义明确的U-Pb同位素年龄。测定斜锆石的U-Pb同位素年龄有利于基性岩原岩年龄的确定，有利于基性岩中锆石U-Pb年龄地质意义的解释。斜锆石的U-Pb同位素系统非常稳定，经过低至中级变质作用（绿片岩相到角闪岩相变质作用）仍能保持封闭状态，即使经过麻粒岩相高级变质作用，斜锆石的U-Pb同位素系统也只是局部开放，经过校正仍能获得原岩生成年龄的信息。斜锆石在基性-超基性岩石中的存在，往往比人们想象的更为普遍。斜锆石U-Pb同位素定年作为测定基性-超基性岩石原岩精确生成年龄的最好方法之一，早就引起了地质学家的注意。而利用斜锆石U-Pb同位素测年技术测定基性-超基性岩石原岩生成年龄工作的难点在于，斜锆石粒度很小，通常小于60μm，在岩石中的含量很低，通常在锆石含量较高的基性-超基性岩石中，其含量也仅为每公斤岩石有1～10个颗粒。斜锆石的形态与金红石相似，有时与金红石形成连晶或被金红石包裹，常被误认为金红石，应在实际操作中引起重视。（李惠民等，2006）

一、锆石离子探针微区原位U-Pb测年法

利用高分辨率离子探针技术，在单颗粒锆石上实现微区原位U-Pb法年龄测定。锆石离子探针U-Pb法测年有许多长处，结合阴极发光图像，许多情况下都可给出锆石年龄明确的地质意义。锆石离子探针U-Pb年龄地质意义的解释依赖于锆石的成因分析。在侵入岩中，锆石分为岩浆成因，残余、捕获成因和变质成因3类，年龄地质意义，可根据锆石晶体矿物学以及相关地质背景的研究作相应的解释。对于沉积岩中的锆石分为火山和碎屑两类成因。火山成因锆石的年龄给出地层形成的时代，最年轻的碎屑锆石的年龄给出地层形成时代的

上限，碎屑锆石常无计算年龄，可给出主要年龄值的分布范围。对于变质岩，锆石分变质、深熔，侵入，火山、碎屑和残余、捕获等多种成因，因此，锆石的成因研究是年龄地质意义认定的关键。

二、锆石激光剥蚀法（LA-ICP-MS）

锆石激光剥蚀测年技术近年来得到广泛应用，这一方法的最大优点是测年速度快。通过技术改进，一些实验室还可在同一锆石位置获得Hf同位素和稀土元素分析数据。这一方法的不足是对锆石样品的破坏性较大，测年精度不如离子探针法。如果锆石颗粒大且完好、年龄大小恰当，锆石激光剥蚀测年技术可获得与离子探针一致的测年结果，可利用测年速度快的优势进行大量锆石样品定年（如碎屑锆石定年）。如果锆石细小，内部结构复杂、包裹体多、裂隙发育、普通铅高，通常不易获得好的年龄数据。

三、锆石TIMS稀释法

锆石TIMS同位素稀释法是20世纪80年代发展起来的。随着测年技术的提高，所用锆石从几百毫克降至毫克级，甚至可对单颗粒锆石进行测年。其优点是测年精度高于离子探针法，可分辨十分相近的同位素年龄。其不足是：（1）需超净实验室进行化学处理；（2）花费时间长；（3）费用比离子探针法更高；（4）破坏锆石；（5）对于复杂锆石，其年龄地质意义不明确；（6）测年技术专业性强。

在判断TIMS同位素稀释法年龄的地质意义时，应注意如下问题：（1）I型花岗岩中通常为岩浆锆石，加权平均年龄一般可代表岩体侵入的时代，但一些岩浆锆石中可能存在捕获锆石；（2）仅根据锆石外部形态并不总能准确地判断年龄的地质意义：S型花岗岩中常存在残余锆石，酸性火山岩锆石也常包裹残余和捕获锆石，但其外形可具典型岩浆锆石的特征，其锆石年龄可有很大的变化，或加权平均年龄并不能代表岩体的形成时代。有时，上交点年龄可代表残余和捕获锆石的形成时代，下交点年龄可代表岩体的形成时代；（3）上交点年龄可有多种地质意义，如变质和深熔年龄、侵入年龄、火山作用（地层形成时代）和碎屑年龄、残余和捕获锆石；下交点年龄，结合岩石成因可做进一步的判断。

但在许多情况下，下交点年龄无明确的地质意义。当测年数据点呈扇形分布时，往往意味着锆石成因十分复杂。

四、锆石TIMS蒸发法

该方法是把锆石装在铼带上直接放入质谱计进行测年，省去了化学处理流程，测年速度相对较快，但只能得到$^{207}Pb/^{206}Pb$年龄。在测年过程中，对蒸发带上的锆石从低到高分阶段加温使其物质（包括^{207}Pb和^{206}Pb）蒸发并沉积到电离带上，分别测定每阶段沉积到电离带上物质的$^{207}Pb/^{206}Pb$比值，以获得相应的年龄。考虑到可能存在的铅丢失，一般把最高温度蒸发获得的年龄作为锆石的形成年龄。但是，由于无$^{206}Pb/^{238}U$和$^{207}Pb/^{235}U$年龄对照，有时难以确定是否有铅丢失。对于成因复杂的锆石，虽有人把不同蒸发温度获得的年龄赋予不同地质事件意义，但其真实性通常难以得到证实，目前蒸发法已很少使用。

第二节　泰山岩群同位素年龄谱

泰山岩群包括雁岭关岩组、孟家屯岩组、山草峪岩组和柳杭岩组，为一套含科马提岩的中－低变质火山－沉积岩系，主要形成于2.7～2.5Ga之间。陆松年等（2008）、杜利林等（2003）、万渝生等（2012b）、王世进等（2012c），先后发表过多组SHRIMP及LA-ICP-MS锆石U-Pb年龄数据，基本制约了泰山岩群形成时代。

根据岩石组合，程裕淇等（1982）将雁翎关地区的雁翎关岩组划分为十大层，三个岩性段。第一段为斜长角闪岩夹角闪变粒岩及黑云变粒岩；第二段为条带状细粒斜长角闪岩、角闪变粒岩夹薄层黑云变粒岩；第三段为细粒薄层斜长角闪岩夹透闪阳起片岩及含榴黑云变粒岩，往东到天井峪，具科马提岩组成的变质超基性岩十分发育，视厚度300余米。雁翎关岩组的原岩主要为一套海底喷发的基性－超基性火山熔岩夹火山碎屑岩，构成典型的火山－沉积岩组合。侵

第三章 泰山岩石形成的年龄谱系

入的石英闪长岩岩浆锆石年龄为2.74Ga，限定了该区雁翎关岩组的形成时代。

孟家屯岩组由不同类型石英岩（以石榴石石英岩为主）、黑云母石英片岩、黑云母片岩、斜长角闪石等组成，岩石普遍遭受强烈变形，表壳岩形成于新太古代早期（杜利林等，2003，2005；陆松年等，2008）。

柳行岩组主要岩性为斜长角闪岩、绿泥片岩、黑云变粒岩、角闪黑云变粒岩、绢云石英片岩、中酸性变质火山角砾岩、变质沉积砾岩，夹有铁闪磁铁石英岩。柳行岩组被划分为下段和上段，下段岩石以斜长角闪岩和变质超基性岩为主，岩石组合与雁翎关岩组类似。上段以黑云变粒岩和变质砾岩为主，岩石组合与山草峪岩组类似，但变质砾岩十分发育。在柳杭地区，无直接的年代学资料确定柳行岩组下段的形成时代，但它们被2.6Ga富山奥长花岗岩岩体侵入，很可能形成于新太古代早期。根据变质砾岩和相关岩石定年研究，柳行岩组的上段形成于新太古代晚期。

山草峪岩组主要由黑云变粒岩组成，夹斜长角闪岩、角闪片岩、角闪黑云变粒岩、二云变粒岩、云母片岩和BIF。黑云变粒岩大多为碎屑沉积岩。山草峪岩组变质程度总体为角闪岩相。BIF主要分布于枣庄、韩旺等地，被2.5Ga花岗岩侵入。

由于这些岩组不是严格意义的有层有序的地层系统，4个岩组的原生上下关系难以确定，只能结合野外地质事实，并通过测年资料厘清它们形成的先后顺序。万渝生等（2012b）根据野外地质和表壳岩系及相关岩石的锆石SHRIMP U–Pb定年，对表壳岩系形成时代进行了重新划分：（1）新太古代早期（2.70～2.75Ga）表壳岩系，包括原泰山岩群的雁翎关岩组和柳行岩组下段的大部分及孟家屯岩组。（2）新太古代晚期（2.525～2.56Ga）表壳岩系，包括原泰山岩群的山草峪岩组、柳行岩组上段和下段的一部分。它们在岩石组合、变质变形等方面存在明显区别，BIF形成于新太古代晚期。这是华北克拉通迄今唯一分辨出新太古代早期和晚期表壳岩系的地区（表3–1），现将主要依据简介如下。

表3–1　　　　　　　　鲁西早前寒武纪表壳岩划分

时代	新太古代早期（2.75～2.70Ga）	新太古代晚期（2.52～2.50Ga）
表壳岩	泰山岩群下亚群：包括雁翎关岩组、柳行岩组下段大部分和孟家屯岩组	泰山岩群上亚群：包括山草峪岩组、柳行岩组上段和济宁岩群

（据万渝生等，2012b）

一、雁翎关岩组

根据万渝生等（2012b）报道，能够界定雁翎关岩组地层年龄的数据来自两个样品，分别是黑云角闪变粒岩和石英闪长岩。

黑云角闪变粒岩样品采自雁翎关地区雁翎关岩组北部，与新甫山奥长花岗岩接触带不到20m。黑云角闪变粒岩厚约1m，与斜长角闪岩互层，变质原岩为安山质火山岩。多数锆石为等轴状，在CL图像中有不明显环带（图3-3a）。还有一些呈短柱状，有明显的振荡环带，两种锆石的组成和年龄一致。15个数据点分析结果大都集中在谐和线附近，除去数据点12.1，$^{207}Pb/^{206}Pb$加权平均年龄为2747±7Ma（图3-3b），该年龄值解释为黑云角闪变粒岩的原岩-安山质火山岩形成时代。

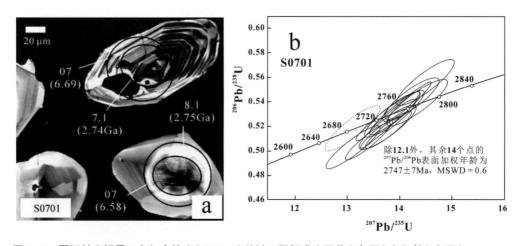

图3-3　雁翎关岩组黑云角闪变粒岩（S0701）的锆石阴极发光图像（左图）和年龄（右图）
（据万渝生等，2012b）

石英闪长岩样品采自雁翎关地区切割雁翎关岩组变质超基性岩的岩脉，利用锆石TIMS U-Pb方法曾获得岩石年龄为2.72Ga（曹国权，1996）。锆石为柱状，具板状环带。19个数据点分析除2.1、3.1和16.1外，其余数据点给出$^{207}Pb/^{206}Pb$加权平均年龄为2740±6Ma（图3-4），代表了石英闪长岩侵入年龄，也限制了雁翎关岩组的形成时代。

这两个数据界定雁翎关一带雁翎关岩组地层时代介于2.47～2.40Ga之间。

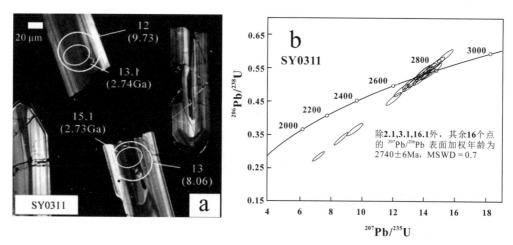

图3-4　石英闪长岩的锆石阴极发光图像（左图）和年龄（右图）（据万渝生等，2012b）

二、孟家屯岩组

孟家屯岩组主要的岩石类型为石榴石英岩、含石榴黑云长石石英岩，其次为石榴角闪石英岩、十字石石榴黑云石英岩等，其原岩类型为一套成熟度偏低的碎屑岩。孟家屯岩组的石榴石英岩主要分布于孟家屯村附近、南官庄北东1km及山头村西等地，其中在孟家屯村西南分布面积最大，北西延伸达2km，出露最大宽度400m左右。具块状、片麻状、条带状构造。测年样品具中粗粒粒状变晶结构，主要组成矿物为石英、石榴石以及少量的十字石、白云母等，其中石英含量占70%以上，岩石应为不纯石英岩变质作用的产物。主要由石英（65%～75%）、石榴子石（20%～25%）、斜长石（＜5%）及少量绿帘石、绿泥石、磁铁矿等组成。粒状变晶结构，块状构造。石英呈粒状，粒径多为1mm左右，具波状消光，一般颗粒边界较为圆滑，但局部见石英颗粒边界平直，颗粒边界夹角120°左右，显示出明显的变质特征。石榴子石为粒状、不规则状，淡褐色，均质体，石榴子石颗粒间裂隙发育，有时出现大量的铁质析出，充填在裂隙之中。在有些薄片中，石榴子石有时呈不连续的条带状分布，颗粒边缘或裂纹有绿泥石交代。斜长石的干涉色为一级灰色，聚片双晶发育，斜消光。绿泥石呈绿色，片状，围绕交代石榴子石。

从泰山岩群孟家屯组石榴石英岩中分选出的锆石，形态复杂多样，阴极发光（CL）图像显示，锆石普遍发育增生结构，以再生边形式围绕老的锆石内核生长，这些新增生锆石部分可具有环带结构，但与锆石内核之间具有清晰截然的二次生长（分）界线（图3-5），笔者应用SHRIMP离子探针质谱技术对该岩石样品的11颗锆石开展了U-Pb同位素年龄测定，完成锆石测点20个，测试结果见表3-2。图3-6所示，锆石内核年龄较老，所有核部的 $^{207}Pb/^{206}Pb$

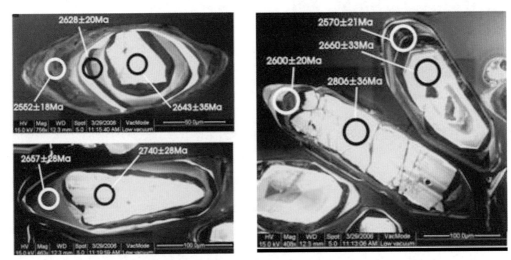

图3-5　石榴石英岩（SD0513）中的锆石CL图像（陆松年等，2008）

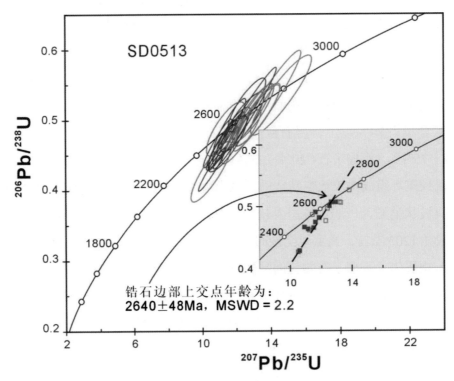

图3-6　石榴石英岩（SD0513）SHRIMP法锆石U-Pb同位素年龄谐和图（陆松年等，2008）
（绿色为锆石内核测点，红色代表锆石增生边测点）

表3-2　孟家屯岩组石榴石英岩（SD0513）SHRIMP法锆石U-Pb同位素测年结果

点号	$206Pb_c$/%	w_B/($\mu g \cdot g^{-1}$) $206Pb^*$	U	Th	$\frac{232Th}{238U}$	表面年龄/Ma $206Pb/238U$	±	$207Pb/206Pb$	±	$207Pb^*/206Pb^*$	±%	同位素原子比率 $207Pb^*/235U$	±%	$206Pb^*/238U$	±%	误差相关
SD0513-1.1	0.26	23	53	39	0.76	2648	±78	2728	±30	0.1884	1.8	13.20	4.0	0.5080	3.6	0.892
SD0513-2.1	0.07	37	85	58	0.71	2650	±72	2695	±24	0.1846	1.4	12.94	3.6	0.5080	3.3	0.918
SD0513-2.2	0.04	129	350	14	0.04	2301	±56	2646	±13	0.1792	0.8	10.60	3.0	0.4290	2.9	0.965
SD0513-3.1	0.00	22	51	41	0.83	2605	±76	2660	±33	0.1807	2.0	12.41	4.1	0.4980	3.5	0.872
SD0513-3.2	0.08	52	122	27	0.23	2580	±65	2570	±21	0.1712	1.3	11.62	3.3	0.4920	3.1	0.925
SD0513-4.1	0.00	19	41	50	1.25	2760	±97	2806	±36	0.1975	2.2	14.55	4.9	0.5340	4.3	0.893
SD0513-4.2	0.00	89	222	125	0.58	2456	±61	2600	±20	0.1743	1.2	11.15	3.2	0.4640	3.0	0.928
SD0513-5.1	0.10	25	58	50	0.89	2644	±73	2740	±28	0.1897	1.7	13.26	3.8	0.5070	3.4	0.894
SD0513-5.2	0.21	56	128	4	0.03	2649	±67	2657	±28	0.1805	1.7	12.64	3.5	0.5080	3.1	0.878
SD0513-6.1	0.17	32	76	49	0.66	2563	±68	2558	±43	0.1700	2.6	11.44	4.1	0.4880	3.2	0.780
SD0513-6.2	0.05	96	230	16	0.07	2540	±61	2637	±29	0.1783	1.7	11.87	3.4	0.4830	2.9	0.857
SD0513-7.1	0.00	72	180	23	0.13	2472	±61	2552	±18	0.1694	1.1	10.92	3.1	0.4670	3.0	0.942
SD0513-7.2	0.00	64	156	28	0.19	2506	±64	2628	±20	0.1774	1.2	11.62	3.3	0.4750	3.1	0.931
SD0513-7.3	0.15	27	74	41	0.57	2293	±79	2643	±35	0.1790	2.1	10.54	4.6	0.4270	4.1	0.890
SD0513-8.1	0.05	118	296	29	0.10	2448	±59	2621	±14	0.1765	0.8	11.24	3.0	0.4620	2.9	0.963
SD0513-9.1	0.17	25	57	36	0.65	2655	±73	2696	±29	0.1848	1.7	12.98	3.8	0.5100	3.4	0.890
SD0513-10.1	0.00	29	64	63	1.02	2730	±120	2741	±27	0.1899	1.6	13.81	5.8	0.5270	5.5	0.959
SD0513-11.1	0.00	25	62	15	0.25	2512	±70	2718	±27	0.1873	1.6	12.30	3.7	0.4770	3.3	0.900
SD0513-11.2	0.00	28	69	30	0.45	2465	±71	2643	±35	0.1789	2.1	11.49	4.0	0.4660	3.5	0.856
SD0513-11.3	0.00	62	143	7	0.05	2622	±130	2661	±22	0.1809	1.3	12.52	6.0	0.5020	5.8	0.976

误差为1σ；Pbc和Pb*分别指示普通铅和放射成因铅；所有同位素比率已对测得的^{204}Pb进行了校正。

表面年龄分布峰值为～2719Ma，而7个锆石增生边的不一致线上交点年龄为2640±48Ma，与锆石增生边 $^{207}Pb/^{206}Pb$ 表面年龄分布峰值～2647Ma相一致，依据前面对锆石成因特点的论述，该年龄应代表了石榴石英岩遭受变质作用改造的时代。以上测年结果表明，石榴石英岩中的锆石碎屑应来自～2.7Ga时期火成岩的风化产物，石榴石英岩原岩的形成时代可能限定在～2.7Ga至～2.65Ga，大致在～2647Ma遭受区域变质变形作用改造（陆松年等，2008）。

杜利林等（2003）从两个样品中获得孟家屯组有用的年代学信息。石榴石石英岩中的锆石呈椭圆状，具核-边结构。核部碎屑锆石具振荡环带，原为岩浆成因，一些碎屑锆石具有良好的晶形。边部锆石结构不规则，发光性强，为典型的变质锆石。碎屑锆石Th/U比值为0.6～1.1。9个数据点 $^{207}Pb/^{206}Pb$ 加权平均年龄为2717±33Ma。变质锆石Th/U比值通常小于0.1，7个数据点 $^{207}Pb/^{206}Pb$ 加权平均年龄为2616±19Ma。

含十字石石榴黑云片岩中的锆石特征与样品石榴石石英岩中的类似，呈椭圆状，具核-边结构。核部碎屑锆石具振荡环带，边部锆石具不规则环带，为变质或深熔成因。碎屑锆石Th/U比值通常大于0.5，12个数据点 $^{207}Pb/^{206}Pb$ 加权平均年龄为2742±23Ma。变质锆石Th/U比值小于0.1，9个数据点 $^{207}Pb/^{206}Pb$ 加权平均年龄为2642±23Ma。

三、柳行岩组下段

柳行岩组分为下段和上段。万渝生等（2012b）测定了下段两个样品，分别为黑云变粒岩和角闪黑云变粒岩。

黑云变粒岩样品采自大王庄地区柳行岩组下段，该剖面出露的主要岩石为斜长角闪岩和黑云变粒岩。由于变形强烈，黑云变粒岩的变质原岩难以确定。锆石为短柱状，在CL图像中可见振荡环带（图3-7a）。分析了13个数据点，其中9个靠近谐和线的数据点给出 $^{207}Pb/^{206}Pb$ 加权平均年龄为2739±16Ma（图3-7b）。

角闪黑云变粒岩样品采自七星台地区柳行岩组下段。碎屑锆石为柱状或短柱状，振荡环带（图3-7c）。一些锆石显示出重结晶特征，这种现象在该区～2.7Ga的TTG花岗质岩石也可见到。12个数据点分析，位于或靠近谐和线分布，但年龄存在很大变化，从2539Ma到2786Ma（图3-7d），被归因于物源区岩石时代组成的不均匀性。

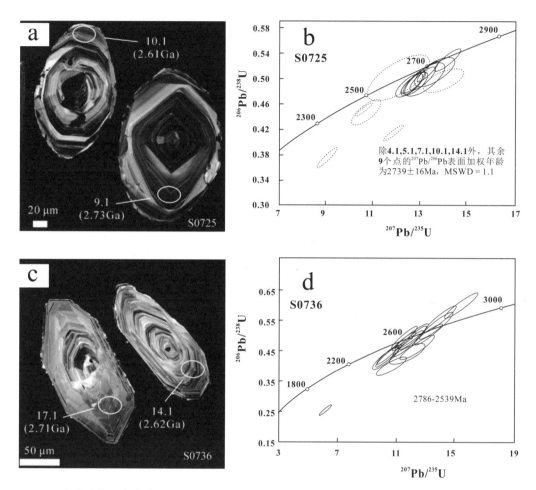

图3-7　柳行岩组下段表壳岩系岩石的锆石阴极发光图像和年龄（据万渝生等，2012b）

（a、b）—柳行岩组下段黑云变粒岩石（大王庄）的锆石阴极发光图像和年龄

（c、d）—柳行岩组下段角闪黑云变粒岩石（七星台）的锆石阴极发光图像和年龄

四、柳行岩组上段

柳行岩组上段报道了长英质变质火山-沉积岩和砾岩中的基质（SY0320）等两个SHRIMP锆石U-Pb年龄（万渝生等，2012b）。

长英质变质火山-沉积岩样品采自柳杭北西柳行岩组上段砾岩中的夹层。锆石呈柱状或短柱状，具振荡环带和板状环带（图3-8a）。22个数据点分析中12个位于谐和线上的数据点给出$^{207}Pb/^{206}Pb$加权平均年龄2524±7Ma（图3-8b），解释为长英质火山作用的时代。其余数据点的^{207}Pb/^{206}Pb年龄为2.7～2.6Ga，为碎屑锆石年龄。

砾岩中的基质样品采自柳行地区柳行岩组上段砾岩中的基质。锆石呈柱状，一些有很好的柱面和锥面，振荡环带发育（图3-8c）。分析了16个数据点，年龄存在大的变化，其中8个数据点给出^{207}Pb/^{206}Pb加权平均年龄2587±16Ma（图3-8d）。7个数据点^{207}Pb/^{206}Pb年龄变化于2.75～2.7Ga之间，大的年龄变化与其碎屑成因相吻合。

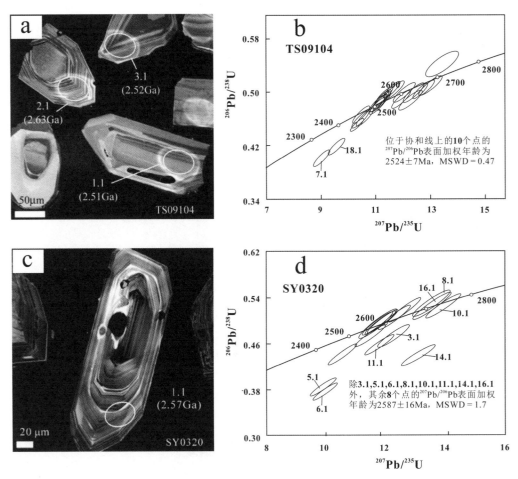

图3-8　柳行岩组上段表壳岩系岩石的锆石阴极发光图像和年龄（据万渝生等，2012b）

（a、b）—长英质变质火山-沉积岩锆石阴极发光图像和年龄图

（c、d）—砾岩基质中锆石阴极发光图像和年龄图

五、山草峪岩组

　　山草峪岩组主要分布在新泰市山草峪、盘车沟，章丘市火贯、西麦腰、官营，沂水县胡同峪，安丘市常家岭，枣庄市太平村及东平县等地。各地发育程度不一，厚度变化较大。在雁翎关—柳杭一带最为发育，厚2110m，被2.5Ga花岗质岩石侵入。

　　黑云变粒岩样品采自七星台地区，岩石显示很好的沉积构造。锆石为柱状或短柱状，具振荡环带。17个数据点分析，数据点大多位于或接近谐和线，部分显示强烈铅丢失。9个位于或接近谐和线的数据点给出$^{207}Pb/^{206}Pb$加权平均年龄2553±9Ma，代表了物源区岩石形成时代。

　　含石榴石黑云变粒岩样品采自雁翎关岩组和山草峪岩组的界线附近，岩石显示强烈变形。锆石为柱状，部分在两端存在一定的圆滑，具振荡环带。15个数据点分析，大多显示现代铅丢失，9个靠近谐和线的数据点给出$^{207}Pb/^{206}Pb$加权平均年龄2611±7Ma。2个数据点给出~2.7Ga的$^{207}Pb/^{206}Pb$年龄，一个反向分布数据点给出2.52Ga的$^{207}Pb/^{206}Pb$年龄，反映了物源区岩石的时代特征。

　　含电气石黑云变粒岩出露于枣庄附近，那里存在较大规模的黑云变粒岩表壳岩，赋存BIF。黑云变粒岩具层状构造。碎屑锆石呈柱状或短柱状，振荡环带，部分发生重结晶。18个数据点分析，存在两组年龄，207Pb/206Pb年龄分别为2699±9Ma（6个数据点）和2572±16Ma（6个数据点），解释为沉积岩物源区岩石时代。

　　根据上述同位素测年结果，万渝生等（2012b）认为：第一，新太古代早期（2.70~2.75Ga）表壳岩系包括雁翎关岩组、柳行岩组下段（但不包括七星台—大王庄地区的柳行岩组下段）和孟家屯岩组。它们被新太古代早期TTG花岗质岩石切割。主要由斜长角闪岩、变质超基性岩组成。暂时将其称为雁翎关—柳杭岩系。孟家屯岩组以存在成熟度较高的碎屑沉积岩为特征，形成时代可能比雁翎关岩组和柳行岩组下段更晚一些。第二，新太古代晚期（2.525~2.56Ga）表壳岩系包括山草峪岩组、柳行岩组上段（还包括七星台—大王庄地区的柳行岩组下段）。它们主要由黑云变粒岩、砾岩、BIF和长英质火山岩组成，暂时称之为山草峪—济宁岩系。原济宁岩群可能比山草峪岩组形成时代稍晚一些。

　　因此，鲁西地区存在新太古代早期和晚期表壳岩系，分别与新太古代早期和晚期花岗质岩石共生。这一现象在华北克拉通其他地区还未发现，全球范围内也十分少见。新太古代晚期表壳岩系原很可能不整合于新太古代早期基底之上，但是现所观察到接触关系都为构造接触。根据现有研究，新太古代晚期表壳岩系主要由变质沉积岩组成，缺乏斜长角闪岩和变质超基性岩。需开展进一步的野外和年代学研究，以确定鲁西地区新太古代晚期表壳岩系岩石组合及空间分布。

　　王世进等（2012c）提出了另一种意见（参见表2-1），与万渝生建议的泰山岩群划分和同位素年龄谱的认识有一定差异。该方案基本上保持了山东省前期认识，仅做了微调。上述两种认识的差异一是孟家屯岩组在地层柱中的位置，二是柳行组上段与山草峪组的排序。这种差异表现出对新太古代构造机制认识的不同，显然如何认识新太古代表壳岩的"层序"还需在地质调查的实践中逐步统一思路和认识。但这两种划分方案均主要建立在同位素年代学研究基础上（表3-3），所以甄别重要的年龄数据，确定它们的地质意义仍是十分重要的。

表3-3　　　　　　　泰山岩群重要同位素年龄数据汇总简表

岩石组合类型	岩群/亚群名称	岩组名称	采样地点	测年样品岩石类型及原岩名称	同位素年龄数据（Ma）及测年方法	资料来源
第Ⅱ组合	泰山岩群上亚岩群	柳行岩组	柳杭北西	变沉积碎屑岩（碎屑锆石）	2524±7Ma（S）	万渝生等，2012b
			泰安市西南峪	变质火山岩	2525±9Ma（S）	王世进等，2012c
		山草峪岩组	新泰市羊流镇	侵入该岩组的变闪长岩	2523±11Ma（S）	王世进等，2012c
			七星台地区	黑云变粒岩（碎屑锆石）	2553±9Ma（S）	万渝生等，2012b
			枣庄附近	含电气石黑云变粒岩（碎屑锆石）	2572±16Ma（S）	万渝生等，2012b
			雁翎关	含石榴石黑云变粒岩	2611±7Ma（S）	万渝生等，2012b

（续表）

岩石组合类型	岩群/亚群名称	岩组名称	采样地点	测年样品岩石类型及原岩名称	同位素年龄数据（Ma）及测年方法	资料来源
第Ⅰ组合	泰山岩群下亚岩群	孟家屯岩组	孟家屯	斜长角闪岩（侵入孟家屯岩组的基性脉，变质锆石）	2604±11Ma（S）	杜利林等，2005
				含十字石石榴黑云片岩（碎屑锆石）	2717±33Ma（S）	杜利林等，2003
				含十字石石榴黑云片岩（变质锆石）	2642±23Ma（S）	杜利林等，2003
				石榴石英岩（变质锆石）	2640±48Ma（L）	陆松年等，2008
				石榴石英岩（碎屑锆石）		陆松年等，2008
		雁岭关岩组	大王庄地区	黑云变粒岩（原岩不清）	2739±16Ma	万渝生等，2012b
			雁翎关	石英闪长岩脉，侵入雁翎关岩组	2740±6Ma（S）	万渝生等，2012b
				黑云角闪变粒岩（安山岩）	2747±7Ma（S）	

表中S代表SHRIMP锆石U-Pb测年法、L代表LA-ICPMS锆石U-Pb测年法。

第三节　变质深成侵入体的同位素年龄谱系

曹国权（1996）将鲁西地区广泛分布的花岗质岩石划分为三期：新甫山期TTG岩类（2600~2700Ma）、中天门期闪长岩类（2500~2600Ma）和傲徕山期花岗岩类（2400~2450Ma）。认为三期岩浆活动形成岩石的时间变化反映了岩浆活动的演化规律。傲徕山期花岗岩类主要分布于东北部。新甫山期TTG花岗质岩石主要分布于西南部。三期岩浆岩时间上有从南西向北东由老而新的变化规律。新的研究表明，西南部的TTG花岗质岩石（新甫山期）形成于新太古代晚期，而不是新太古代早期；新太古代早期地质体主要分布于中部带；傲徕山期花岗岩形成时代是新太古代（～2.5Ga），而不是古元古代（2.4～2.45Ga）。

王世进等（2008）在曹国权划分基础上，又做了进一步详细划分。划分方案中，共划出4期、10个阶段，分别对应于（从新到老）摩天岭、红门、四海山、傲徕山、峄山、南涝坡、新甫山、黄前、泰山和万山庄等10个岩套。

新太古代早期侵入岩第一阶段构造岩浆活动形成早期超基性－基性侵入岩类，称为万山庄组合，现仍沿用。第二阶段构造岩浆活动该阶段岩浆活动造成2740～2700Ma左右的岩浆侵入，形成英云闪长质片麻岩、条带状英云闪长质片麻岩（原划蒙山片麻岩套早期岩体，现改为泰山岩套）。

新太古代中期侵入岩第一阶段为地幔岩浆侵入形成的超基性－基性侵入岩类，呈岩墙、岩脉状穿插新太古代早期英云闪长质片麻岩、条带状英云闪长质片麻岩侵入岩中，呈包体残留于新太古代中期片麻状奥长花岗岩内。第二阶段为TTG质片麻状花岗岩（原划蒙山岩套晚期岩体，现称新甫山岩套），呈北西带状岩基、岩株状产出，侵入泰山岩群和早期英云闪长质片麻岩、条带状英云闪长质片麻岩，被新太古代晚期钾质花岗岩侵入。

新太古代晚期侵入岩在鲁西地区分布较广，是变质基底重要组成部分。规模大，面积约6785km²。侵入岩由3个阶段（套）侵入岩岩石系列组成，第一阶段为超基性－基性岩类，规模小而分散，归并南涝坡组合；第二阶段为中性－中酸性TTG花岗岩系列，归并于峄山岩套；第三阶段为中酸性钾质花岗岩系列，归并于傲徕山岩套和四海山岩套。南涝坡组合经受角闪岩相变质，峄山岩套为绿片岩相变质，傲徕山岩套和四海山岩套未遭区域变质作用。

古元古代早期侵入岩第一阶段主要造成2480Ma左右的地幔岩浆侵入，形成中基性侵入杂岩体（红门岩套），出露总面积170km²。第二阶段有壳源二长花岗岩（摩天岭岩套）岩株－岩墙状产出，出露面积73km²。这期岩浆活动在本书中归入新太古代晚期（参见前言）。

本节主要依据作者2008年获得的同位素年龄数据，同时参照王世进、万渝生等发表的数据建立侵入体的同位素年龄谱。

一、新太古代早期

（一）闪长质片麻岩的锆石U-Pb同位素年代测试结果

闪长质（片麻）岩（SD0613-01）采自栗杭水库附近，从中分选出的锆石矿物晶体粗大，柱面结构相对发育，形成长柱状晶体。阴极发光图像显示，锆石多发育平行带状结构（图3-9），明显不同于发育细密振荡环带结构的锆石

图3-9　闪长（片麻）岩（SD0613-01）中锆石阴极发光图像（CL）

类型。共完成15个锆石激光探针等离子质谱U-Pb同位素组成测定，分析结果见表3-4。除2、8和10号测点外，其余各测点皆位于谐和线上（图3-10），12个测点的$^{206}Pb/^{238}U$表面年龄加权平均值为2755±50Ma（MSWD＝3.9），而所有测点构成的不一致线上交点年龄数值为2741±49Ma（MSWD＝0.073），相应所有测点的$^{207}Pb/^{206}Pb$表面年龄加权平均值为2741±47Ma（MSWD＝0.077）。以上各年龄结果在误差范围内一致，但所有测点的不一致线上交点年龄和$^{207}Pb/^{206}Pb$表面年龄加权平均年龄计算过程的MSWD值较小，因而年龄计算结果更具代表性，因此，本文选取其中的$^{207}Pb/^{206}Pb$表面年龄加权平均值为

表3-4　闪长（片麻）岩（SD0613-01）锆石激光探针质谱U-Pb同位素测年结果

测点	wB/(μg·g⁻¹)			^{232}Th	^{238}U	$w(^{232}Th)/w(^{238}U)$	表面年龄/Ma				同位素原子比率					
	^{204}Pb	^{206}Pb	^{207}Pb				$^{206}Pb/^{238}U$	1σ	$^{207}Pb/^{206}Pb$	1σ	$^{207}Pb/^{206}Pb$	1σ	$^{207}Pb/^{235}U$	1σ	$^{206}Pb/^{238}U$	1σ
SD0613-1-01	8.39	123.2	25.3	27	61	0.045362	2667	35	2758	72	0.19182	0.00861	13.55314	0.58883	0.51235	0.00821
SD0613-1-02	5.62	255.8	47.6	14	314	0.029556	1189	16	2590	72	0.17327	0.00764	4.83857	0.20552	0.2025	0.003
SD0613-1-03	5.15	997.8	203.2	13	442	0.636543	2874	34	2744	70	0.1902	0.00826	14.73733	0.61723	0.56188	0.00812
SD0613-1-04	7.14	259.5	53.0	71	111	0.657932	2756	34	2751	71	0.19104	0.00846	14.05531	0.60177	0.53351	0.00801
SD0613-1-05	5.14	260.9	53.5	79	119	0.414878	2754	35	2750	73	0.19089	0.00868	14.03009	0.61709	0.53297	0.00833
SD0613-1-06	3.66	52.2	10.9	9	21	0.963135	2669	40	2767	80	0.19286	0.00961	13.64306	0.66132	0.51297	0.00943
SD0613-1-07	2.86	811.6	165.5	379	393	0.907883	2653	35	2753	77	0.19122	0.00924	13.42859	0.62823	0.50922	0.00815
SD0613-1-08	<2.89	425.9	82.8	331	365	0.748114	1646	24	2657	81	0.18044	0.00902	7.23937	0.35079	0.29093	0.00479
SD0613-1-09	<2.04	550.4	111.9	169	225	0.043715	2745	38	2729	82	0.18844	0.0097	13.79354	0.68922	0.5308	0.00901
SD0613-1-10	<2.78	461.7	93.0	10	239	0.649985	2361	35	2738	86	0.18956	0.01017	11.56068	0.60249	0.44224	0.00788
SD0613-1-11	<2.83	223.9	45.6	67	103	0.525091	2756	43	2745	94	0.19034	0.01128	14.00049	0.8079	0.53339	0.01029
SD0613-1-12	<2.33	165.3	33.7	36	69	0.014025	2881	51	2750	100	0.19094	0.01206	14.83731	0.91554	0.56348	0.0123
SD0613-1-13	<2.51	459.4	92.3	3	193	0.329598	2813	47	2694	101	0.18455	0.01171	13.92461	0.8613	0.54713	0.01116
SD0613-1-14	3.66	124.2	24.7	18	54	0.688188	2848	51	2694	107	0.18456	0.01236	14.13673	0.92427	0.55543	0.01242
SD0613-1-15	<2.46	449.1	89.0	128	185	0.045362	2751	49	2694	108	0.18451	0.01256	13.54524	0.89994	0.53236	0.01161

数据在西北大学大陆动力学实验室测定；误差为1σ。

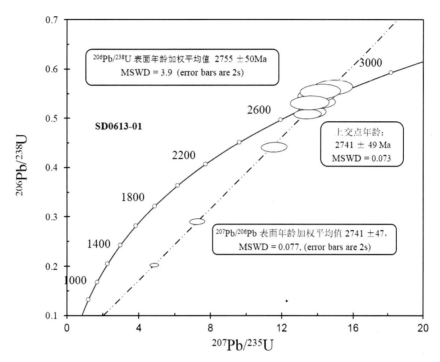

图3-10　栗杭闪长（片麻）岩（SD0613-01）激光探针质谱法锆石U-Pb同位素年龄谐和图

2741 ± 47Ma作为该闪长片麻岩锆石的形成时代。

这是目前为止，本项目研究工作所获得的最大成岩年龄，为慎重起见，又采用SHRIMP离子探针技术对该样品锆石的U-Pb同位素年龄进行了重新测定，以对比、验证该样品激光探针质谱（LA-ICP-MS）的U-Pb同位素测年结果的可靠性和可重复性，测定结果见表3-5，共完成锆石测点16个，除6、13号测点出现明显的铅丢失而明显片理谐和线外，其余各测点均落在谐和线上（图3-11），相应$^{206}Pb/^{238}U$和$^{207}Pb/^{206}Pb$表面年龄加权统计平均值分别为2729 ± 37Ma（MSWD＝0.66）和2696.5 ± 8.8Ma（MSWD＝2.4），其中后者MSWD值明显偏大，从统计学的角度看，反映了不同锆石测点之间的$^{207}Pb/^{206}Pb$表面年龄相对波动较大，若以其中谐和度高、具有最大表面年龄且年龄结果相关性好的四组锆石测点的$^{207}Pb/^{206}Pb$表面年龄进行计算（$^{207}Pb/^{206}Pb$表面年龄值分别为：2722 ± 9Ma、2718 ± 18Ma、2714 ± 15Ma和2712 ± 15Ma），加权平均统计年龄应在2720Ma左右，鉴于此，特别是一些古老岩石的锆石会因为发生一定程度的系统性铅丢失而导致实际测定的U-Pb同位素年龄出现偏小趋势，本文认为$^{206}Pb/^{238}U$表面年龄加权统计平均年龄值2729 ± 37Ma可较好地代表被测定锆石

表3-5　　闪长（片麻）岩（SD0613-01）SHRIMP法锆石U-Pb同位素测年结果

点号	^{206}Pbc/%	wB/($\mu g \cdot g^{-1}$)			$^{232}Th/^{238}U$	表面年龄/Ma				$^{207}Pb*/^{206}Pb*$	±%	同位素原子比率				误差相关
		$^{206}Pb*$	U	Th		$^{206}Pb/^{238}U$	±	$^{207}Pb/^{206}Pb$	±			$^{207}Pb*/^{235}U$	±%	$^{206}Pb*/^{238}U$	±%	
SD0613-1-1.1	0.00	87.1	185	84	0.47	2820	±64	2693.9	±8.8	0.18451	0.53	13.96	2.8	0.549	2.8	0.982
SD0613-1-2.1	0.01	307	755	71	0.10	2496	±56	2681.7	±4.8	0.18317	0.29	11.94	2.7	0.473	2.7	0.994
SD0613-1-3.1	0.00	95.1	220	72	0.34	2626	±62	2645.8	±9.1	0.17924	0.55	12.43	2.9	0.503	2.9	0.982
SD0613-1-4.1	0.00	235	506	383	0.78	2786	±62	2705.6	±8.3	0.18583	0.50	13.85	2.8	0.541	2.7	0.984
SD0613-1-5.1	0.00	62.0	152	25	0.17	2503	±110	2681	±16	0.1831	0.97	11.98	5.5	0.475	5.4	0.984
SD0613-1-6.1	0.10	178	1028	1039	1.04	1181	±29	2599	±8.8	0.17426	0.53	4.83	2.8	0.2011	2.7	0.982
SD0613-1-7.1	0.05	78.6	177	106	0.61	2680	±62	2700	±11	0.1852	0.64	13.16	2.9	0.515	2.8	0.975
SD0613-1-8.1	0.06	148	327	218	0.69	2732	±67	2699	±12	0.1851	0.73	13.47	3.1	0.528	3.0	0.972
SD0613-1-9.1	0.07	162	358	4	0.01	2720	±61	2722.1	±8.9	0.1877	0.54	13.58	2.8	0.525	2.7	0.981
SD0613-1-10.1	0.13	87.5	206	74	0.37	2583	±62	2622	±13	0.1767	0.80	12.00	3.0	0.493	2.9	0.964
SD0613-1-11.1	0.62	36.8	82	29	0.36	2687	±67	2667	±26	0.1815	1.6	12.94	3.4	0.517	3.1	0.887
SD0613-1-10.2	0.17	52.8	115	61	0.55	2755	±65	2714	±15	0.1868	0.92	13.73	3.0	0.533	2.9	0.953
SD0613-1-12.1	0.15	101	226	123	0.56	2709	±62	2650	±16	0.1797	0.95	12.94	3.0	0.522	2.8	0.947
SD0613-1-13.1	0.09	144	895	935	1.08	1105	±28	2541	±12	0.1683	0.70	4.34	2.8	0.1870	2.7	0.969
SD0613-1-14.1	0.23	46.6	102	43	0.44	2749	±68	2718	±18	0.1873	1.1	13.73	3.2	0.532	3.0	0.943
SD0613-1-15.1	0.18	106	231	152	0.68	2747	±62	2699	±11	0.1851	0.65	13.56	2.9	0.531	2.8	0.974
SD0613-1-16.1	0.14	130	284	176	0.64	2747	±62	2712	±15	0.1865	0.91	13.67	2.9	0.531	2.8	0.949

误差为1σ；Pbc和Pb*分别指示普通铅和放射成因铅；所有同位素比率已对测得的^{204}Pb进行了校正。

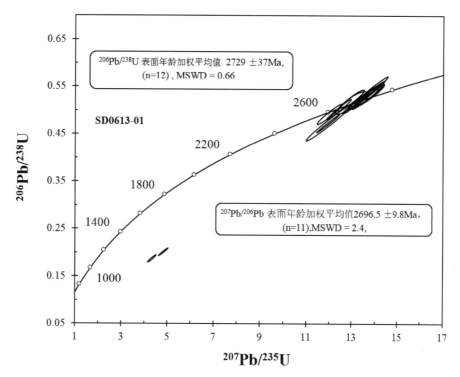

图3-11　栗杭闪长片麻岩(SD0613-01)SHRIMP法锆石U-Pb同位素年龄谐和图

的形成时代。

综合两种方法的测年结果，可以认为，栗杭闪长(片麻)岩原岩的形成年龄应大于2.7Ga，本文建议以SHRIMP法测定的锆石^{206}Pb/^{238}U表面年龄加权统计平均年龄值2729±37M代表该岩石的形成时代。

（二）彩石溪一带斜长角闪岩（SD0601）及其中的长英质淡色脉体（SD0602）

彩石溪一带斜长角闪岩（SD0601）中的锆石矿物含量高，晶体粗大，但自形程度较差，呈它形锥柱状或呈浑圆状，阴极发光图像显示，锆石内部结构简单（图3-12）或呈现不清晰的环带结构，不见细密振荡环带结构，也与典型变质成因锆石明显相区别。共完成23颗锆石激光探针等离子质谱U-Pb同位素组成测定，分析结果见表3-6。除8号测点外，其余22个测点的^{206}Pb/^{238}U与^{207}Pb/^{206}Pb表面年龄的谐和度均在95%以上，投点于谐和线上（图3-13），相应^{206}Pb/^{238}U表面年龄加权平均值2689±16Ma（MSWD＝0.78），而所有测点的不一致线上交点年龄、^{207}Pb/^{206}Pb表面年龄加权平均值分别为2678±27Ma（MSWD＝0.055）和2678±26Ma（MSWD＝0.055），两组年龄在误差范围内相当一致，

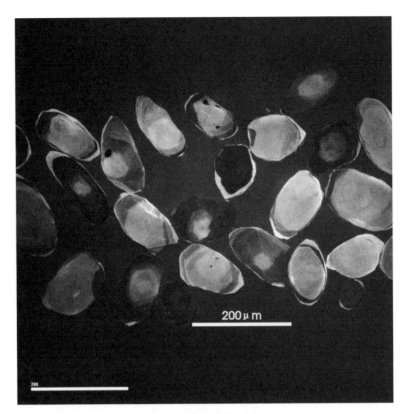

图3-12 斜长角闪岩（SD0601）的锆石CL图像

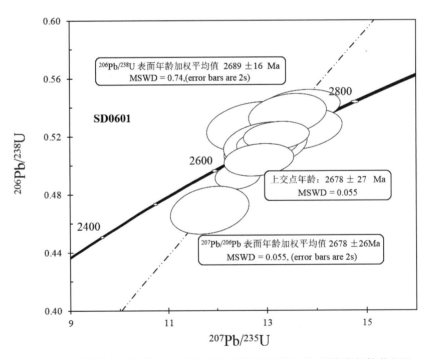

图3-13 斜长角闪岩（SD0601）LA-ICP-MS法锆石U-Pb同位素年龄谐和图

表3-6　　斜长角闪岩（SD0601）锆石激光探针质谱（LAM-ICP-MS）U-Pb同位素年龄测定结果

测点	wB/（μg·g⁻¹）					$w(^{232}Th)/w(^{238}U)$	表面年龄/Ma				同位素原子比率					
	^{204}Pb	^{206}Pb	^{207}Pb	^{232}Th	^{238}U		$^{206}Pb/^{238}U$	1σ	$^{207}Pb/^{206}Pb$	1σ	$^{207}Pb/^{206}Pb$	1σ	$^{207}Pb/^{235}U$	1σ	$^{206}Pb/^{238}U$	1σ
SD0601-01	3.91	25	5.0	2.05	12	0.168869	2584	32	2675	51	0.18239	0.00571	12.40369	0.37331	0.49298	0.00738
SD0601-02	3.12	105	21.2	3.14	49	0.064305	2693	26	2696	43	0.18476	0.00487	13.21675	0.32872	0.51857	0.00606
SD0601-03	6.57	33	10.1	0.73	15	0.047932	2873	78	3239	81	0.25873	0.01367	20.03921	1.06962	0.5615	0.01892
SD0601-04	2.94	28	5.5	2.39	12	0.191493	2683	45	2677	65	0.18265	0.00735	13.00112	0.51485	0.51606	0.0107
SD0601-05	1.9	29	5.6	1.58	14	0.112020	2659	43	2671	63	0.18194	0.00711	12.80882	0.49166	0.51044	0.0101
SD0601-06	2.54	43	8.5	2.56	20	0.128457	2675	31	2671	50	0.18195	0.00562	12.90721	0.38392	0.51437	0.00726
SD0601-07	3.4	28	5.5	2.01	13	0.149071	2705	41	2675	61	0.18239	0.00692	13.11466	0.48823	0.52139	0.00977
SD0601-08	2.86	8	1.6	0.28	4	0.071835	2482	59	2677	90	0.18264	0.01026	11.83021	0.65862	0.46969	0.01339
SD0601-09	<1.85	18	3.6	2.10	8	0.248109	2679	41	2677	64	0.18264	0.00717	12.97886	0.50057	0.51531	0.00975
SD0601-10	1.94	36	7.1	1.21	17	0.071002	2682	32	2673	53	0.18223	0.006	12.96344	0.41378	0.51589	0.00747
SD0601-11	2.88	16	3.1	0.79	8	0.100640	2658	47	2674	73	0.18231	0.00826	12.82771	0.57521	0.51028	0.0111
SD0601-12	2.02	151	29.9	2.95	72	0.041018	2680	27	2681	52	0.18309	0.00586	13.01296	0.40331	0.51546	0.00631
SD0601-13	2.37	35	6.9	2.06	17	0.123855	2683	35	2683	60	0.1833	0.00684	13.04637	0.47762	0.5162	0.00828
SD0601-14	2.95	27	5.4	1.37	13	0.108789	2690	40	2669	66	0.18179	0.00742	12.97876	0.52267	0.51781	0.00943
SD0601-15	<1.91	311	61.3	8.01	146	0.054901	2671	28	2670	56	0.18189	0.00623	12.87479	0.43148	0.51336	0.0065
SD0601-16	2.63	19	3.8	1.81	9	0.210244	2765	49	2668	76	0.18166	0.00861	13.41646	0.63331	0.53566	0.01165
SD0601-17	<1.93	9	1.8	0.27	4	0.061538	2677	54	2676	85	0.18258	0.00968	12.9598	0.68558	0.51481	0.01257
SD0601-18	<1.94	97	19.2	1.95	47	0.041029	2679	32	2681	63	0.18305	0.00718	13.00344	0.50574	0.51521	0.00758
SD0601-19	<1.81	75	14.9	1.47	35	0.041688	2703	34	2686	66	0.18363	0.00748	13.18742	0.53468	0.52086	0.00805
SD0601-20	2.94	39	7.6	1.60	19	0.085753	2632	39	2693	72	0.18445	0.00825	12.82491	0.57272	0.50427	0.00913
SD0601-21	2.41	9	1.8	0.28	5	0.061062	2728	60	2609	98	0.17528	0.01064	12.73156	0.77877	0.52678	0.01412
SD0601-22	2.79	22	4.4	0.27	10	0.027198	2721	50	2724	85	0.18788	0.00997	13.60503	0.72873	0.52514	0.01189
SD0601-23	2.73	96	18.8	5.01	45	0.111656	2788	39	2682	76	0.18324	0.00863	13.66978	0.65171	0.54101	0.0094

数据在西北大学大陆动力学实验室测定；误差为1σ。

鉴于斜长角闪岩曾遭受强烈变质作用改造，锆石的U–Pb同位素系统会遭受一定程度的扰动改造，本文选取$^{207}Pb/^{206}Pb$表面年龄加权平均值2678 ± 26Ma为斜长角闪岩原岩的形成年龄。

长英质淡色脉体样品SD0602中的锆石矿物晶体粗大，柱面结构相对发育。阴极发光图像显示，锆石多发育细密振荡环带结构（图3–14），显示为岩浆结

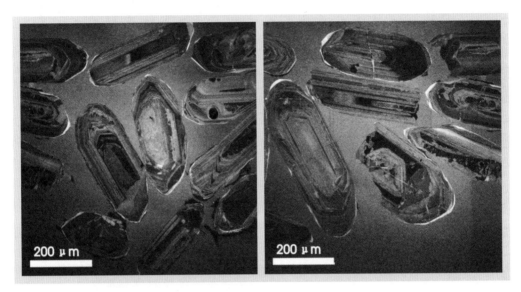

图3–14　长英质淡色脉体（SD0602）的锆石CL图像

晶成因锆石的特征。共完成22颗锆石激光探针等离子质谱U–Pb同位素组成测定，分析结果见表3–7。其中部分锆石测点的$^{206}Pb/^{238}U$与$^{207}Pb/^{206}Pb$表面年龄的谐和度很高，皆投点于谐和线上（图3–15），相应$^{206}Pb/^{238}U$与$^{207}Pb/^{206}Pb$表面年龄的加权平均统计值分别为2663 ± 16Ma（MSWD＝0.80）和2660 ± 32Ma（MSWD＝0.14），另有许多锆石测点呈现不同程度的铅丢失，但这些测点整体表现出粗略一致的铅丢失趋势，趋势线的上交点与本样品已经获得的谐和年龄一致，表明该岩石样品中锆石具同时、同成因特点。鉴于$^{206}Pb/^{238}U$表面年龄加权统计计算结果精度更高，本文采用2663 ± 16Ma（MSWD＝0.80）代表该长英质淡色脉体的形成年龄。

除作者在泰山实测的两个年龄外，王世进等（2013）还报道了泰山桃花峪英云闪长质片麻岩和钟秀山庄细粒英云闪长质片麻岩的SHRIMP U–Pb年龄。泰山桃花峪地质旅游路线起点处龙湾为重要的地质界线。此点往东至桃花峪索道站，为2710Ma前形成的英云闪长质片麻岩，为泰山地区最古老的岩石。此点往西为构

表3-7　长英质淡色脉体（SD0602）激光探针质谱锆石U-Pb同位素年龄LA-ICP-MS测定结果

测点	wB/(μg·g⁻¹)					w(^{232}Th)/w(^{238}U)	表面年龄/Ma				同位素原子比率					
	^{204}Pb	^{206}Pb	^{207}Pb	^{232}Th	^{238}U		^{206}Pb/^{238}U	1σ	^{207}Pb/^{206}Pb	1σ	^{207}Pb/^{206}Pb	1σ	^{207}Pb/^{235}U	1σ	^{206}Pb/^{238}U	1σ
SD0602-01	4.51	380.3	75.0	50	190	0.261585	2643	20	2642	36	0.17883	0.00397	12.5002	0.25848	0.5069	0.00479
SD0602-02	94.19	1360.4	305.7	136	1053	0.129635	1744	16	2758	38	0.19182	0.00453	8.21914	0.18128	0.31073	0.00319
SD0602-03	18.12	1921.7	384.2	36	665	0.054804	3237	24	2701	37	0.18533	0.00416	16.6671	0.34819	0.65215	0.0062
SD0602-04	14.36	2434.7	472.2	39	700	0.055960	4131	30	2627	37	0.17724	0.00402	21.94595	0.46506	0.89793	0.0087
SD0602-05	6.03	631.3	105.6	37	642	0.058060	1555	14	2542	39	0.16843	0.00399	6.33436	0.13999	0.27272	0.00269
SD0602-06	58.15	1278.7	210.8	311	2299	0.135334	864	8	2356	39	0.15087	0.00347	2.98322	0.06384	0.14339	0.00133
SD0602-07	4.06	490.5	87.4	42	511	0.081195	1334	12	2489	39	0.1632	0.00388	5.17212	0.11453	0.22982	0.00221
SD0602-08	86.29	1339.0	281.5	88	893	0.098943	1980	17	2696	41	0.18473	0.00467	9.15768	0.21712	0.35948	0.00365
SD0602-09	7.20	818.3	146.8	67	690	0.096785	1660	14	2488	42	0.16307	0.00413	6.60342	0.1567	0.29364	0.0029
SD0602-10	4.22	404.3	81.4	17	197	0.088116	2678	23	2680	43	0.18292	0.0048	12.99068	0.32104	0.51499	0.00535
SD0602-11	15.05	1164.9	234.6	32	536	0.059870	2699	22	2679	43	0.18288	0.00483	13.11344	0.32635	0.51996	0.0053
SD0602-12	16.96	718.5	149.0	38	445	0.085507	2332	21	2728	45	0.18838	0.00518	11.32016	0.29413	0.43574	0.00465
SD0602-13	3.80	390.4	77.6	24	191	0.124195	2677	24	2676	47	0.18253	0.00525	12.95984	0.35333	0.51484	0.00563
SD0602-14	<1.77	442.4	86.7	21	217	0.097252	2652	24	2651	48	0.17984	0.00528	12.62193	0.35096	0.50893	0.00557
SD0602-15	<1.83	680.5	132.8	21	330	0.063283	2650	24	2649	49	0.17958	0.00538	12.59128	0.35786	0.50843	0.0056
SD0602-16	4.52	441.2	85.7	49	448	0.108743	1408	14	2642	51	0.17881	0.00554	6.02047	0.17686	0.24414	0.00275
SD0602-17	2.20	628.4	121.9	69	306	0.223710	2641	25	2642	52	0.17879	0.00565	12.48245	0.37511	0.50627	0.00579
SD0602-18	18.91	837.8	174.4	34	521	0.064390	2168	22	2734	55	0.18904	0.00646	10.41947	0.33953	0.39968	0.00482
SD0602-19	9.55	1459.7	266.5	29	671	0.042835	2518	26	2540	58	0.16822	0.00595	11.08623	0.37422	0.47788	0.00598
SD0602-20	3.30	687.7	135.0	71	323	0.220764	2659	27	2658	58	0.1806	0.0065	12.71305	0.43739	0.51043	0.00642
SD0602-21	4.55	664.1	128.2	107	407	0.262696	2197	24	2641	60	0.17866	0.00659	10.00329	0.35275	0.406	0.00518
SD0602-22	3.82	1115.8	190.3	113	857	0.131849	1887	21	2482	62	0.16253	0.00613	7.62372	0.27471	0.34014	0.00437

数据在西北大学大陆动力学实验室测定；误差为1σ。

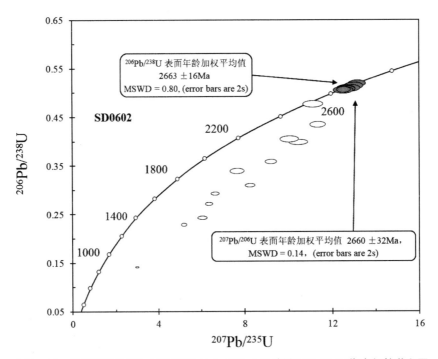

图3-15　长英质淡色脉体（SD0602）LA-ICP-MS法锆石U-Pb同位素年龄谐和图

造混杂岩带，是英云闪长质片麻岩在2600Ma前后遭受钠质混合岩化作用和构造岩浆作用形成的条带状英云闪长质片麻岩和条带状斜长角闪岩，形成著名的泰山石。岩浆锆石SHRIMP年龄为2710±10Ma。

　　泰安市钟秀山庄泰山岩套扫帚峪单元细粒英云闪长质片麻岩主要分布于泰安市扫帚峪和泰山玉皇顶东侧，侵入西官庄单元中粒含黑云角闪英云闪长质片麻岩，被2600Ma奥长花岗质脉和大众桥闪长岩和傲徕山岩套侵入。岩石呈北西向带状展布，与区域构造线方向一致。岩石中的糜棱残斑和定向构造清楚，斜长石和石英大多经历了亚颗粒化和重结晶。细粒英云闪长质片麻岩锆石SHRIMP年龄2712±7Ma代表了岩体形成时代（图3-16）。

　　除上述年龄数据外，庄育勋等（1998）在望府山角闪斜长片麻岩采用蒸发法测定3个锆石颗粒U-Pb年龄分别为2714±3Ma、2685±4Ma和2714±3Ma。原作者提出泰山岩套英云闪长质变质深成侵入体的原始岩浆定位应在2700Ma以前，并在2600Ma左右发生变质、变形作用。

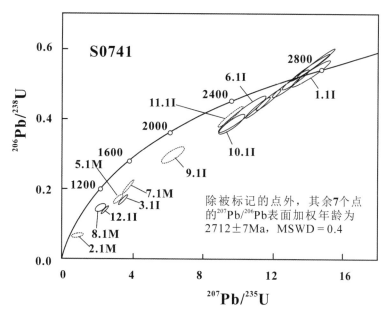

图3-16 泰山钟秀山庄细粒英云闪长质片麻岩锆石 SHRIMP U-Pb 年龄
（据王世进等，2013）

二、新太古代中期

（一）~2.6Ga英云闪长岩

望府山一带英云闪长岩（SD0604）样品采集地点经纬度坐标为N：36°15′22.8″，E：117°05′32.1″。样品中的锆石粒径大小均匀，主要呈现等轴和短柱状晶体形态，但晶棱和锥面已明显圆化。阴极发光图像显示，大部分锆石可见发育环带结构，但许多锆石明显呈现出遭受变质重结晶或变质增生作用改造的特征，表现为锆石内部和边部阴极发光特性的不协调性变化（图3-17）。共完成35颗锆石激光探针等离子质谱U-Pb同位素组成测定，分析结果见表3-8。从测试结果看，各锆石测点的U含量较高，一般都在100ppm以上，但Th含量变化很大，从只有几个ppm到几百个ppm，相应Th/U比值变化较大，其中大部分具有低Th/U比值的测点，往往呈现明显的铅丢失特点。在U-Pb同位素年龄谐和图（图3-18）上，共有22个测点落在谐和线上，相应的 $^{207}Pb/^{206}Pb$ 和 $^{206}Pb/^{238}U$ 表面年龄加权平均统计值分别为2637±22Ma（MSWD=0.15）和2645±19Ma（MSWD=1.07），其余各测点尽管呈现出不同程度的铅丢失现象，但大部分的测点具有与谐和线上各测点基本一致的 $^{207}Pb/^{206}Pb$ 表面年龄，并

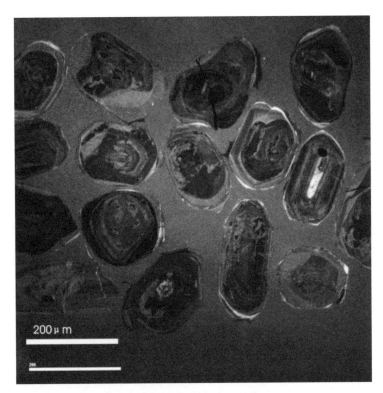

图3-17 英云闪长岩（SD0604）中的锆石CL图像

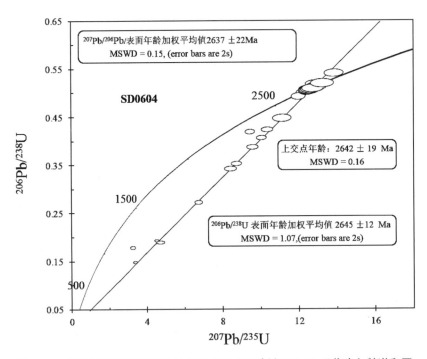

图3-18 英云闪长岩（SD0604）LAM-ICP-MS法锆石U-Pb同位素年龄谐和图

表3-8　望府山英云闪长岩（SD0604）激光探针质谱（LAM-ICP-MS）锆石U-Pb同位素年龄测定结果

测点	wB/(μg·g⁻¹)					w(232Th)/w(238U)	表面年龄/Ma				同位素原子比率					
	^{204}Pb	^{206}Pb	^{207}Pb	^{232}Th	^{238}U		^{206}Pb/^{238}U	1σ	^{207}Pb/^{206}Pb	1σ	^{207}Pb/^{206}Pb	1σ	^{207}Pb/^{235}U	1σ	^{206}Pb/^{238}U	1σ
SD0604-01	2.93	428.7	85.0	91.0	203	0.447503	2637	22	2638	38	0.1784	0.00414	12.43205	0.27069	0.5053	0.00504
SD0604-02	33.42	563.9	106.9	63.6	700	0.090948	1142	10	2541	39	0.1683	0.004	4.49793	0.09986	0.19379	0.00193
SD0604-03	<1.61	600.7	118.6	97.8	279	0.350140	2635	21	2633	38	0.17788	0.00412	12.38554	0.26909	0.5049	0.005
SD0604-04	5.09	648.0	128.5	27.8	396	0.070144	2204	18	2635	38	0.17802	0.00412	10.009	0.21689	0.40769	0.00399
SD0604-05	4.24	718.8	130.6	8.8	424	0.020781	2261	18	2485	38	0.16279	0.00376	9.43332	0.204	0.4202	0.00407
SD0604-06	<1.96	264.5	51.7	44.1	127	0.348633	2620	22	2617	39	0.17618	0.00422	12.18278	0.27459	0.50143	0.00514
SD0604-07	<1.89	223.1	44.7	13.6	106	0.128217	2639	23	2638	40	0.17843	0.00436	12.44763	0.28692	0.50585	0.00534
SD0604-08	2.34	67.0	13.7	26.8	32	0.835411	2681	30	2680	47	0.18301	0.00532	13.01335	0.36466	0.51562	0.00716
SD0604-09	3.35	321.4	59.4	6.6	618	0.010650	729	7	2483	43	0.16256	0.00423	2.68507	0.06546	0.11977	0.00127
SD0604-10	<1.79	233.8	45.7	40.6	114	0.355223	2647	24	2619	42	0.17631	0.00446	12.34596	0.29563	0.50774	0.00553
SD0604-11	<2.03	103.4	20.5	30.3	50	0.603465	2639	26	2645	44	0.17917	0.00486	12.50066	0.32298	0.50591	0.006
SD0604-12	2.07	746.3	147.3	189.1	355	0.532914	2633	22	2639	41	0.17849	0.00451	12.41899	0.29601	0.50452	0.00519
SD0604-13	2.36	734.0	141.3	8.2	459	0.017956	2280	20	2619	42	0.17633	0.0045	10.31575	0.24795	0.4242	0.00435
SD0604-14	<1.90	224.9	43.6	45.9	112	0.409707	2586	23	2612	44	0.17558	0.00467	11.95093	0.3008	0.49355	0.00539
SD0604-15	<2.39	591.8	116.8	206.0	383	0.537763	2114	19	2639	43	0.17853	0.0047	9.55614	0.23729	0.38813	0.00406
SD0604-16	4.3	626.9	120.6	59.7	621	0.096037	1560	15	2637	45	0.17831	0.00492	6.73232	0.17576	0.27378	0.00299
SD0604-17	<1.84	443.8	88.1	3.0	216	0.013810	2637	23	2647	45	0.19932	0.0049	12.50091	0.32382	0.50551	0.00543
SD0604-18	<2.53	671.8	132.3	9.4	472	0.019866	1954	18	2638	45	0.17841	0.00493	8.71028	0.22796	0.35401	0.00378
SD0604-19	<1.85	165.0	33.0	22.9	77	0.297740	2631	26	2640	49	0.17858	0.00531	12.41207	0.35257	0.50399	0.00615
SD0604-20	<2.49	449.8	81.4	261.9	704	0.372121	896	9	2487	48	0.16303	0.00474	3.35425	0.09232	0.14919	0.00165

数据在西北大学大陆动力学实验室测定；误差为1σ。

可共同构成不一致线，相应上交点年龄为2642±19Ma（MSWD＝0.16），三个年龄结果在误差范围内是相当一致的。鉴于本岩石样品是遭受了强烈变形变质作用改造的古老侵入岩，本文倾向采用$^{207}Pb/^{206}Pb$表面年龄加权平均统计值2637±22Ma代表该岩石样品的形成时代。

　　栗杭一带的英云闪长岩（SD0502）采样地点经纬度坐标为N：36°17′58.6″，E：117°09′27.4″。英云闪长岩（SD0502）中的锆石多呈（近）等轴粒状，明显不同于望府山英云闪长岩的锆石形态特点。阴极发光图像显示，锆石具有清晰的环带结构（图3-19），属于典型的岩浆结晶成因锆石。共完成SHRIMP法锆石微

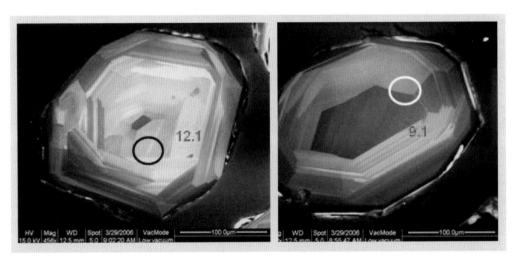

图3-19　英云闪长岩（SD0502）锆石CL图像

区U-Pb同位素测点26个（见表3-9），从测试结果可以看出，各个锆石测点的$^{207}Pb/^{206}Pb$和$^{206}Pb/^{238}U$表面年龄谐和度都很高且不同锆石测点之间的$^{207}Pb/^{206}Pb$和$^{206}Pb/^{238}U$表面年龄值变化较小，在谐和图中（图3-20），所有测点均落在谐和线上并集中于一起，其中$^{207}Pb/^{206}Pb$表面年龄值测定误差小、精度高，相应表面年龄加权平均统计值为2627±18Ma（MSWD＝1.5），能很好地代表该岩石样品的形成时代。

　　野外可见，栗杭一带英云闪长岩中淡色脉体发育，表征了英云闪长岩形成之后曾经发生的一次重要变质重熔事件。图3-21是自淡色脉体中分选出的锆石的阴极发光图像，其形态呈近等轴粒状，与通常所见淡色脉体中同生锆石的细长柱状形态明显不同，阴极发光结构特征也与其寄主岩（英云闪长岩：SD0502）的锆石结构特点十分相似。SHRIMP法锆石U-Pb同位素年龄测定结果

表3-9

英云闪长岩（SD0502）SHRIMP法锆石U-Pb测定结果

点号	^{206}Pbc/%	wB/(μg·g⁻¹)			^{232}Th/^{238}U	表面年龄/Ma					^{207}Pb*/^{206}Pb*	±%	同位素原子比率				误差相关
		^{206}Pb*	U	Th		^{206}Pb/^{238}U		^{207}Pb/^{206}Pb					^{207}Pb*/^{235}U	±%	^{206}Pb*/^{238}U	±%	
SD0502-1.1	0.10	38	86	58	0.70	2684	±75	2655	±22		0.1802	1.3	12.83	3.7	0.5160	3.4	0.932
SD0502-2.1	0.34	39	85	36	0.44	2739	±77	2615	±26		0.1759	1.5	12.84	3.8	0.5290	3.4	0.913
SD0502-3.1	0.22	30	69	43	0.64	2608	±76	2612	±26		0.1756	1.6	12.07	3.9	0.4990	3.5	0.911
SD0502-4.1	0.08	48	106	72	0.70	2719	±77	2575	±21		0.1718	1.2	12.43	3.7	0.5250	3.5	0.942
SD0502-5.1	0.07	68	156	75	0.50	2651	±71	2614	±17		0.1758	1.0	12.33	3.4	0.5090	3.3	0.953
SD0502-6.1	0.12	28	64	45	0.74	2633	±80	2636	±27		0.1782	1.7	12.39	4.1	0.5050	3.7	0.914
SD0502-7.1	0.00	49	115	92	0.82	2573	±73	2687	±33		0.1837	2.0	12.43	4.0	0.4900	3.5	0.863
SD0502-8.1	0.06	43	101	87	0.89	2594	±73	2615	±30		0.1760	1.8	12.02	3.9	0.4950	3.4	0.887
SD0502-9.1	0.10	29	71	43	0.64	2514	±75	2650	±28		0.1796	1.7	11.81	4.0	0.4770	3.6	0.904
SD0502-10.1	0.12	43	105	80	0.79	2529	±74	2657	±26		0.1804	1.6	11.95	3.9	0.4800	3.5	0.911
SD0502-11.1	0.07	36	87	65	0.77	2532	±78	2619	±24		0.1764	1.4	11.70	4.0	0.4810	3.7	0.934
SD0502-12.1	0.00	27	63	35	0.57	2610	±110	2648	±44		0.1795	2.6	12.35	5.9	0.4990	5.3	0.895
SD0502-13.1	0.23	46	110	78	0.74	2571	±73	2587	±26		0.1731	1.6	11.69	3.8	0.4900	3.4	0.910
SD0502-14.1	0.00	34	83	61	0.75	2482	±89	2668	±24		0.1817	1.5	11.77	4.6	0.4700	4.3	0.947

误差为1σ；Pbc和Pb*分别指示普通铅和放射成因铅；所有同位素比率已对测得的^{204}Pb进行了校正。

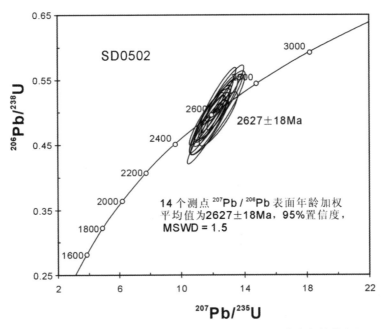

图3-20　英云闪长岩（SD0502）SHRIMP法锆石U-Pb同位素年龄谐和图

见表3-10，尽管一些锆石的内部与边部阴极发光结构特点呈现一定的差异，但仍具有相一致的表面年龄（图3-21），表明锆石整体为同时间、单一生长过程的产物。在所完成的所有8个测点中，其中5个投点于谐和线上或极邻近谐和线（图3-22），相应 $^{207}Pb/^{206}Pb$ 表面年龄加权平均统计值为2607±50Ma（MSWD＝2.1），但年龄误差太大，而其余2个出现明显铅丢失的测点可与上述5个测点构成一条良好的不一致线，上交点年龄为2609±19Ma（MSWD＝1.3），由此可见，这些锆石的U-Pb同位素年龄测定结果应在～2.6Ga。鉴于本样品锆石与

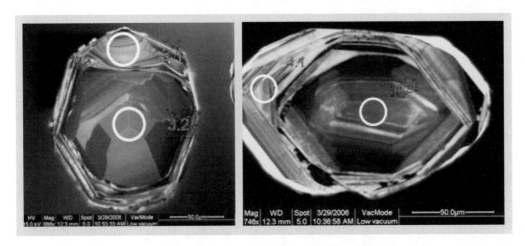

图3-21　英云闪长岩（SD0502）中淡色脉体（SD0512）的锆石CL图像

表3-10　淡色脉体（SD0512）SHRIMP法锆石U-Pb测定结果

点号	206Pbc/%	wB/(μg·g⁻¹)			232Th/238U	表面年龄/Ma				同位素原子比率						误差相关
		$^{206}Pb^*$	U	Th		$^{206}Pb/^{238}U$		$^{207}Pb/^{206}Pb$		$^{207}Pb^*/^{206}Pb^*$	±%	$^{207}Pb^*/^{235}U$	±%	$^{206}Pb^*/^{238}U$	±%	
SD0512-1.1	0.00	36	87	65	0.77	2551	±68	2571	±26	0.1714	1.6	11.47	3.6	0.4850	3.2	0.900
SD0512-2.1	0.11	45	106	69	0.67	2583	±65	2594	±22	0.1737	1.3	11.81	3.3	0.4930	3.1	0.917
SD0512-3.1	0.00	51	132	18	0.14	2401	±62	2615	±20	0.1759	1.2	10.95	3.3	0.4510	3.1	0.930
SD0512-3.2	0.00	45	106	58	0.57	2607	±67	2646	±20	0.1793	1.2	12.32	3.4	0.4980	3.1	0.931
SD0512-4.1	0.08	294	1650	20	0.01	1214	±45	2666	±34	0.1814	2.1	5.18	4.6	0.2073	4.1	0.893
SD0512-4.2	0.00	49	111	71	0.66	2671	±66	2599	±21	0.1743	1.2	12.34	3.3	0.5130	3.0	0.926
SD0512-5.1	0.04	270	1091	185	0.17	1634	±40	2649.10	±8.6	0.1796	0.5	7.14	2.8	0.2884	2.8	0.983
SD0512-6.1	0.03	491	1830	276	0.16	1750	±85	2562.20	±7.2	0.1705	0.4	7.33	5.5	0.3120	5.5	0.997

误差为1σ；Pbc和Pb*分别指示普通铅和放射成因铅；所有同位素比率已对实测得的^{204}Pb进行了校正。

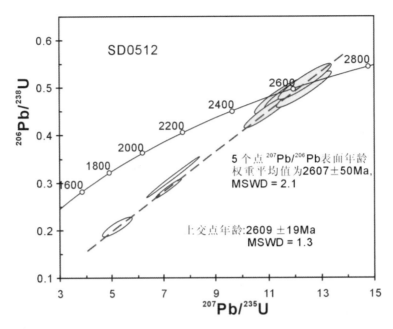

图 3-22　淡色脉体（SD0512）SHRIMP 法锆石 U-Pb 同位素年龄谐和图

其寄主岩锆石特点的相似性、锆石是否为淡色脉体形成过程中同结晶的矿物仍不清楚，因此，该淡色脉体的年龄测定结果仅具参考意义。

（二）～2.6Ga 奥长花岗岩

奥长花岗岩（SD0503）采样地点经纬度坐标为 N：36° 18′ 01.9″，E：117° 09′ 14.1″。样品中锆石含量多，多呈完好的自形中长双锥柱状，在 CL 图像中，锆石发育细密振荡环带结构，属典型的岩浆成因锆石（图 3-23）。本次工作通过 SHRIMP 测年技术完成了 15 个锆石测点的 U-Pb 同位素分析测定，分析结果见表 3-11，其中 9 个测点的三组表面年龄较为谐和一致，在年龄谐和图中投

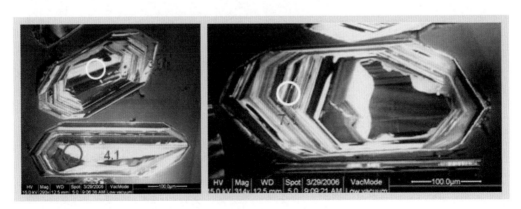

图 3-23　奥长花岗岩（SD0503）锆石 CL 图像

表3-11 奥长花岗岩（SD0503）SHRIMP法锆石U-Pb测试结果

| 点号 | wB/(μg·g⁻¹) | | | | 232Th/238U | 表面年龄/Ma | | | | 同位素原子比率 | | | | | | 误差相关 |
	206Pbc/%	206Pb*	U	Th		206Pb/238U	±	207Pb/206Pb	±	207Pb*/206Pb*	±%	207Pb*/235U	±%	206Pb*/238U	±%	
SD0503-1.1	0.03	202	652	190	0.30	1986	±54	2585	±10	0.1728	0.6	8.60	3.2	0.3610	3.1	0.981
SD0503-2.1	0.03	251	506	163	0.33	2941	±76	2593	±8.9	0.1736	0.5	13.84	3.2	0.5780	3.2	0.987
SD0503-3.1	0.05	142	325	75	0.24	2645	±70	2652	±30	0.1799	1.8	12.58	3.7	0.5070	3.2	0.871
SD0503-4.1	0.05	203	481	89	0.19	2576	±67	2601.60	±9.9	0.1745	0.6	11.82	3.2	0.4910	3.2	0.983
SD0503-5.1	0.20	63	156	23	0.15	2481	±68	2626	±25	0.1771	1.5	11.47	3.6	0.4700	3.3	0.912
SD0503-6.1	0.03	153	557	162	0.30	1788	±49	2559	±11	0.1701	0.7	7.50	3.2	0.3200	3.2	0.978
SD0503-7.1	0.03	243	585	102	0.18	2544	±66	2625.20	±9.3	0.1770	0.6	11.81	3.2	0.4840	3.2	0.985
SD0503-8.1	0.08	147	314	58	0.19	2806	±72	2589	±13	0.1732	0.8	13.03	3.3	0.5460	3.2	0.972
SD0503-9.1	0.04	311	592	178	0.31	3079	±77	2614.90	±8.7	0.1759	0.5	14.85	3.2	0.6120	3.2	0.987
SD0503-10.1	0.02	340	576	162	0.29	3370	±120	2675	±21	0.1824	1.3	17.28	4.8	0.6870	4.6	0.965
SD0503-11.1	0.09	199	429	79	0.19	2779	±140	2623	±11	0.1768	0.7	13.14	6.1	0.5390	6.1	0.994
SD0503-12.1	0.05	307	670	204	0.31	2752	±71	2649.80	±8.3	0.1797	0.5	13.19	3.2	0.5330	3.1	0.988
SD0503-13.1	0.02	665	2074	1531	0.76	2044	±55	2515.70	±6.1	0.1658	0.4	8.53	3.1	0.3730	3.1	0.993
SD0503-14.1	0.00	115	285	51	0.18	2484	±67	2619	±34	0.1764	2.0	11.43	3.8	0.4700	3.3	0.847
SD0503-15.1	0.00	63	150	31	0.21	2564	±70	2556	±18	0.1698	1.1	11.44	3.5	0.4890	3.3	0.952

误差为1σ；Pbc和Pb*分别指示普通铅和放射成因铅；所有同位素比率已对测得的204Pb进行了校正。

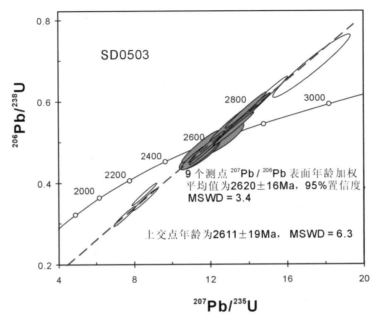

图3-24　奥长花岗岩（SD0503）SHRIMP法锆石U-Pb同位素年龄谐和图

点于谐和线上或极邻近谐和线（图3-24），相应测点的^{207}Pb/^{206}Pb表面年龄加权平均统计值为2620±16Ma（MSWD＝3.4），在误差范围内与本样品典型岩浆锆石单个测点（如3.1、7.1号测点）的^{207}Pb/^{206}Pb表面年龄一致。所有测点可拟合成一条不一致线，上交点年龄为2611±19Ma，但MSWD值太大，因而年龄计算结果可靠性相对较低。根据以上论述，本文认为该奥长花岗岩（SD0503）的形成时代应为2620±16Ma。

王世进等（2012）测定了两个属于新太古代中期岩体的年龄：新甫山片麻状花岗闪长岩和上港单元片麻状奥长花岗岩。

新甫山片麻状花岗闪长岩主要分布于莱芜市与新泰市交界处的新甫山一带，呈北西-南东方向展布，延长15km，宽一般1.5～3.5km，最宽处为4km。岩石片麻状构造发育，片麻理走向与区域构造线方向一致，岩体中存在较多斜长角闪岩捕房体，岩体西南侧侵入雁翎关组斜长角闪岩，北部被寒武系覆盖，东侧及南侧被新太古代二长花岗岩侵入。岩性为中细粒片麻状花岗闪长岩，灰白色，中细粒变余花岗结构、交代结构，片麻状构造。主要矿物为斜长石（47%～58%）、石英（2%～32%）、微斜长石（13%～20%）、黑云母（2%～8%）及绿帘石。新甫山片麻状花岗闪长岩锆石SHRIMP不一致线上交点年龄为2625±15Ma，代表岩浆结晶年龄（表3-12）。

表3-12　新甫山片麻状花岗闪长岩SHRIMP法锆石U-Pb同位素年龄

测点	$U\ 10^{-6}$	$Th\ 10^{-6}$	$^{232}Th/^{238}U$	$^{206}Pb*10^{-6}$	$^{207}Pb*/^{206}Pb*$	±%	$^{207}Pb*/^{235}U$	±%	$^{206}Pb*/^{238}U$	±%	Errcorr	$^{207}Pb/^{206}Pb$ Age（Ma）	% Discordant
SY0301-1.1	61	32	0.54	24	0.1953	2	12.03	4.4	0.447	3.9	0.885	2787±34	15
SY0301-2.1	198	83	0.43	50.8	0.1749	1.2	7.17	3.8	0.297	3.7	0.952	2605±20	36
SY0301-3.1	360	213	0.61	103	0.1659	1.1	7.53	3.8	0.329	3.7	0.957	2516±19	27
SY0301-4.1	340	135	0.41	99.3	0.1753	0.76	8.19	3.7	0.339	3.6	0.979	2609±13	28
SY0301-5.1	596	349	0.61	204	0.1737	0.52	9.53	3.6	0.398	3.6	0.989	2593±9	17
SY0301-6.1	406	199	0.51	148	0.1756	0.77	10.15	3.7	0.419	3.6	0.978	2612±13	14
SY0301-7.1	1435	339	0.24	89.8	0.1671	1.6	1.614	4	0.0701	3.6	0.906	2528±28	83
SY0301-8.1	102	63	0.64	40.4	0.179	1.1	11.34	3.8	0.46	3.7	0.957	2643±19	8
SY0301-9.1	142	74	0.54	58	0.1809	1.3	11.62	3.9	0.466	3.7	0.938	2660±22	7
SY0301-10.1	80	40	0.51	28.9	0.1748	1.3	10.02	3.9	0.416	3.7	0.944	2604±22	14
SY0301-11.1	2086	327	0.16	113	0.1918	2.5	1.608	4.4	0.0609	3.6	0.82	2756±42	86
SY0301-12.1	204	191	0.97	62.1	0.1778	1.2	8.51	4	0.347	3.8	0.949	2632±21	27
SY0301-13.1	427	385	0.93	83	0.1729	1.1	5.35	3.8	0.2247	3.6	0.956	2585±18	49
SY0301-14.1	310	136	0.45	60.4	0.1755	2.8	5.38	4.7	0.2225	3.7	0.795	2610±48	50
SY0301-15.1	185	104	0.58	55.1	0.18	3.9	8.4	5.7	0.339	4.1	0.722	2652±66	29
SY0301-16.1	161	127	0.81	66.9	0.1787	1.2	11.81	3.9	0.479	3.7	0.949	2641±20	4
SY0301-17.1	224	124	0.57	68.5	0.1771	0.98	8.66	3.8	0.355	3.7	0.966	2626±16	25
SY0301-18.1	195	112	0.6	67.1	0.1772	1.1	9.79	3.8	0.401	3.7	0.961	2627±18	17

（数据引自王世进等，2012）

上港单元片麻状奥长花岗岩主要分布于济南市历城区大南营至泰安市石屋志以东，章丘市宫营至莱芜市香山以西的广大范围，在泰安市富山等地也有分布，其他地区则零星出露。上港单元片麻状奥长花岗岩锆石SHRIMP年龄为2623±9Ma，代表岩体形成时代。

三、新太古代晚期

（一）玉皇顶花岗岩

玉皇顶花岗岩（SD0510）中分选出的锆石多为自形中长柱状，相应阴极发光图像显示，锆石发育细密振荡环带结构（图3-25），属典型的岩浆结晶成因锆石，但常见部分锆石发育深灰色边缘，构成核-幔结构。高精度高分辨率离子探针（SHRIMP）锆石U-Pb同位素年龄测定结果见表3-13和图3-26，共完成锆石测点26个，其中3、6、7、9、14、22和24号测点落在谐和线上，对应于本岩石样品中典型的岩浆成因锆石，相应$^{207}Pb/^{206}Pb$表面年龄集中于2497～2627Ma之间，加权统计平均值为2563±35Ma，这一组锆石测点还可与其他数个具有基本一致$^{207}Pb/^{206}Pb$表面年龄，但出现一定程度铅丢失的锆石测点构成不一致线，对应上交点年龄为2561±23Ma，与前者$^{207}Pb/^{206}Pb$表面年龄加权统计平均计算结果相当一致，很好地表征了该岩石样品中同岩浆结晶成因锆石的形成年龄，也即本花岗岩的侵位成岩时代。

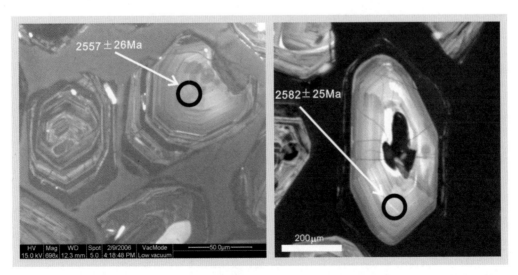

图3-25　玉皇顶花岗岩（SD0510）中锆石阴极发光图像（CL）及SHRIMP锆石U-Pb同位素年龄

表3-13　玉皇顶花岗岩（SD0510）SHRIMP法锆石U-Pb同位素年龄测定结果

点号	206Pbc/%	wB/(μg·g⁻¹)			232Th/238U	表面年龄/Ma				207Pb*/206Pb*	±%	同位素原子比率				误差相关
		$^{206}Pb^*$	U	Th		$^{206}Pb/^{238}U$	±	$^{207}Pb/^{206}Pb$	±	$^{207}Pb^*/^{206}Pb^*$	±%	$^{207}Pb^*/^{235}U$	±%	$^{206}Pb^*/^{238}U$	±%	
SD0510-1.1	0.71	77	167	124	0.77	2752	±75	3219	±17	0.2556	1.1	18.76	3.5	0.5320	3.4	0.950
SD0510-2.1	0.00	58	156	88	0.58	2306	±65	2628	±19	0.1773	1.1	10.52	3.6	0.4300	3.4	0.947
SD0510-3.1	0.27	23	57	49	0.89	2501	±76	2497	±36	0.1640	2.2	10.71	4.3	0.4740	3.7	0.862
SD0510-4.1	0.33	111	339	230	0.70	2076	±58	2723	±16	0.1879	1.0	9.84	3.4	0.3800	3.3	0.960
SD0510-5.1	0.76	40	108	81	0.77	2265	±65	2758	±29	0.1919	1.8	11.14	3.8	0.4210	3.4	0.889
SD0510-6.1	0.12	23	56	44	0.82	2557	±78	2559	±32	0.1701	1.9	11.42	4.1	0.4870	3.7	0.890
SD0510-7.1	0.32	36	87	66	0.78	2513	±110	2572	±41	0.1715	2.4	11.27	5.6	0.4770	5.1	0.901
SD0510-8.1	0.42	84	132	84	0.66	3566	±92	3728	±13	0.3550	0.9	36.20	3.4	0.7390	3.3	0.969
SD0510-9.1	0.00	31	72	54	0.78	2647	±77	2557	±26	0.1700	1.5	11.90	3.9	0.5080	3.5	0.918
SD0510-10.1	0.14	139	719	604	0.87	1305	±71	2742	±12	0.1900	0.8	5.88	6.0	0.2240	6.0	0.992
SD0510-11.1	0.64	72	183	148	0.83	2405	±70	3196	±17	0.2518	1.1	15.70	3.6	0.4520	3.5	0.955
SD0510-8.2	1.32	269	3484	1211	0.36	543	±16	3969	±12	0.4160	0.8	5.04	3.3	0.0879	3.2	0.968
SD0510-12.1	0.17	116	579	361	0.64	1352	±38	2925	±13	0.2125	0.8	6.84	3.2	0.2334	3.1	0.970
SD0510-13.1	0.18	30	158	56	0.36	1284	±39	2989	±25	0.2212	1.5	6.72	3.7	0.2203	3.4	0.908
SD0510-14.1	0.25	25	62	48	0.80	2433	±73	2532	±35	0.1675	2.1	10.54	4.2	0.456	3.6	2.183
SD0510-15.1	0.12	109	344	206	0.62	2015	±57	2704	±19	0.1856	1.1	9.39	3.5	0.3670	3.3	0.944

误差为1σ；Pbc和Pb*分别指示普通铅和放射成因铅；所有同位素比率已对测得的^{204}Pb进行了校正。

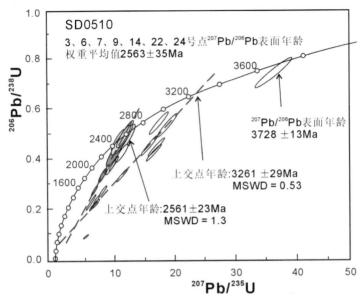

图3-26　玉皇顶花岗岩（SD0510）SHRIMP法锆石U-Pb同位素年龄谐和图

　　本次研究工作除确立了同岩浆结晶成因锆石的形成年龄外，还在玉皇顶花岗岩中发现了较多形成时代较老的捕获成因锆石，表现为$^{207}Pb/^{206}Pb$表面年龄都在3.0Ga以上（表3-13），但都显示不同程度甚至是强烈的铅丢失特点，其中目前所获得的最大锆石年龄为3728±13Ma（表3-13、图3-27）。这些锆石呈现出不同的阴极发光结构特征，但都具有岩浆结晶成因锆石的特点，比如较高的Th/U比值、同样发育典型的细密振荡环带结构等。这些古老锆石，特别是该岩石样品中形成时代大于3.7Ga锆石的发现，为认识和研究泰山地区太古宙早期地质演化提供了有力佐证。

　　为了发现更多古老锆石的年龄信息，本次研究还采用激光探针质谱（LA-ICP-MS）技术完成了另外60个锆石测点的U-Pb同位素年龄测定工作，测定数据结果见表3-14。由图3-28可见，测年数据明显分为两组，其中一组的32个锆石测点集中于谐和线上，相应的$^{206}Pb/^{238}U$表面年龄加权平均统计年龄为2551±14Ma，其余锆石测点虽呈现明显的铅丢失特点，但$^{207}Pb/^{206}Pb$表面年龄值与该年龄值基本一致；另一组数据中的其中两个锆石测点位于谐和线上，$^{206}Pb/^{238}U$表面年龄分别为2665±25Ma和2653±22Ma，其余三个测点的$^{207}Pb/^{206}Pb$表面年龄值则与之相一致。尽管没有发现大于3.0Ga的锆石年龄信息，但进一步验证了前述SHRIMP法确立的岩石形成时代的可靠性，同时也表明2.65Ga时期形成的岩石对玉皇顶花岗岩的形成具有重要影响。

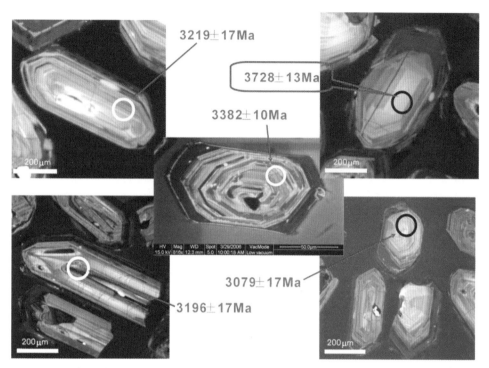

图3-27 玉皇顶花岗岩（SD0510）中锆石阴极发光图像（CL）及SHRIMP锆石U-Pb同位素年龄

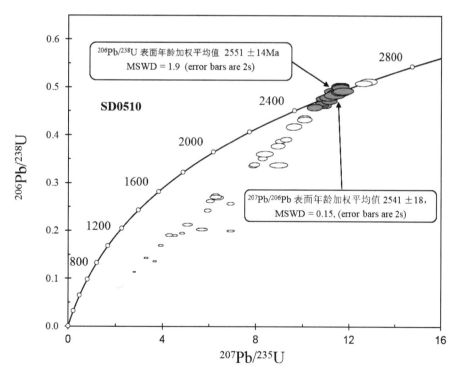

图3-28 玉皇顶花岗岩（SD0510）激光探针质谱法锆石U-Pb同位素年龄谐和图

表3-14　玉皇顶花岗岩（SD0510）激光探针质谱锆石 U–Pb 同位素年龄测定结果

测点	wB/(μg·g⁻¹) ^{204}Pb	^{206}Pb	^{207}Pb	^{232}Th	^{238}U	$w(^{232}Th)/w(^{238}U)$	表面年龄/Ma $^{206}Pb/^{238}U$	1σ	$^{207}Pb/^{206}Pb$	1σ	同位素原子比率 $^{207}Pb/^{206}Pb$	1σ	$^{207}Pb/^{235}U$	1σ	$^{206}Pb/^{238}U$	1σ
SD0510-01	11.33	132.3	24.9	46	71	0.650749	2451	20	2572	36	0.17150	0.00370	10.94037	0.21957	0.46257	0.00462
SD0510-02	85.51	563.9	153.9	480	701	0.685019	1180	10	3178	32	0.24895	0.00507	6.89405	0.12832	0.20080	0.00185
SD0510-03	5.7	163.0	30.2	78	88	0.893183	2455	21	2547	36	0.16887	0.00372	10.79614	0.22157	0.46359	0.00473
SD0510-04	14.37	349.6	66.8	231	758	0.305096	702	6	2599	34	0.17426	0.00358	2.76595	0.05201	0.11510	0.00103
SD0510-05	19.79	367.4	71.8	262	468	0.559601	1152	10	2636	34	0.17816	0.00370	4.80850	0.09155	0.19571	0.00179
SD0510-06	26.99	471.6	100.0	274	456	0.601040	1478	12	2772	33	0.19345	0.00398	6.87586	0.12979	0.25773	0.00233
SD0510-07	9.42	481.7	89.9	155	341	0.453895	1944	15	2560	34	0.17022	0.00354	8.26261	0.15826	0.35198	0.00321
SD0510-08	5.82	345.1	63.6	148	221	0.671416	2116	17	2539	35	0.16807	0.00358	9.00604	0.17752	0.38856	0.00365
SD0510-09	36.02	518.6	109.3	319	942	0.339117	828	7	2761	34	0.19220	0.00407	3.63244	0.07080	0.13704	0.00125
SD0510-10	7.12	280.8	52.2	94	207	0.454598	1871	15	2554	36	0.16967	0.00368	7.87769	0.15804	0.33668	0.00317
SD0510-11	17.18	484.0	90.9	190	631	0.301086	1125	10	2570	36	0.17124	0.00377	4.50375	0.09182	0.19071	0.00177
SD0510-12	8.43	432.1	81.2	150	274	0.548076	2131	18	2571	38	0.17133	0.00398	9.25748	0.20065	0.39182	0.00392
SD0510-13	15.79	468.6	90.3	169	477	0.354109	1407	12	2613	38	0.17576	0.00401	5.90970	0.12541	0.24381	0.00233
SD0510-14	3.02	315.4	58.6	133	231	0.577646	1882	16	2552	39	0.16940	0.00403	7.91883	0.17618	0.33897	0.00341
SD0510-15	26.35	480.5	87.0	318	828	0.383919	867	8	2509	39	0.16511	0.00384	3.27721	0.07106	0.14393	0.00137
SD0510-16	6.69	261.4	47.2	73	236	0.310297	1564	14	2505	40	0.16476	0.00399	6.23903	0.14134	0.27459	0.00272
SD0510-17	2.35	120.1	21.9	42	59	0.702250	2630	24	2518	43	0.16606	0.00428	11.53555	0.28096	0.50372	0.00553
SD0510-18	32.03	568.5	103.5	265	827	0.319777	1013	10	2519	42	0.16609	0.00421	3.89857	0.09269	0.17021	0.00174
SD0510-19	3.04	227.2	42.7	54	149	0.363435	2065	23	2570	48	0.17127	0.00500	8.91628	0.24805	0.37749	0.00481
SD0510-20	5.83	387.4	70.3	167	364	0.457943	1507	14	2514	43	0.16559	0.00425	6.01470	0.14521	0.26338	0.00269

（续表）

| 测点 | wB/(μg·g⁻¹) | | | ^{232}Th | ^{238}U | $w(^{232}Th)/w(^{238}U)$ | 表面年龄/Ma | | | | 同位素原子比率 | | | | | |
	^{204}Pb	^{206}Pb	^{207}Pb				$^{206}Pb/^{238}U$	1σ	$^{207}Pb/^{206}Pb$	1σ	$^{207}Pb/^{206}Pb$	1σ	$^{207}Pb/^{235}U$	1σ	$^{206}Pb/^{238}U$	1σ
SD0510-21	4.05	105.2	19.1	44	55	0.799450	2516	27	2517	49	0.16592	0.00497	10.92147	0.31314	0.47730	0.00612
SD0510-22	2.89	104.8	19.4	45	54	0.847015	2541	26	2549	48	0.16911	0.00496	11.26580	0.31551	0.48305	0.00592
SD0510-23	4.59	122.9	22.5	44	63	0.696126	2528	24	2527	48	0.16693	0.00481	11.05598	0.30363	0.48027	0.00561
SD0510-24	2.24	134.6	24.5	41	79	0.511704	2253	25	2519	52	0.16610	0.00519	9.58351	0.28643	0.41838	0.00545
SD0510-25	1.74	166.0	30.2	91	86	1.063651	2518	24	2517	49	0.16594	0.00487	10.93371	0.30573	0.47777	0.00556
SD0510-26	<1.53	137.6	25.2	75	71	1.066921	2529	25	2527	50	0.16694	0.00509	11.06056	0.32190	0.48044	0.00579
SD0510-27	2.26	139.0	25.3	69	70	0.996692	2584	26	2519	51	0.16611	0.00514	11.29469	0.33415	0.49304	0.00601
SD0510-28	2.87	116.4	21.7	51	59	0.864107	2559	26	2558	52	0.17004	0.00535	11.42692	0.34354	0.48730	0.00601
SD0510-29	2.22	128.0	23.3	69	66	1.040121	2517	26	2518	53	0.16599	0.00533	10.93413	0.33640	0.47764	0.00602
SD0510-30	3.49	139.9	24.8	55	180	0.306414	1129	13	2474	55	0.16175	0.00534	4.27164	0.13438	0.19149	0.00239
SD0510-31	2.38	168.1	31.2	47	87	0.542629	2530	22	2525	39	0.16672	0.00396	11.05132	0.24721	0.48066	0.00514
SD0510-32	<1.28	293.2	54.6	186	151	1.229202	2527	20	2529	37	0.16715	0.00370	11.06143	0.22832	0.47985	0.00459
SD0510-33	3.86	82.3	16.7	32	40	0.812312	2665	25	2663	40	0.18112	0.00448	12.78871	0.30029	0.51199	0.00590
SD0510-34	2.81	208.2	38.7	71	118	0.605567	2339	20	2522	39	0.16640	0.00390	10.03608	0.22043	0.43734	0.00450
SD0510-35	2.2	283.2	53.0	175	150	1.166189	2473	20	2528	37	0.16706	0.00377	10.77336	0.22651	0.46761	0.00452
SD0510-36	<1.45	87.8	16.5	39	43	0.907849	2628	25	2534	42	0.16757	0.00429	11.62977	0.28315	0.50325	0.00588
SD0510-37	2.24	94.9	17.9	36	47	0.760828	2620	28	2535	46	0.16774	0.00469	11.59904	0.31099	0.50141	0.00659
SD0510-38	<1.39	99.6	18.8	50	51	0.977825	2527	25	2533	43	0.16756	0.00441	11.08917	0.27735	0.47988	0.00571
SD0510-39	1.76	102.8	19.5	42	52	0.802117	2571	24	2537	43	0.16795	0.00433	11.35208	0.27784	0.49013	0.00562
SD0510-40	2.78	135.8	25.4	56	73	0.761807	2436	25	2513	45	0.16550	0.00451	10.48007	0.27208	0.45918	0.00561

（续表）

测点	wB/（μg·g⁻¹）			²³²Th	²³⁸U	w(²³²Th)/w(²³⁸U)	表面年龄/Ma				同位素原子比率					
	²⁰⁴Pb	²⁰⁶Pb	²⁰⁷Pb				²⁰⁶Pb/²³⁸U	1σ	²⁰⁷Pb/²⁰⁶Pb	1σ	²⁰⁷Pb/²⁰⁶Pb	1σ	²⁰⁷Pb/²³⁵U	1σ	²⁰⁶Pb/²³⁸U	1σ
SD0510-41	2.6	206.2	42.0	44	100	0.438645	2653	22	2648	41	0.17945	0.00448	12.59996	0.29576	0.50913	0.00526
SD0510-42	<1.71	110.1	21.3	32	56	0.573427	2568	25	2563	45	0.17052	0.00470	11.50859	0.30235	0.48939	0.00588
SD0510-43	<1.99	242.1	46.3	114	138	0.826326	2321	22	2539	44	0.16812	0.00449	10.05069	0.25377	0.43349	0.00480
SD0510-44	1.85	191.7	37.3	68	101	0.670270	2490	22	2566	44	0.17086	0.00453	11.10783	0.27811	0.47141	0.00510
SD0510-45	<1.54	111.9	21.5	48	55	0.870537	2614	25	2539	46	0.16816	0.00469	11.59811	0.30750	0.50012	0.00582
SD0510-46	<1.51	76.4	14.7	30	39	0.772762	2543	26	2538	49	0.16802	0.00496	11.20361	0.31593	0.48351	0.00599
SD0510-47	<1.51	105.6	20.4	45	54	0.821976	2543	25	2541	48	0.16835	0.00491	11.22560	0.31193	0.48351	0.00576
SD0510-48	<1.61	120.4	23.4	62	61	1.003579	2554	25	2552	48	0.16942	0.00496	11.35697	0.31606	0.48608	0.00570
SD0510-49	<1.62	119.1	23.6	64	61	1.057978	2573	27	2572	51	0.17145	0.00529	11.59875	0.34204	0.49055	0.00623
SD0510-50	<1.46	163.4	32.2	76	83	0.917251	2573	26	2571	51	0.17132	0.00528	11.58745	0.34103	0.49045	0.00609
SD0510-51	<1.63	97.9	18.9	35	51	0.699387	2531	26	2530	53	0.16717	0.00539	11.08386	0.34168	0.48078	0.00607
SD0510-52	<1.61	88.9	17.4	39	45	0.854442	2549	30	2553	57	0.16952	0.00588	11.33776	0.37814	0.48497	0.00689
SD0510-53	1.72	153.2	30.5	73	77	0.946675	2576	26	2575	53	0.17182	0.00560	11.63707	0.36204	0.49113	0.00606
SD0510-54	5.75	331.0	65.5	227	304	0.746261	1542	17	2561	55	0.17038	0.00567	6.34776	0.20125	0.27016	0.00332
SD0510-55	<1.35	155.8	31.2	54	79	0.691632	2583	27	2580	55	0.17230	0.00582	11.70888	0.37840	0.49279	0.00624
SD0510-56	3.66	314.8	61.5	165	288	0.572068	1547	17	2531	57	0.16733	0.00576	6.25938	0.20541	0.27125	0.00334
SD0510-57	9.61	470.1	94.2	155	547	0.283174	1248	14	2573	57	0.17153	0.00596	5.05448	0.16747	0.21368	0.00262
SD0510-58	18.56	392.7	92.7	205	479	0.428294	1194	14	2840	57	0.20168	0.00716	5.66122	0.19176	0.20355	0.00255
SD0510-59	1.84	126.1	24.7	57	87	0.659552	1990	23	2530	61	0.16725	0.00619	8.33845	0.29520	0.36154	0.00482
SD0510-60	14.68	271.1	61.0	82	199	0.410746	1878	21	2757	59	0.19169	0.00704	8.94177	0.31387	0.33827	0.00435

数据在西北大学大陆动力学实验室测定；误差为1σ。

（二）黄前水库英云闪长岩

英云闪长岩（SD0504）采样位置的经纬度坐标为N：36°18′54.01″，E：117°14′35.5″。样品中的锆石粒径大小均匀，形态单一，为双锥长柱状自形晶，长约300μm，宽100～150μm。阴极发光图像显示，锆石均发育细密振荡环带（图3-29），反映锆石为单一的岩浆结晶成因。锆石中常见磷灰石包裹体，

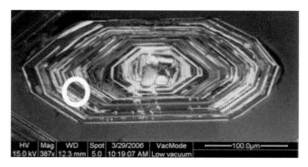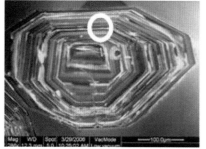

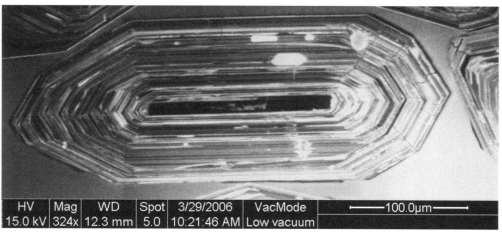

图3-29　SD0504锆石CL图像

大小不等，在阴极发光图像中常显示浅灰白色，并呈现良好的自形形态，锆石SHRIMP测年过程，是在选取未见磷灰石包裹体的区域进行的。共完成14个测点数据（见数据表3-15），从测试结果看，各测点的Th、U含量及Th/U都比较高，Th含量69～239ppm，U含量180～398ppm，Th/U比值0.23～0.64。测定结果显示（表3-15和图3-30），各测点均显示不同程度的铅丢失现象，仅有约50%测点协和度在90%以上，其中14个测点中有8个测点具有基本一致的$^{207}Pb/^{206}Pb$表面年龄，相应8个数据点的不一致线上交点年龄值为2557±20Ma，其余6个测点中，3个具有相对偏小的$^{207}Pb/^{206}Pb$表面年龄，3个则显示稍大的$^{207}Pb/^{206}Pb$表面年龄，因此，2557±20Ma年龄数值的获得符合统计学原则，应代

表3-15　　英云闪长岩（SD0504）SHRIMP法锆石U-Pb同位素年龄测定结果

点号	206Pbc/%	wB/(μg·g⁻¹)			$^{232}Th/^{238}U$	表面年龄/Ma				同位素原子比率						误差相关
		$^{206}Pb^*$	U	Th		$^{206}Pb/^{238}U$	±	$^{207}Pb/^{206}Pb$	±	$^{207}Pb^*/^{206}Pb^*$	±%	$^{207}Pb^*/^{235}U$	±%	$^{206}Pb^*/^{238}U$	±%	
SD0504-1.1	0.03	153	392	152	0.40	2414	±58	2558	±12	0.1701	0.7	10.65	3.0	0.4540	2.9	0.968
SD0504-2.1	0.22	135	381	110	0.30	2218	±54	2597	±53	0.1741	3.2	9.85	4.3	0.4110	2.9	0.672
SD0504-3.1	0.15	126	337	75	0.23	2323	±56	2496	±20	0.1639	1.2	9.80	3.1	0.4340	2.9	0.925
SD0504-4.1	0.11	119	320	81	0.26	2310	±55	2459	±21	0.1603	1.3	9.53	3.1	0.4310	2.9	0.915
SD0504-5.1	0.10	111	341	111	0.34	2069	±51	2558	±26	0.1700	1.5	8.87	3.3	0.3780	2.9	0.882
SD0504-6.1	0.24	107	290	84	0.30	2297	±56	2452	±33	0.1597	2.0	9.42	3.5	0.4280	2.9	0.827
SD0504-7.1	0.14	158	397	224	0.58	2450	±58	2646	±13	0.1792	0.8	11.42	2.9	0.4620	2.8	0.966
SD0504-7.2	0.05	115	308	112	0.37	2316	±56	2519	±15	0.1662	0.9	9.90	3.0	0.4320	2.9	0.955
SD0504-8.1	0.10	106	331	139	0.43	2043	±50	2512	±14	0.1654	0.8	8.50	3.0	0.3730	2.9	0.960
SD0504-9.1	0.08	123	398	109	0.28	1982	±48	2523	±13	0.1665	0.8	8.27	2.9	0.3600	2.8	0.965
SD0504-10.1	0.00	111	352	182	0.53	2021	±62	2537	±21	0.1679	1.2	8.52	3.8	0.3680	3.6	0.945
SD0504-11.1	0.21	69	180	69	0.39	2366	±59	2551	±19	0.1693	1.2	10.35	3.2	0.4430	3.0	0.931
SD0504-12.1	0.11	100	297	156	0.54	2124	±77	2547	±17	0.1689	1.0	9.09	4.4	0.3900	4.2	0.972
SD0504-13.1	0.10	119	383	239	0.64	1989	±49	2546	±19	0.1688	1.1	8.41	3.1	0.3620	2.9	0.930

误差为1σ；Pbc和Pb*分别指示普通铅和放射成因铅；所有同位素比率已对测得的 ^{204}Pb 进行了校正。

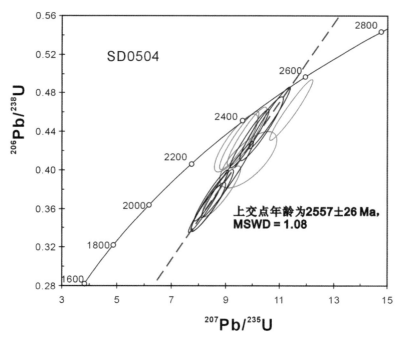

图3-30　片麻状英云闪长岩（SD0504）SHRIMP法锆石U-Pb同位素年龄谐和图（其中绿色测点未参与年龄值计算统计）

表了该岩石的形成时代。

（三）小津口花岗闪长岩

小津口花岗闪长岩（SD0501）样品在小津口村附近采集，采样地点经纬度坐标为N：36° 16′ 08.3″，E：117° 09′ 57.1″。样品中的锆石，粒径大小不等，多呈半自形短、中长柱状晶形，阴极发光图像中，可见清晰的振荡环带结构（图3-31），显示为岩浆成因锆石的结构特点。本次研究，使用SHRIMP离子探针质谱技术对该岩石样品的8个锆石颗粒进行了微区U-Pb同位素年龄测定，测试结果见表3-16，其中3.1号测点普通铅含量明显偏高，普通铅来源的^{206}Pb含量占到锆石所含总^{206}Pb成分的2.36%，相应锆石铅丢失严重，其表面年龄测年结果的可靠性较差。其余各测点位于谐和线上或邻近谐和线（图3-32），但分布分散，即使同类型的锆石，年龄测定结果也呈现出明显差异，如4.1和5.1号测点，表明该岩石样品中锆石组成的复杂性。所有7个锆石测点的同位素年龄分别集中于2560±14Ma～2549±48Ma和2685±38Ma～2653±34Ma之间，在同为岩浆成因锆石的前提条件下，仅仅依据这有限的年龄资料难以确定岩石样的形成时代，因为不能排除较老年龄的锆石为捕获继承锆石的可能，

表3-16　花岗闪长岩（SD0501）SHRIMP法锆石U-Pb同位素年龄测定结果

点号	206Pbc/%	wB/(μg·g⁻¹) 206Pb*	U	Th	232Th/238U	表面年龄/Ma 206Pb/238U	±	207Pb/206Pb	±	207Pb*/206Pb*	±%	同位素原子比率 207Pb*/235U	±%	206Pb*/238U	±%	误差相关
SD0501-1.1	0.33	182	410	69	0.17	2671	±23	2663	±20	0.1812	1.20	12.82	1.60	0.5133	1.1	0.660
SD0501-2.1	0.42	26	54	24	0.45	2880	±55	2653	±34	0.1800	2.00	13.98	3.10	0.5630	2.4	0.754
SD0501-3.1	2.36	51	208	110	0.54	1559	±20	2496	±63	0.1640	3.70	6.18	4.00	0.2735	1.4	0.362
SD0501-4.1	0.16	128	280	127	0.47	2750	±28	2636	±19	0.1782	1.10	13.07	1.70	0.5320	1.3	0.747
SD0501-5.1	0.28	78	186	20	0.11	2547	±29	2549	±48	0.1691	2.90	11.29	3.20	0.4845	1.4	0.429
SD0501-6.1	0.17	170	400	134	0.34	2579	±23	2560	±14	0.1703	0.83	11.55	1.40	0.4920	1.1	0.799
SD0501-7.1	0.40	100	237	50	0.22	2574	±27	2721	±20	0.1876	1.20	12.69	1.80	0.4907	1.3	0.732
SD0501-8.1	0.17	107	286	64	0.23	2320	±25	2685	±38	0.1835	2.30	10.96	2.60	0.4331	1.3	0.488

误差为1σ；Pbc和Pb*分别指示普通铅和放射成因铅；所有同位素比率已对测得的 204Pb进行了校正。

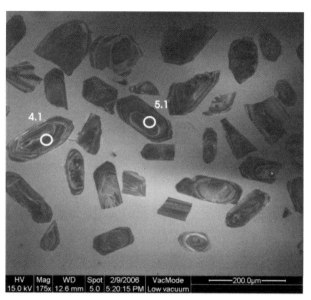

图 3-31 花岗闪长岩（SD0501）的锆石 CL 图像

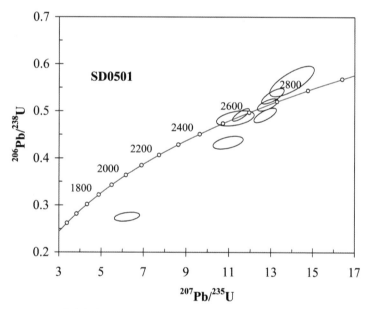

图 3-32 花岗闪长岩（SD0501）SHRIMP 法锆石 U-Pb 同位素年龄谐和图

为此，本次研究又补充开展了激光探针质谱锆石年龄测定工作，测试结果见表 3-17，在所完成的 10 个锆石测点中，尽管其中 6 个测点的 $^{207}Pb/^{206}Pb$ 表面年龄在 $2620\pm141Ma\sim2669\pm105Ma$，但因误差太大，年龄结果的可靠性大大降低。总体看来，本样品年龄资料尚不足以准确确定该岩石样品的形成时代，在目前仍不能完全排除较老年龄的锆石可能为捕获继承锆石的前提下，本文倾向该花岗闪长岩的形成时代应在 $2560\pm14Ma\sim2549\pm48Ma$。

表3-17　花岗闪长岩（SD0501）激光探针质谱锆石U-Pb同位素年龄测定结果

测点	wB/（μg·g⁻¹）					w(²³²Th)/w(²³⁸U)	表面年龄/Ma				同位素原子比率					
	²⁰⁴Pb	²⁰⁶Pb	²⁰⁷Pb	²³²Th	²³⁸U		$^{206}Pb/^{238}U$	1σ	$^{207}Pb/^{206}Pb$	1σ	$^{207}Pb/^{206}Pb$	1σ	$^{207}Pb/^{235}U$	1σ	$^{206}Pb/^{238}U$	1σ
SD0501-01	17.02	1014.6	194.32	88	686	0.127585	2026	36	2669	105	0.18179	0.01201	9.25485	0.59241	0.36919	0.00754
SD0501-02	15.21	463.41	86.47	212	642	0.330608	975	19	2661	107	0.18086	0.01212	4.07143	0.26454	0.16325	0.00342
SD0501-03	3.53	299.05	60.7	66	169	0.393024	2451	43	2762	107	0.19235	0.01306	12.26798	0.80884	0.4625	0.00982
SD0501-04	2.46	404.61	77.26	143	213	0.670451	2513	46	2653	112	0.18006	0.01261	11.83621	0.80641	0.47668	0.01046
SD0501-05	4.17	523.53	72.68	134	859	0.156282	869	18	2074	123	0.12822	0.00934	2.55055	0.18083	0.14424	0.00325
SD0501-06	3.34	256.51	45.33	53	161	0.331694	2068	44	2502	130	0.16448	0.01326	8.57835	0.67472	0.37819	0.0095
SD0501-07	<3.85	244	45.8	50	144	0.346218	2145	48	2620	135	0.17648	0.01497	9.61086	0.79658	0.39488	0.01038
SD0501-08	<2.61	130.29	26.24	27	61	0.447308	2721	62	2720	141	0.18746	0.01686	13.57418	1.19454	0.52507	0.01473
SD0501-09	7.73	275.03	55.94	48	147	0.322699	2492	61	2667	149	0.18154	0.01726	11.81397	1.09956	0.47189	0.01389
SD0501-10	2.75	369.16	70.57	112	211	0.529872	2382	62	2622	158	0.17672	0.01773	10.89609	1.07175	0.4471	0.01381

数据在西北大学大陆动力学实验室测定；误差为1σ。

（四）傲徕山二长花岗岩

傲徕山二长花岗岩（SD0509）样品采自泰山景区黑龙潭瀑布长寿桥侧，经纬度为N：36° 13′ 11.6″，E：117° 05′ 43.1″。该样品中的锆石为双锥长柱状自形晶，长150～200μm，宽50μm左右。阴极发光图像呈灰色，显示了Th、U含量高的特点，发育细密的岩浆振荡环带（图3-33）。该岩石样品锆石的另一大特征就是其中含有大量的磷灰石包裹体，在CL图像中呈白色，由于磷灰石矿物包裹体的大量存在，即使对于SHRIMP法锆石微区U-Pb同位素测定也是一种挑战。共获得26个测点数据（表3-18），从测试结果可以看出，该样品锆石中U、Th含量异常地高，其中Th含量大都在1000ppm以上，有的甚至大于9000ppm，只有少数几个测点的Th含量相对较低，从数百到几十ppm，U的含量除11.1与

图3-33　SD0509中粗粒二长花岗岩锆石CL图像

表3-18　二长花岗岩（SD0509）SHRIMP法锆石U-Pb同位素年龄测定结果

点号	206Pbc/%	wB/(μg·g⁻¹)			232Th/238U	表面年龄/Ma				207Pb*/206Pb*	±%	同位素原子比率				误差相关
		206Pb*	U	Th		206Pb/238U	±	207Pb/206Pb	±			207Pb*/235U	±%	206Pb*/238U	±%	
SD0509-1.1	0.22	378	1085	1322	1.26	2191	±58	2683	±11	0.1834	0.7	10.23	3.2	0.4050	3.1	0.977
SD0509-2.1	0.02	727	1973	2888	1.51	2300	±88	2266.50	±6.0	0.1432	0.4	8.47	4.5	0.4290	4.5	0.997
SD0509-3.1	0.07	206	1041	2144	2.13	1334	±38	2253	±15	0.1421	0.9	4.50	3.2	0.2298	3.1	0.965
SD0509-4.1	0.25	199	940	1657	1.82	1414	±40	2389	±12	0.1539	0.7	5.20	3.2	0.2453	3.1	0.975
SD0509-5.1	0.05	251	1805	3974	2.27	967	±28	1792	±45	0.1096	2.5	2.44	4.0	0.1618	3.1	0.782
SD0509-6.1	0.14	185	631	376	0.62	1892	±53	2527	±12	0.1669	0.7	7.85	3.3	0.3410	3.1	0.976
SD0509-7.1	0.29	383	825	1281	1.60	2774	±71	2879.10	±8.1	0.2066	0.5	15.32	3.2	0.5380	3.1	0.988
SD0509-7.2	0.17	280	633	761	1.24	2670	±69	2799	±15	0.1967	0.9	13.92	3.3	0.5130	3.1	0.962
SD0509-8.1	0.06	296	1646	967	0.61	1224	±35	2054	±10	0.1268	0.6	3.66	3.2	0.2091	3.1	0.983
SD0509-9.1	0.07	352	959	1038	1.12	2294	±61	2530.70	±8.7	0.1673	0.5	9.86	3.2	0.4270	3.1	0.987
SD0509-10.1	0.07	247	1732	3240	1.93	989	±29	2018	±11	0.1242	0.6	2.84	3.2	0.1659	3.1	0.980
SD0509-11.1	0.15	69	190	135	0.74	2267	±64	2514	±20	0.1656	1.2	9.62	3.5	0.4210	3.3	0.941
SD0509-12.1	0.07	283	1297	3117	2.48	1459	±41	2388	±34	0.1537	2.0	5.38	3.7	0.2541	3.1	0.842
SD0509-13.1	0.08	228	994	1371	1.42	1523	±42	2282	±29	0.1445	1.7	5.31	3.6	0.2665	3.1	0.877

（续表）

点号	206Pbc/%	wB/(μg·g⁻¹)			$^{232}Th/^{238}U$	表面年龄/Ma				同位素原子比率						误差相关
		$^{206}Pb^*$	U	Th		$^{206}Pb/^{238}U$	±	$^{207}Pb/^{206}Pb$	±	$^{207}Pb^*/^{206}Pb^*$	±%	$^{207}Pb^*/^{235}U$	±%	$^{206}Pb^*/^{238}U$	±%	
SD0509-14.1	0.09	213	979	2097	2.21	1452	±41	2393	±11	0.1542	0.6	5.37	3.2	0.2527	3.2	0.981
SD0509-15.1	0.17	297	1900	2039	1.11	1076	±39	1970	±12	0.1210	0.7	3.03	4.0	0.1816	3.9	0.987
SD0509-16.1	0.03	248	1304	2495	1.98	1289	±36	2138.10	±9.8	0.1330	0.6	4.06	3.2	0.2213	3.1	0.984
SD0509-17.1	0.03	405	1868	1935	1.07	1451	±40	2229.50	±8.3	0.1402	0.5	4.88	3.1	0.2525	3.1	0.988
SD0509-18.1	0.07	243	1062	734	0.71	1523	±74	2337.80	±9.8	0.1493	0.6	5.48	5.5	0.2660	5.5	0.995
SD0509-19.1	0.04	520	1459	3073	2.18	2236	±60	2536.00	±7.1	0.1678	0.4	9.60	3.2	0.4150	3.2	0.991
SD0509-19.2	0.07	26	92	45	0.51	1854	±55	2589	±25	0.1732	1.5	7.96	3.7	0.3330	3.4	0.919
SD0509-20.1	0.09	202	971	1768	1.88	1396	±39	2189	±44	0.1369	2.6	4.56	4.0	0.2417	3.1	0.773
SD0509-22.1	0.03	903	2846	9508	3.45	2026	±54	2460.30	±5.7	0.1604	0.3	8.17	3.1	0.3690	3.1	0.994
SD0509-23.1	0.07	334	900	651	0.75	2311	±60	2520.50	±8.5	0.1663	0.5	9.88	3.2	0.4310	3.2	0.987
SD0509-24.1	0.20	237	950	1372	1.49	1639	±45	2406	±11	0.1554	0.6	6.20	3.2	0.2895	3.1	0.980

误差为 1σ；Pbc 和 Pb* 分别指示普通铅和放射成因铅；所有同位素比率已对测得的 ^{204}Pb 进行了校正。

19.1号锆石测点的含量较低外，其余均大于600ppm，Th/U比值介于0.61～3.45之间。测定结果显示，大部分锆石测点呈现出强烈的铅丢失现象，在谐和图中（图3-34），几乎所有测点均落在谐和线的下方，而且各点相对比较离散。由图3-34可以看出，各锆石测点主要分为两组，其中4.1、6.1、9.1、11.1、12.1、14.1、19.1、22.1、23.1、24.1等10个测点具有基本一致的$^{207}Pb/^{206}Pb$表面年龄，其构成的不一致线上交点年龄为2553±31Ma，但由于锆石铅丢失较为严重，

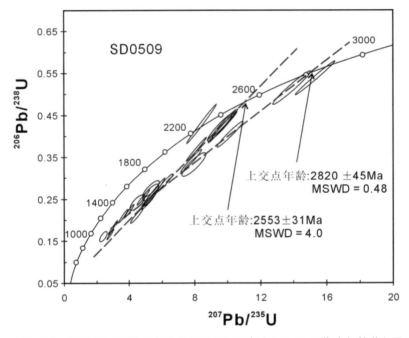

图3-34　SD0509中粗粒二长花岗岩SHRIMP法锆石U-Pb同位素年龄谐和图

$^{207}Pb/^{206}Pb$表面年龄值波动较大，因而该年龄数值误差偏大，准确性欠佳。除去呈现强烈铅丢失的锆石测点，另一组锆石的$^{207}Pb/^{206}Pb$表面年龄明显要老的多，其中最大数值为2879±8Ma，部分锆石测点还可拟合成一条线性关系较好的不一致线，上交点年龄为2820±45Ma，这些锆石应为捕获继承锆石，表明本区曾经存在老于2.8Ga的古老岩石基底。

为了准确确定该岩石的成岩时代，本次研究又在另一地点对该类型岩石重新取样，试图通过获得基本不含磷灰石矿物包裹体，且U、Th含量相对较低的锆石样品，以达到准确测定锆石形成年龄的目的。但测定结果仍不理想（表3-19、图3-35），大部分的锆石依然显示很高的U、Th含量，锆石U-Pb同位素系统的铅丢失现象相当严重，难以获得具有明确地质意义的年龄结果。从锆石阴极发光图

像看，该岩石中含有较多的继承性捕获锆石，其U、Th含量相对较低，相应阴极发光图像较为明亮（图3-36，1.1号测点），明显不同于同生岩浆结晶锆石呈

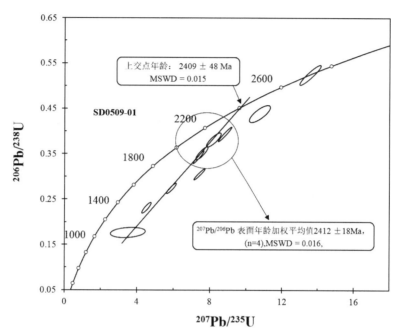

图3-35 傲徕山型二长花岗岩（SD0509-1）SHRIMP法锆石U-Pb同位素年龄谐和图

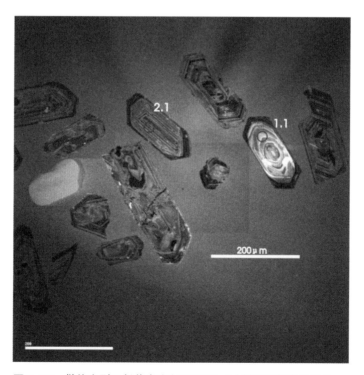

图3-36 傲徕山型二长花岗岩（SD0509-1）锆石阴极发光图像

表3-19　二长花岗岩（SD0509-1）SHRIMP法锆石U-Pb同位素年龄测定结果

点号	206Pbc/%	wB/(μg·g⁻¹)			$^{232}Th/^{238}U$	表面年龄/Ma				同位素原子比率						误差相关
		206Pb*	U	Th		$^{206}Pb/^{238}U$	±	$^{207}Pb/^{206}Pb$	±	$^{207}Pb*/^{206}Pb*$	±%	$^{207}Pb*/^{235}U$	±%	$^{206}Pb*/^{238}U$	±%	
SD0509-1-1.1	4.40	77.8	197	83	0.44	2343	±55	2633	±38	0.1779	2.3	10.75	3.6	0.438	2.8	0.775
SD0509-1-2.1	0.44	239	810	852	1.09	1900	±44	2411	±12	0.1558	0.70	7.36	2.8	0.3427	2.7	0.968
SD0509-1-3.1	3.37	246	787	739	0.97	1942	±45	2409	±25	0.1556	1.5	7.54	3.1	0.3516	2.7	0.881
SD0509-1-4.1	0.40	179	527	862	1.69	2137	±49	2486	±11	0.1629	0.65	8.83	2.8	0.393	2.7	0.972
SD0509-1-5.1	1.99	223	1103	1256	1.18	1339	±40	2256	±29	0.1424	1.7	4.53	3.7	0.2308	3.3	0.892
SD0509-1-6.1	2.37	211	877	753	0.89	1561	±39	2413	±20	0.1561	1.2	5.89	3.0	0.2739	2.8	0.920
SD0509-1-7.1	6.62	286	1761	2353	1.38	1048	±40	2278	±310	0.144	18	3.51	18	0.1766	4.1	0.227
SD0509-1-8.1	3.45	593	1750	3416	2.02	2080	±48	2415	±29	0.1562	1.7	8.20	3.2	0.381	2.7	0.847
SD0509-1-9.1	0.09	80.9	180	82	0.47	2715	±62	2724	±18	0.1879	1.1	13.57	3.0	0.524	2.8	0.932
SD0509-1-10.1	0.04	211	806	969	1.24	1715	±41	2620	±13	0.1764	0.78	7.41	2.8	0.3048	2.7	0.960

误差为1σ；Pbc和Pb*分别指示普通铅和放射成因铅；所有同位素比率已对测得的 ^{204}Pb 进行了校正。

现出的细密自形环带结构、暗淡灰色阴极发光图像特点（图3-36，2.1号测点）。年龄测定结果也表明，这类捕获锆石的形成时代较老，一般在2.6Ga以上，如测点1.1和9.1的^{207}Pb/^{206}Pb表面年龄分别为2633±38Ma和2724±18Ma。

　　野外可见，该傲徕山型二长花岗岩明显侵入穿插玉皇顶片麻状粗粒石英闪长岩，而后者的成岩年龄测定结果为2523±16Ma。鉴于此，依据野外实际地质情况和具体测试结果，本文认为，傲徕山型二长花岗岩的形成时代在地质尺度上基本同时、略晚于玉皇顶片麻状粗粒石英闪长岩原岩。

（五）于科花岗闪长岩

　　取自于科村的花岗闪长岩（SD0514），采样地点经纬度坐标为N：36°22′12.0″，E：117°09′41.0″。样品中锆石含量多，锆石长柱状，自型，在CL图像中，锆石明显具有核-幔二元结构，核部锆石可见致密岩浆振荡环带，CL图像亮白，边（幔）部锆石CL图像灰暗，宽度大多在10μm以下（图3-37），

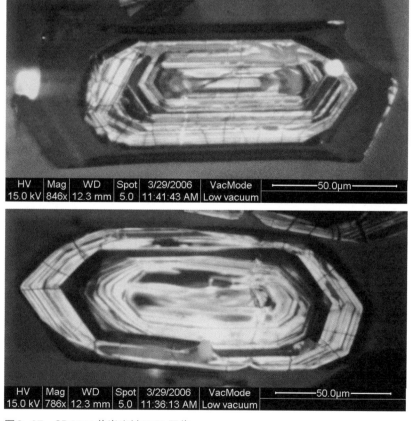

图3-37　SD0514花岗岩锆石CL图像

表3-20　　花岗闪长岩（SD0514）SHRIMP法锆石U–Pb同位素年龄测定结果

点号	^{206}Pbc/%	wB/ (μg·g^{-1})			$\dfrac{^{232}\text{Th}}{^{238}\text{U}}$	表面年龄 /Ma		^{207}Pb*/^{206}Pb*	±%	同位素原子比率				误差相关
		^{206}Pb*	U	Th		^{206}Pb/^{238}U	^{207}Pb/^{206}Pb			^{207}Pb*/^{235}U	±%	^{206}Pb*/^{238}U	±%	
SD0514-1.1	0.03	368	630	434	0.71	3344 ±73	2511.10 ±7.8	0.1654	0.5	15.50	2.8	0.6800	2.8	0.987
SD0514-2.1	0.03	200	1318	567	0.44	1049 ±38	2375 ±10	0.1526	0.6	3.72	4.0	0.1767	4.0	0.989
SD0514-3.1	0.06	196	1213	507	0.43	1109 ±28	2443 ±18	0.1588	1.0	4.11	3.0	0.1877	2.8	0.936
SD0514-3.2	0.15	202	5691	1830	0.33	261 ±18	2762 ±34	0.1923	2.1	1.10	7.4	0.0413	7.1	0.959
SD0514-4.1	0.03	197	1193	444	0.38	1132 ±29	2433 ±10	0.1578	0.6	4.18	2.8	0.1919	2.8	0.978
SD0514-5.1	0.09	139	1069	268	0.26	907 ±24	2695 ±11	0.1846	0.7	3.85	2.9	0.1511	2.8	0.973
SD0514-6.1	0.04	158	880	525	0.62	1221 ±48	2443 ±27	0.1588	1.6	4.57	4.6	0.2085	4.3	0.937
SD0514-7.1	0.05	105	823	547	0.69	890 ±23	2525 ±33	0.1668	1.9	3.40	3.4	0.1480	2.8	0.823

误差为1σ；Pbc和Pb*分别指示普通铅和放射成因铅；所有同位素比率已对测得的^{204}Pb进行了校正。

锆石内部发育大量的裂隙，并有少量磷灰石包裹体出现。利用SHRIMP技术对6颗锆石的7个微区进行U-Pb同位素年龄测定，分析结果如表3-20所示。其中锆石边部U、Pb同位素体系多已遭受严重破坏，呈现出强烈的铅丢失现象，其他5个锆石核部的同位素测定结果也都显示明显的铅丢失或铅捕获情形。在谐和图（图3-38）上，没有一个测点位于谐和线上，表明：由于该岩石遭受碎裂变形和流体作用叠加改造，加之较高含量的U（及Th）成分，已经导致锆石整体U-Pb系统的破坏。但5个锆石核部的年龄测定结果对于限定该类岩石的形成时代仍具有参考意义，相应5个测点的 $^{207}Pb/^{206}Pb$ 表面年龄介于 $2375\pm10\sim2525\pm33Ma$，并构成不一致线，相应上交点年龄为 $2498\pm13Ma$，该年龄基本界定了该岩体的形成时代。

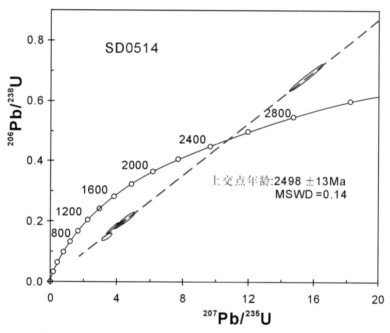

图3-38 SD0514花岗岩SHRIMP法锆石U-Pb同位素年龄谐和图

（六）玉皇顶片麻状石英闪长岩

片麻状石英闪长岩（SD0606）采自泰山风景区内的玉皇顶一带，采样地点经纬度坐标为N：36°15′19.2″，E：117°06′07.8″。片麻状石英闪长岩中的锆石矿物晶体粗大，柱面结构相对发育，形成长柱状晶体。阴极发光图像显示，锆石多发育平行带状结构（图3-39），明显不同于发育细密振荡环带结构的锆石类型。稀土元素图谱特征也是轻重稀土分异强烈，有比较明显的负铕异常和强烈

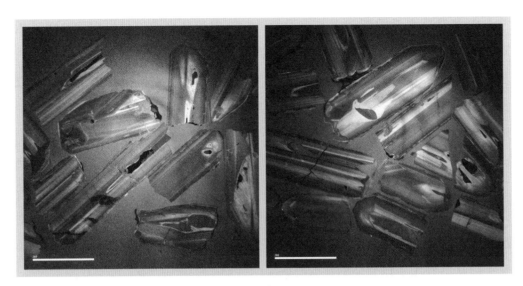

图3-39　SD0606片麻状石英闪长岩的锆石CL图像

的正铈异常（图3-40），具有岩浆结晶成因锆石的稀土组成特点。共完成20颗锆石激光探针等离子质谱U-Pb同位素组成测定，分析结果见表3-21所示。所有20个测点的$^{206}Pb/^{238}U$表面年龄与$^{207}Pb/^{206}Pb$表面年龄的谐和度均在95%以上，除16号锆石外，其余各测点皆位于谐和线上（图3-41）其$^{207}Pb/^{206}Pb$表面年龄加权平均值为2515±26Ma（MSWD＝0.23），$^{206}Pb/^{238}U$表面年龄加权平均值为2523±16Ma（MSWD＝1.4），两组年龄在误差范围内相当一致，本文选取

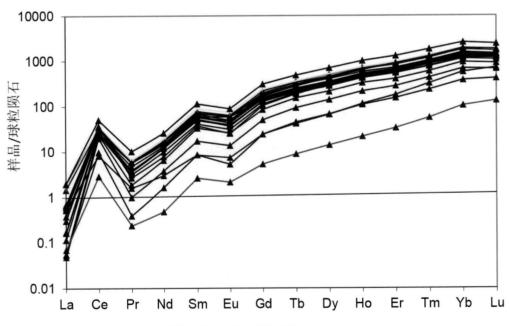

图3-40　片麻状石英闪长岩中锆石稀土元素配分模式图

表3-21 片麻状石英闪长岩（SD0606）激光探针质谱锆石U-Pb同位素年龄测定结果

测点	wB/(μg·g⁻¹)					w(^{232}Th)/w(^{238}U)	表面年龄/Ma				同位素原子比率					
	^{204}Pb	^{206}Pb	^{207}Pb	^{232}Th	^{238}U		^{206}Pb/^{238}U	1σ	^{207}Pb/^{206}Pb	1σ	^{207}Pb/^{206}Pb	1σ	^{207}Pb/^{235}U	1σ	^{206}Pb/^{238}U	1σ
SD0606-01	2.36	103.5	18.8	44	50	0.889940	2471	26	2481	50	0.16243	0.00495	10.46615	0.30315	0.46707	0.00582
SD0606-02	<1.93	173.5	31.8	98	83	1.190856	2490	24	2487	48	0.16295	0.00477	10.59762	0.29353	0.47147	0.00544
SD0606-03	<1.75	191.8	35.4	109	93	1.176123	2490	24	2489	49	0.16323	0.00484	10.61729	0.29858	0.47156	0.00554
SD0606-04	<1.71	137.8	25.3	66	65	1.011031	2487	28	2492	53	0.16344	0.00524	10.61176	0.32571	0.47071	0.0063
SD0606-05	<1.65	88.8	16.2	30	44	0.691446	2492	27	2496	52	0.16388	0.0052	10.66588	0.32311	0.47187	0.0061
SD0606-06	2.43	208.5	39.0	97	100	0.969570	2539	25	2536	51	0.16784	0.00522	11.1729	0.33104	0.48268	0.00581
SD0606-07	<1.67	130.5	24.1	69	64	1.084626	2552	27	2501	53	0.16432	0.0053	11.00645	0.33928	0.48569	0.00612
SD0606-08	<1.72	150.0	27.4	77	72	1.071130	2562	27	2486	54	0.16286	0.00537	10.95769	0.34564	0.48788	0.00623
SD0606-09	<1.65	194.2	35.8	117	98	1.187036	2504	26	2505	54	0.16472	0.00542	10.78414	0.33909	0.47474	0.00585
SD0606-10	<1.63	142.5	26.3	80	70	1.141245	2522	27	2509	56	0.16516	0.00564	10.90267	0.35712	0.47871	0.00617
SD0606-11	1.96	181.8	34.3	87	92	0.942534	2544	28	2550	60	0.16919	0.00617	11.2904	0.39667	0.48393	0.0064
SD0606-12	2.79	199.2	37.2	132	102	1.297550	2513	28	2543	62	0.16853	0.00632	11.0811	0.40082	0.47682	0.00642
SD0606-13	<1.55	151.4	28.4	25	75	0.328513	2542	30	2544	64	0.1686	0.00658	11.23643	0.4237	0.48332	0.0068
SD0606-14	<1.78	116.1	21.8	62	58	1.074370	2580	33	2538	68	0.16798	0.00698	11.4001	0.45988	0.49215	0.00764
SD0606-15	1.82	226.2	41.8	22	116	0.187511	2587	31	2520	67	0.16625	0.0068	11.32006	0.44883	0.4938	0.00707
SD0606-16	5.62	205.9	42.1	146	108	1.347915	2411	30	2543	71	0.16847	0.00735	10.53748	0.44674	0.45361	0.00685
SD0606-17	1.63	277.6	51.7	106	146	0.728470	2537	32	2552	73	0.16947	0.00758	11.26933	0.4908	0.48224	0.00739
SD0606-18	<1.61	49.3	9.1	4	26	0.150196	2505	36	2539	79	0.16813	0.00811	11.01051	0.51867	0.47492	0.00827
SD0606-19	<1.83	298.9	56.7	224	157	1.429417	2569	34	2568	77	0.17105	0.00811	11.55033	0.53452	0.48966	0.00784
SD0606-20	<1.52	280.5	52.9	151	144	1.055319	2524	35	2576	80	0.17188	0.00844	11.35684	0.54499	0.47914	0.00796

数据在西北大学大陆动力学实验室测定；误差为1σ。

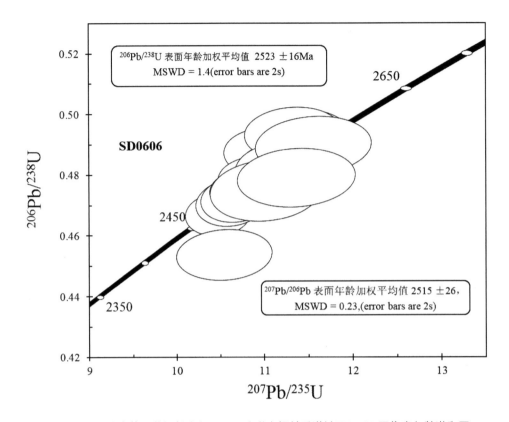

图3-41　片麻状石英闪长岩（SD0606）激光探针质谱锆石U-Pb同位素年龄谐和图

^{206}Pb/^{238}U表面年龄加权平均值2523±16Ma为该片麻状石英闪长岩的成岩年龄。

（七）大众桥片麻状石英闪长岩

片麻状石英闪长岩（SD0611）取自泰山风景区的大众桥一带，属于前人划分的大众桥岩体，采样地点经纬度坐标为N：36° 12′ 21.7″，E：117° 06′ 10.7″。从样品中分选出的锆石基本为自形的双锥柱状晶体（图3-42），阴极发光图像显示，锆石发育振荡环带结构，为典型岩浆结晶成因锆石。锆石矿物的球粒陨石标准化稀土元素图谱特征主要表现为轻重稀土分异强烈、具有明显的负铕异常和正铈异常（图3-43），为典型岩浆锆石的稀土图谱特征。共完成15颗锆石的激光探针等离子质谱U-Pb同位素组成测定，分析结果见表3-22所示。其中12号测点的U、Th含量都在1000ppm以上，大大高于其他测点几十ppm，至多上百ppm的U、Th含量，同位素测定结果显示出强烈的铅丢失现象，其^{206}Pb/^{238}U表面年龄为503±13Ma，^{207}Pb/^{206}Pb表面年龄为1782±149Ma，反

表3-22　　　　大众桥岩体石英闪长岩（SD0611）激光探针质谱锆石U-Pb同位素年龄测定结果

测点	wB/(μg·g⁻¹)					w(^{232}Th)/w(^{238}U)	表面年龄/Ma				同位素原子比率					
	^{204}Pb	^{206}Pb	^{207}Pb	^{232}Th	^{238}U		^{206}Pb/^{238}U	1σ	^{207}Pb/^{206}Pb	1σ	^{207}Pb/^{206}Pb	1σ	^{207}Pb/^{235}U	1σ	^{206}Pb/^{238}U	1σ
SD0611-01	2.66	199.7	37.22	56	96	0.579464	2557	41	2539	96	0.16815	0.0099	11.28895	0.64055	0.48678	0.00939
SD0611-02	<2.59	195.3	36.53	57	97	0.588362	2467	40	2529	96	0.16712	0.00994	10.7478	0.61664	0.46629	0.0092
SD0611-03	3.46	185.6	34.68	54	89	0.609781	2581	42	2538	97	0.16796	0.01005	11.40463	0.65907	0.49231	0.00976
SD0611-04	<2.65	264.3	49.18	66	125	0.533558	2579	42	2534	97	0.16762	0.01007	11.37059	0.66079	0.49184	0.00965
SD0611-05	<2.49	153.0	28.6	36	75	0.479336	2533	43	2537	100	0.16794	0.01039	11.14631	0.66856	0.48124	0.00992
SD0611-06	<2.47	332.6	62.56	121	161	0.753753	2536	44	2542	104	0.16846	0.01081	11.1994	0.69743	0.48202	0.01003
SD0611-07	<2.59	304.5	56.45	93	140	0.661277	2573	46	2520	107	0.16624	0.011	11.24671	0.72371	0.49052	0.01054
SD0611-08	<2.51	190.0	35.49	68	89	0.767486	2547	47	2521	111	0.16635	0.01139	11.11578	0.74123	0.48449	0.0108
SD0611-09	<3.23	195.0	37.59	54	100	0.544679	2433	46	2529	114	0.16715	0.01182	10.57106	0.72885	0.45857	0.0105
SD0611-10	2.48	242.6	45.36	98	118	0.829463	2524	50	2524	118	0.16664	0.01223	11.01477	0.78935	0.47929	0.01141
SD0611-11	<2.92	190.3	35.2	63	92	0.687079	2525	55	2525	131	0.16675	0.01364	11.02375	0.88379	0.47938	0.01261
SD0611-12	13.83	506.8	62.89	1939	1097	1.767232	503	13	1782	149	0.10893	0.00936	1.21805	0.1026	0.08109	0.00222
SD0611-13	2.86	240.1	45.3	78	108	0.719797	2545	60	2543	141	0.16848	0.01488	11.24537	0.97624	0.48401	0.01379
SD0611-14	<2.32	172.6	32.33	40	77	0.512079	2537	62	2531	146	0.16731	0.01533	11.12739	1.00373	0.4823	0.01425
SD0611-15	<2.72	237.5	44.02	69	110	0.627246	2610	66	2514	151	0.16566	0.01574	11.39959	1.06756	0.49904	0.01528

数据在西北大学大陆动力学实验室测定；误差为1σ。

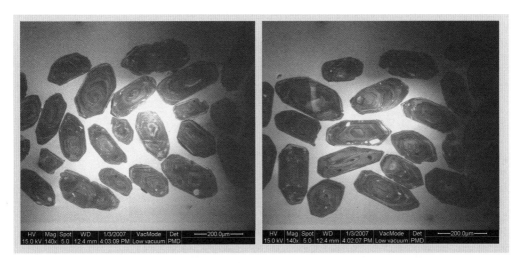

图3-42　石英闪长岩（SD0611）锆石CL图像

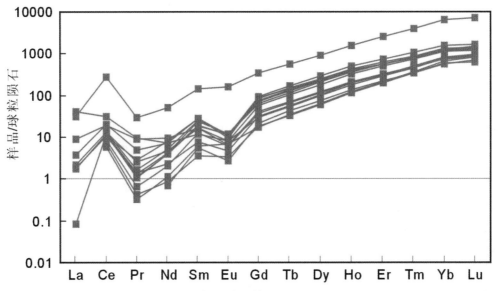

图3-43　石英闪长岩（SD0611）锆石稀土元素图谱

映了后期事件的叠加影响已经导致锆石U-Pb系统的破坏，反映到相应锆石矿物的稀土组成上，其稀土总量较其他数据点高出一个数量级以上。除SD0611-12测试点外，其余14个测点的$^{206}Pb/^{238}U$表面年龄数值的加权统计平均值为$2551\pm28Ma$（MSWD = 0.21），本文认为该年龄代表了大众桥石英闪长岩的形成年龄（图3-44）。

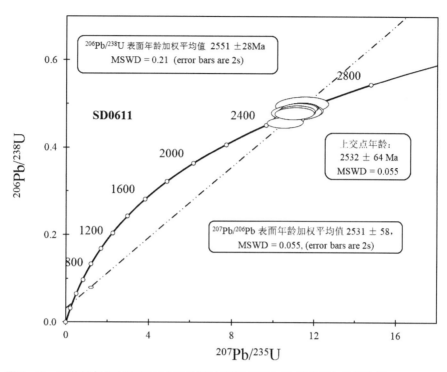

图3-44　石英闪长岩（SD0611）激光探针质谱锆石U-Pb同位素年龄谐和图

（八）中天门二长闪长岩

中天门岩体为二长闪长岩（SD0609-1），岩石样品取自泰山风景区中天门一带，采样地点经纬度坐标为：N：36°14′21.1″，E：117°06′33.1″。二长闪长岩样品中的锆石矿物晶体粗大，柱面结构相对发育。阴极发光图像显示，锆石多发育平行带状结构（图3-45），与样品SD0606的锆石相似。稀土

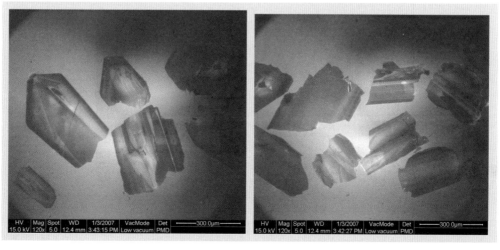

图3-45　SD0609-1片麻状二长闪长岩CL图像

元素图谱特征也是轻重稀土分异强烈、有比较明显的负铕异常和强烈的正铈异常（图3-46），具有岩浆结晶成因锆石的稀土组成特点。共完成15颗锆石的激光探针等离子质谱U-Pb同位素组成测定，分析结果见表3-23所示。其中部分锆石测点的$^{206}Pb/^{238}U$表面年龄与$^{207}Pb/^{206}Pb$表面年龄的谐和度很高，相应测点皆位于谐和线上（图3-47），少部分锆石测点呈现一定程度的反向铅丢失现

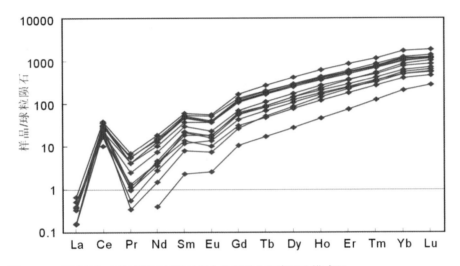

图3-46　SD0609-1片麻状二长闪长岩中锆石稀土元素配分模式图

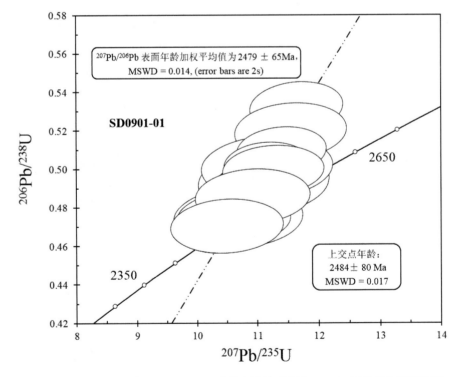

图3-47　片麻状二长闪长岩（SD0609-1）激光探针质谱锆石U-Pb同位素年龄谐和图

表3-23　　　二长闪长岩（SD0609-1）激光探针质谱锆石U-Pb同位素年龄测定结果

测点	wB/(μg·g⁻¹)					$w(^{232}Th)/w(^{238}U)$	表面年龄/Ma				同位素原子比率					
	^{204}Pb	^{206}Pb	^{207}Pb	^{232}Th	^{238}U		^{206}Pb/^{238}U	1σ	^{207}Pb/^{206}Pb	1σ	^{207}Pb/^{206}Pb	1σ	^{207}Pb/^{235}U	1σ	^{206}Pb/^{238}U	1σ
SD0609-01-01	4.13	51.5	9.11	29.13	24.06	1.210723	2752	45	2439	89	0.15846	0.00859	11.63556	0.61594	0.53244	0.01074
SD0609-01-02	<2.66	84.1	15.47	60.1	41.35	1.453446	2655	43	2477	88	0.16202	0.00876	11.38677	0.60042	0.50963	0.01018
SD0609-01-03	<2.54	109.7	19.81	78.92	53.61	1.472113	2624	40	2465	87	0.16093	0.00851	11.15041	0.57399	0.50243	0.00943
SD0609-01-04	<2.31	96.4	17.42	66.85	48.86	1.368195	2559	40	2468	88	0.16114	0.00862	10.82746	0.56376	0.48722	0.00919
SD0609-01-05	<2.34	59.3	10.79	21.91	30.09	0.728149	2580	43	2480	91	0.1623	0.00905	11.01663	0.59892	0.49219	0.00992
SD0609-01-06	<2.44	153.0	27.8	18.49	80.13	0.230750	2474	41	2472	95	0.16151	0.00939	10.41764	0.58953	0.46772	0.00924
SD0609-01-07	<2.19	79.3	14.62	34.42	39.73	0.866348	2502	44	2501	99	0.16438	0.01006	10.74813	0.64113	0.47414	0.0101
SD0609-01-08	<2.17	150.4	27.46	120.83	73.16	1.651586	2612	45	2490	101	0.16325	0.01013	11.24712	0.67969	0.49959	0.01042
SD0609-01-09	<2.36	86.4	15.42	65.33	41.75	1.564790	2699	51	2465	108	0.16089	0.01063	11.53656	0.74474	0.51996	0.01203
SD0609-01-10	<2.56	61.5	11.07	42.88	30.05	1.426955	2505	47	2459	109	0.16032	0.01078	10.49995	0.6887	0.47491	0.01077
SD0609-01-11	<2.61	52.2	9.48	25.01	24.4	1.025000	2553	51	2486	117	0.16286	0.01178	10.91228	0.77063	0.48587	0.01175
SD0609-01-12	3.21	86.5	15.62	71.77	42.22	1.699905	2486	51	2473	121	0.16165	0.01206	10.48883	0.76352	0.47051	0.01154
SD0609-01-13	<2.85	38.8	7.13	24.96	18.92	1.319239	2586	60	2487	130	0.16299	0.01316	11.09162	0.87631	0.49347	0.01394
SD0609-01-14	<2.90	65.0	11.47	25.08	28.73	0.872955	2619	57	2469	130	0.16128	0.01301	11.1459	0.87856	0.50114	0.0133
SD0609-01-15	<1.81	100.8	18.51	67.82	49.61	1.367063	2505	57	2487	134	0.16295	0.01293	10.67353	0.87029	0.47497	0.01293

数据在西北大学大陆动力学实验室测定；误差为1σ。

象，但15个测点都具有一致的$^{207}Pb/^{206}Pb$表面年龄，相应的加权统计平均值为2479±65Ma（MSWD＝0.014），该数据代表了该二长闪长岩的形成年龄。

（九）普照寺型细粒闪长岩

普照寺型细粒闪长岩，主要分布于泰山风景区普照寺一带，呈小的岩株、岩脉状产出，野外可见，该类岩石侵入傲徕山型二长花岗岩和大众桥石英闪长岩等。其中，样品SD0612取自普照寺一带、呈岩株状产出的细粒闪长岩（经纬度坐标为N：36°12′25″，E：117°06′37″）。从样品中分选出的锆石，多呈锥柱状晶形，自形程度高，锆石的CL图像灰暗，但仍有明显可见的振荡环带式阴极发光结构（图3-48），少部分锆石呈现不规则状形态，阴极发光结构呈条带状。本次研究，使用SHRIMP离子探针质谱技术对该岩石样品的14颗锆石开展了U-Pb同位素年龄测定，测试结果如表3-24所示，其中2.1、3.1、11.1号测点有相对明显的铅丢失现象，其余12个测点大都落在谐和线上或相当邻近谐和线（图3-49），而且具有比较一致的$^{207}Pb/^{206}Pb$表面年龄，相应12个测点的$^{207}Pb/^{206}Pb$表面年龄加权平均值为2467±17Ma（MSWD＝1.8），这一年龄结果也与除11.1号测点以外其余14个测点得到的不一致线上交点年龄2481±17Ma

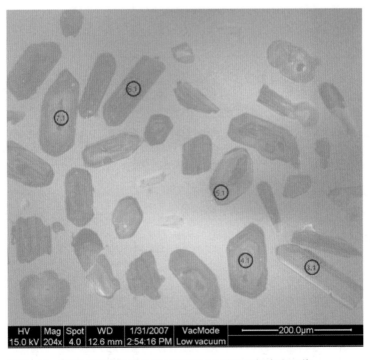

图3-48　普照寺型细粒闪长岩（SD0612）锆石阴极发光图像

表3-24 普照寺型细粒闪长岩（SD0612）SHRIMP法锆石U-Pb同位素年龄测定结果

分析点号	206Pbc/%	wB/(μg·g⁻¹) 206Pb*	U	Th	$^{232}Th/^{238}U$	表面年龄/Ma $^{207}Pbx/^{206}Pb$	±	$^{206}Pb/^{238}U$	±	$^{207}Pb*/^{206}Pb*$	±%	同位素原子比率 $^{207}Pb*/^{235}U$	±%	$^{206}Pb*/^{238}U$	±%	误差相关
SD0612-1.1	0.24	136	381	356	0.97	2472	±13	2240	±52	0.1616	0.78	9.26	2.9	0.416	2.8	0.962
SD0612-2.1	0.95	61.3	211	483	2.37	2423	±31	1866	±46	0.1569	1.8	7.26	3.4	0.3356	2.9	0.846
SD0612-3.1	0.68	191	994	729	0.76	2226	±15	1291	±31	0.1399	0.87	4.28	2.8	0.2218	2.7	0.951
SD0612-4.1	0.64	35.6	86	130	1.56	2475	±26	2523	±62	0.1618	1.6	10.69	3.3	0.479	3.0	0.885
SD0612-5.1	0.83	34.4	92	78	0.88	2414	±29	2315	±66	0.1561	1.7	9.30	3.8	0.432	3.4	0.894
SD0612-6.1	0.28	113	305	310	1.05	2457	±12	2309	±53	0.1601	0.71	9.51	2.8	0.431	2.7	0.968
SD0612-7.1	0.45	38.4	94	188	2.06	2511	±22	2494	±60	0.1654	1.3	10.77	3.2	0.472	2.9	0.910
SD0612-8.1	1.56	22.2	53	81	1.57	2424	±52	2507	±64	0.1571	3.1	10.29	4.4	0.475	3.1	0.709
SD0612-9.1	0.62	69.3	181	244	1.40	2437	±30	2366	±56	0.1583	1.8	9.68	3.3	0.444	2.8	0.846
SD0612-10.1	0.23	105	278	272	1.01	2450	±16	2347	±55	0.1595	0.94	9.66	2.9	0.439	2.8	0.947
SD0612-11.1	1.56	50.7	216	312	1.49	2183	±42	1538	±39	0.1365	2.4	5.07	3.8	0.2694	2.9	0.760
SD0612-12.1	0.29	56.0	131	219	1.73	2519	±20	2602	±63	0.1661	1.2	11.39	3.2	0.497	3.0	0.928
SD0612-13.1	0.94	25.3	59	83	1.45	2462	±38	2597	±68	0.1606	2.2	10.98	3.9	0.496	3.2	0.819
SD0612-14.1	0.66	108	274	567	2.13	2478	±19	2412	±56	0.1622	1.1	10.14	3.0	0.454	2.8	0.926

误差为1σ；Pbc和Pb*分别指示普通铅和放射成因铅；所有同位素比率已对测得的^{204}Pb进行了校正。

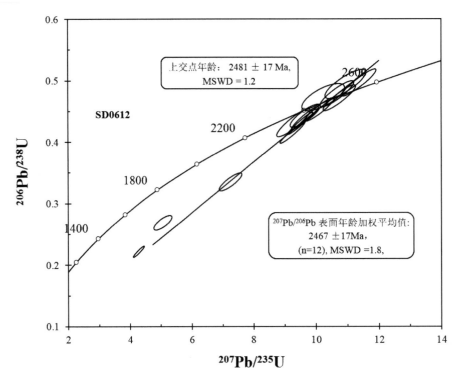

图3-49　闪长岩（SD0612）SHRIMP法锆石U-Pb同位素年龄谐和图

（MSWD＝1.2）基本一致，鉴于前者MSWD值稍大，本文采用不一致线上交点年龄代表该岩石样品的形成时代。

　　SD0610-01样品取自泰澳山庄一带环山公路旁（经纬度坐标为N：36°12′17.7″，E：117°05′10.9″），从样品中分选出来的锆石多为不规则、它形形态，颗粒大小不均（图3-50）；阴极发光图像显示，锆石矿物呈现缕状或条带状阴极发光结构，与SD0612样品中主体锆石的自形形态、振荡环带阴极发光结构特点明显不同，这种差异可能与两者地质产状不同所引发的岩浆结晶温压条件变化有关。本次研究，使用SHRIMP离子探针质谱技术对该岩石样品的10颗锆石开展了U-Pb同位素年龄测定，测试结果见表3-25，部分测点如1.1、6.1、7.1、10.1出现相对明显的铅丢失，其余6个点大都落在谐和线上或邻近谐和线（图3-51）。除测点7.1外，其余9个点均具有比较一致的$^{207}Pb/^{206}Pb$表面年龄，相应年龄数值的加权统计平均值为2480.1±6.8Ma（MSWD＝1.18），代表了该岩石样品的形成时代，并与普照寺一带细粒闪长岩的形成时代完全一致，两者应为同成因、同时代岩浆活动的产物。

　　除上述泰山本区获得的新太古代晚期侵入岩体同位素年龄信息外，王世进

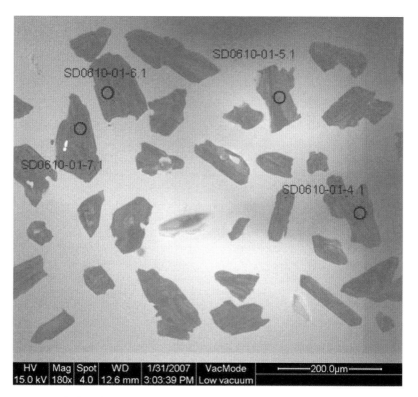

图3-50　闪长岩（SD0610-01）锆石阴极发光图像

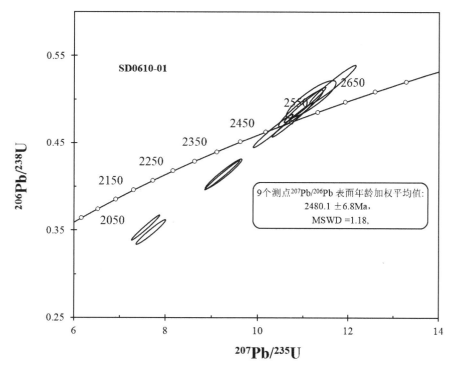

图3-51　闪长岩（SD0610-01）SHRIMP法锆石U-Pb同位素年龄谐和图

表3-25　普照寺型细粒闪长岩（SD0610-01）SHRIMP法锆石U-Pb同位素年龄测定结果

点号	206Pbc/%	wB/(μg·g⁻¹)			$^{232}Th/^{238}U$	表面年龄/Ma		同位素原子比率						误差相关
		$^{206}Pb*$	U	Th		$^{206}Pb/^{238}U$	$^{207}Pb/^{206}Pb$	$^{207}Pb*/^{206}Pb*$	±%	$^{207}Pb*/^{235}U$	±%	$^{206}Pb*/^{238}U$	±%	
SD0610-01-1.1	0.27	489	484	1.02	173	2217±95	2477±13	0.1621	0.76	9.17	5.1	0.410	5.1	0.989
SD0610-01-2.1	0.33	235	155	0.68	98.3	2551±110	2477±17	0.1621	1.0	10.85	5.2	0.485	5.1	0.982
SD0610-01-3.1	0.51	209	201	0.99	89.8	2598±110	2476±27	0.1619	1.6	11.08	5.4	0.496	5.1	0.954
SD0610-01-4.1	0.22	309	142	0.47	130	2567±110	2477.4±9.4	0.16207	0.56	10.93	5.1	0.489	5.1	0.994
SD0610-01-5.1	0.35	382	279	0.75	151	2437±100	2473.2±9.5	0.16167	0.56	10.24	5.1	0.459	5.1	0.994
SD0610-01-6.1	0.83	450	802	1.84	134	1908±84	2458±12	0.1602	0.68	7.61	5.1	0.344	5.1	0.991
SD0610-01-7.1	0.30	859	577	0.69	259	1932±84	2408.0±8.1	0.15556	0.48	7.50	5.1	0.350	5.1	0.996
SD0610-01-8.1	0.17	198	117	0.61	87.3	2665±110	2493±12	0.1635	0.70	11.55	5.2	0.512	5.1	0.991
SD0610-01-9.1	0.19	496	434	0.90	201	2492±100	2494.3±7.4	0.16371	0.44	10.65	5.1	0.472	5.1	0.996
SD0610-01-10.1	0.31	635	805	1.31	224	2210±95	2477.8±6.9	0.16211	0.41	9.14	5.1	0.409	5.1	0.997

误差为1σ；Pbc和Pb*分别指示普通铅和放射成因铅；所有同位素比率已对测得的 ^{204}Pb 进行了校正。

等（2010、2012b）对泰山邻区新太古代晚期峄山岩套进行了SHRIMP U-Pb测年，获得了重要的年代学信息，现补充叙述如下。他们共采集了4个样品，分别为采自泰山外围泗水县圣水峪镇，岩性为片麻状中粒黑云英云闪长岩（窝铺岩体）；邹城市大束片麻状粗中粒含角闪黑云花岗闪长岩（马家河岩体）；邹城市匡庄镇，岩性为斑状片麻状含黑云花岗闪长岩（宁子洞）和蒙山龟蒙顶片麻状中粒花岗闪长岩。

　　从窝铺片麻状中粒黑云英云闪长岩中分选出的锆石呈柱状，长轴通常大于100μm，阴极发光下岩浆环带不明显（图3-52a、b）。共在8颗锆石上进行了8个数据点分析，$^{207}Pb/^{206}Pb$加权平均年龄为2532±9Ma（图3-53a）。从马家河片麻状粗中粒含角闪黑云花岗闪长岩中选出的锆石呈等轴状或柱状，阴极发光下，通常能看出发育较明显的环带结构（图3-52c，d）。共在8颗锆石上进行了8个数据点分析，靠近谐和线的7个数据点$^{207}Pb/^{206}Pb$加权平均年龄为2526±10Ma（图3-53b）。从宁子洞斑状片麻状含黑云花岗闪长岩中分选出的锆石大部分呈短柱状或等轴状，阴极发光下通常显示发育较明显的环带结构（图3-52e，f），9个数据点$^{207}Pb/^{206}Pb$加权平均年龄为2514±18Ma（图3-53-c）。

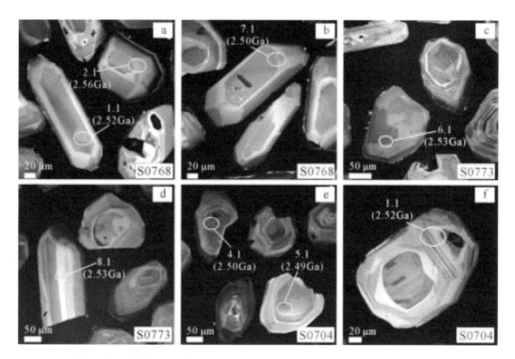

图3-52　峄山岩套片麻状英云闪长岩和花岗闪长岩锆石阴极发光图像（据王世进等，2012b）

a，b—窝铺片麻状中粒黑云英云闪长岩；c，d—马家河片麻状粗中粒含角闪黑云花岗闪长岩；e，f—宁子洞斑状片麻状含黑云花岗闪长岩

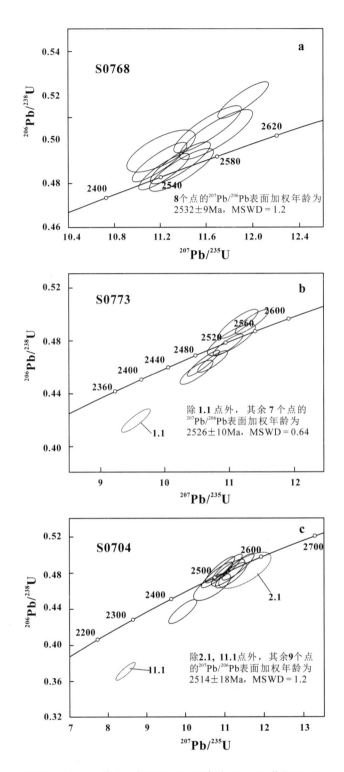

图3-53　峄山岩套英云闪长岩、花岗闪长岩SHRIMP法锆石U-Pb谐和图（据王世进等，2012b）

a—窝铺片麻状中粒黑云英云闪长岩（S0768）；b—马家河片麻状粗中粒含角闪黑云花岗闪长岩（S0773）；

c—宁子洞斑状片麻状含黑云花岗闪长岩（S0704）

蒙山龟蒙顶片麻状中粒花岗闪长岩样品中阴极发光下多数锆石环带不明显，部分锆石存在残余核，大部分锆石呈长柱状，少数为短柱状，长轴通常大于150μm。$^{207}Pb/^{206}Pb$加权平均年龄计算，结果为2539±17Ma，以上4个数据均代表岩浆锆石的形成年龄。

前人多认为泰山及邻区的深成侵入体从新太古代早期富钠质的英云闪长岩系列向新太古代晚期钾质的二长花岗岩系列演化，反映了从俯冲到碰撞的构造演化过程。实际上经大量岩石学和年代学研究后发现，新太古代晚期深成侵入体组合比前人预计的要复杂得多。由于峄山TTG岩石的时代从原认为的新太古代早期厘定为新太古代晚期，因此新太古代晚期岩浆活动既包括了TTG组合，也包括了大规模的傲徕山岩套二长花岗岩。尽管二者的形成时代均属新太古代晚期，但峄山岩套遭受区域变质作用，普遍具片麻状构造，而傲徕山岩套二长花岗岩未明显受到区域变质作用影响，其形成时代还是有先后的差别。王世进等（2012b）推测峄山岩套TTG类岩石形成于2560～2530Ma之间，而傲徕山岩套二长花岗岩形成时代为2530～2500Ma，与野外地质事实比较吻合。因此，上述年代学资料启迪我们泰山及邻区地质演化过程要比前人认识更复杂，除2.60Ga外，2.53Ga也可能是该区从TTG向GMS演变的另一重要时间节点，对此将在本书中篇进一步探讨。

四、中元古代辉绿玢岩斜锆石U-Pb年龄

鲁西地区发育有大规模的中元古代基性岩墙群，侵位于早前寒武纪结晶基底内，未变形变质，以北北西向和近南北向为主，是鲁西前寒武纪最引人注目的一种伸展构造标志。鲁西基性岩墙群属于板内大陆裂谷拉斑玄武岩系列，与板内大陆裂谷活动密切相关，代表一种非造山岩浆活动。该岩墙群富集大离子亲石元素（LILE），略亏损高场强元素（HFSE），比较富集Cr、Ni，明显亏损Th。稀土元素配分模式为轻稀土略富集的右倾曲线。鲁西基性岩墙群的微量元素和稀土元素特征反映源区为略富集的地幔。从时空分布特征、构造特征、岩石化学相关性、岩浆源区和古构造应力场分析，鲁西基性岩墙群与燕辽拗拉槽系有一定的成生联系（侯贵廷等，2005）。

出露于泰山红门景区的红门期辉绿玢岩（图3-54）是华北中元代典型的基

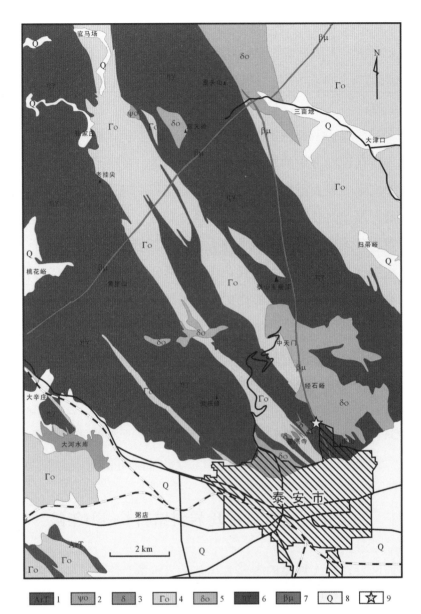

图3-54　泰山地区地质简图（据1：5万地质图修改）（据相振群等，2012）

1—泰山岩群；2—角闪岩；3—闪长岩；4—英云闪长岩；5—石英闪长岩；6—二长花岗岩；7—辉长辉绿岩；8—第四系；9—采样位置

性岩墙群之一。红门期辉绿玢岩宽20～40m，直立，走向上平直，切穿了中天门期英云闪长岩、石英闪长岩和二长花岗岩等。红门景区发育两条辉绿岩墙，一条走向近北北西（350°左右），出露长度10km以上；另一条走向北东，出露长度15km以上。采样点位于泰山红门景区入口处。

辉绿玢岩由蚀变斜长石（55%～60%）、辉石（40%±）和少量石英

（＜5%）组成，副矿物主要为磁铁矿和磷灰石。矿物粒径0.2～4mm。斜长石呈半自形-自形板状、长板状，具较强帘石、绢云母化。辉石呈浅褐色柱状，有的被阳起石交代，分布于斜长石格架间。石英呈它形粒状充填斜长石和辉石粒间。岩石具有辉长辉绿结构、块状构造。

根据岩石化学分析结果，泰山红门景区辉绿玢岩化学组成特征如下：SiO_2 为 50.14%～50.34%，MgO 为 5.2%～7.44%，FeOT 为 10.1%～13.2%，$K_2O + Na_2O$ 为 2.8%～4.25%，Al_2O_3 为 12.11%～15.21%，具有较低的 TiO_2 含量 1%～1.56%，具有低的烧失量（三件样品的 LOI 分别为 0.84%，0.96% 和 1.19%），表明蚀变不是很强烈。样品的 $Mg^\#$ 为 47.8～54.3，显示演化的玄武岩的特征。

关于泰山地区巨型辉绿玢岩墙的形成时代研究，前人曾先后采用 Rb-Sr 等时线法、K-Ar 法和常规锆石 U-Pb 法来确定其形成年龄，最终认为其形成于 1718～1760Ma（王世进，1991；庄育勋等，1997）。Rb-Sr 和 K-Ar 同位素体系由于极易遭受后期热事件扰动改造，而导致年龄测定结果的不确定性；另外辉绿岩属贫硅的基性岩，难以形成同岩浆结晶锆石，也即辉绿岩中的锆石应基本为捕获成因，形成年龄复杂，自然也就不能用以确定寄主岩的时代。斜锆石 U-Pb 同位素测年是目前公认的、有效确定基性岩形成时代的最佳方法。

为此，我们从该辉绿玢岩中分选出了适合进行 U-Pb 同位素测年的矿物斜锆石。斜锆石为紫红色透明片状小晶体，晶体粒度变化很大，晶体短轴 10～70μm，长轴方向可达 20～150μm；阴极荧光照片显示，测年样品斜锆石阴极发光很弱：很多颗粒或者很多颗粒的大部分晶域的发光比环氧树脂靶还弱。斜锆石内部具有不规则的条带状分带特征（图3-55）。针对分选出的斜锆石，分别采用热电离质谱法与 Camaca SIMS 法确定其时代，并获得成功，测定结果见表3-26、表3-27。热电离质谱法共完成锆石测点5个，各测点之间测年结果相当一致，在谐和图中，皆投点于谐和线上并套合于一起（图3-56），相应 $^{206}Pb/^{238}U$ 表面年龄数值的加权统计平均值为 1621.1±8.8Ma。Camaca SIMS 法斜锆石 U-Pb 测年结果见表3-27和图3-57。共测定了28个 U-Th-Pb 同位素数据点，全部28个点的 $^{207}Pb/^{206}Pb$ 表面年龄加权平均值为 1632.4±4.2Ma；而谐和度相对较好的26个点（不包括谐和度分别为114和115的两个点）的谐和年龄为 1632.7±8.6Ma。二者在误差范围内完全一致。SIMS 法结果与前述 ID-TIMS 法结果（1621.1±8.8Ma）在误差范围内是一致的，辉绿玢岩的侵位年龄应在 1626Ma 左右。

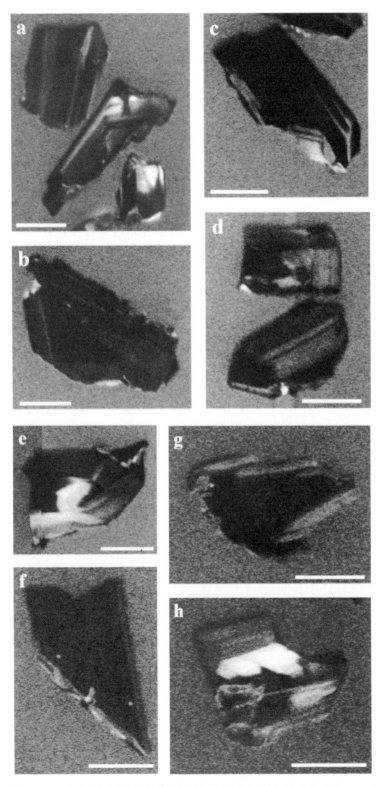

图3-55 泰山红门景区辉绿玢岩斜锆石阴极发光图像（据相振群等，2012）
比例尺线段的长度为30μm

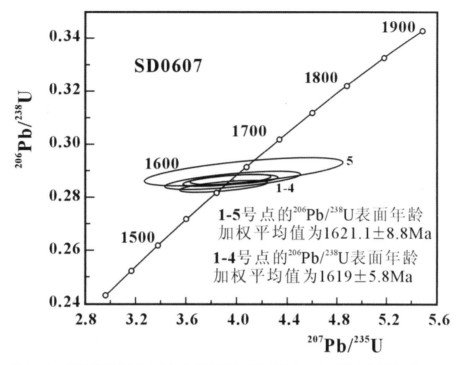

图3-56 辉绿玢岩（SD0607）热电离质谱TIMS法斜锆石U-Pb同位素年龄谐和图

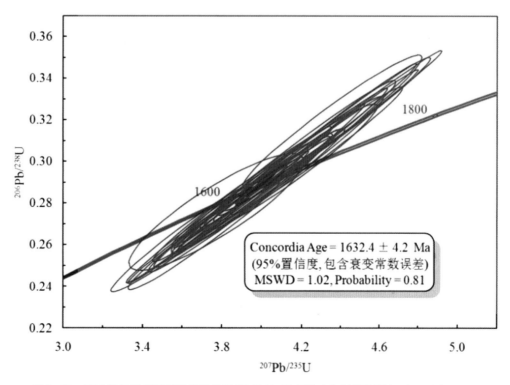

图3-57 泰山红门景区辉绿玢岩斜锆石SIMS U-Pb同位素年龄谐和图（据相振群等，2012）

表3-26　辉绿玢岩（SD0607）斜锆石热电离质谱法（TIMS）U–Pb同位素年龄测定结果

样品情况		质量分数				同位素原子比率*					表面年龄（Ma）		
点号	锆石特征	质量（μg）	U（μg/g）	Pb（μg/g）	样品中普通铅含量（ng）	$^{206}Pb/^{204}Pb$	$^{208}Pb/^{206}Pb$	$^{206}Pb/^{238}U$	$^{207}Pb/^{235}U$	$^{207}Pb/^{206}Pb$	$^{206}Pb/^{238}U$	$^{207}Pb/^{235}U$	$^{207}Pb/^{206}Pb$
1	紫红色透明小片晶	10	368	166	0.340	115	0.05246	0.2840（18）	3.893（274）	0.0994（66）	1612	1612	1613
2	紫红色透明小片晶	10	312	262	1.10	46	0.08550	0.2860（20）	3.975（287）	0.1008（69）	1622	1629	1639
3	紫红色透明小片晶	10	241	201	0.690	47	0.09838	0.2865（29）	3.968（436）	0.1005（105）	1624	1628	1633
4	紫红色透明小片晶	10	314	147	0.340	108	0.05277	0.2862（20）	3.941（297）	0.0999（71）	1623	1622	1622
5	紫红色透明小片晶	10	194	173	0.510	45	0.1231	0.2897（42）	4.063（646）	0.1017（153）	1640	1647	1655

* $^{206}Pb/^{204}Pb$ 已对实验室空白（Pb＝0.050ng，U＝0.002ng）及稀释剂做了校正。其他比率中的铅同位素均为放射成因铅同位素。括号内的数字为2σ绝对误差，例如，0.2840（18）表示0.2840±0.0018（2σ）。

表3-27　辉长辉绿岩中斜锆石SIMS U-Pb同位素分析结果

样品点号	$^{206}Pb/^{204}Pb$	含量（ppm）			Th/U	比值							表面年龄（Ma）						谐和度
		U	Th	Pb		$^{207}Pb/^{206}Pb$	%	$^{207}Pb/^{235}U$	%	$^{206}Pb/^{238}U$	%	ρ	$^{207}Pb/^{206}Pb$	±1s	$^{207}Pb/^{235}U$	±1s	$^{206}Pb/^{238}U$	±1s	
SD0608-1-1	44715	986	168	359	0.170	0.1000	0.55	4.3503	4.14	0.3154	4.10	0.99	1625	10	1703	35	1767	64	109
SD0608-1-2	1850	392	22	139	0.057	0.0992	1.16	4.3633	4.28	0.3192	4.11	0.96	1608	21	1705	36	1786	64	111
SD0608-1-3	14838	1492	100	478	0.067	0.1009	0.44	3.9842	4.16	0.2863	4.13	0.99	1641	8	1631	34	1623	60	99
SD0608-1-4		1415	82	448	0.058	0.1014	0.52	3.9598	4.25	0.2833	4.21	0.99	1650	10	1626	35	1608	60	97
SD0608-1-5	39791	482	31	143	0.064	0.1015	0.94	3.7107	4.22	0.2650	4.11	0.98	1653	17	1574	34	1515	56	92
SD0608-1-6	56305	575	19	184	0.032	0.1013	0.81	4.0109	4.18	0.2872	4.10	0.98	1648	15	1636	35	1628	59	99
SD0608-1-7	4504	599	74	194	0.123	0.1006	0.94	3.9533	4.21	0.2850	4.10	0.97	1635	17	1625	35	1616	59	99
SD0608-1-8	14925	2042	82	769	0.040	0.1004	0.73	4.6956	4.19	0.3392	4.13	0.98	1632	13	1766	36	1883	68	115
SD0608-1-9	70767	1586	122	542	0.077	0.1003	0.55	4.2140	4.14	0.3047	4.10	0.99	1630	10	1677	35	1714	62	105
SD0607-1	71516	943	40	323	0.043	0.1000	0.85	4.2438	4.24	0.3077	4.15	0.98	1625	16	1683	35	1729	63	106
SD0607-2	31697	1217	101	366	0.083	0.1000	0.50	3.6999	4.13	0.2683	4.10	0.99	1624	9	1571	34	1532	56	94
SD0607-3	3177	586	41	172	0.071	0.0994	0.97	3.6155	4.22	0.2638	4.11	0.97	1613	18	1553	34	1509	56	94
SD0607-4		1995	81	637	0.041	0.1000	0.34	3.9579	4.11	0.2870	4.10	1.00	1624	6	1626	34	1627	59	100
SD0607-5	95125	842	33	262	0.039	0.0996	0.79	3.8465	4.18	0.2800	4.10	0.98	1617	15	1603	34	1591	58	98

（续表）

样品点号	含量（ppm）					比值							表面年龄（Ma）						谐和度
	$^{206}Pb/^{204}Pb$	U	Th	Pb	Th/U	$^{207}Pb/^{206}Pb$	%	$^{207}Pb/^{235}U$	%	$^{206}Pb/^{238}U$	%	ρ	$^{207}Pb/^{206}Pb$	±1s	$^{207}Pb/^{235}U$	±1s	$^{206}Pb/^{238}U$	±1s	
SD0607-6	3274	797	45	264	0.056	0.1013	1.12	4.1466	4.37	0.2970	4.22	0.97	1648	21	1664	36	1676	63	102
SD0607-7	90863	2185	185	791	0.085	0.1009	0.48	4.4700	4.14	0.3212	4.11	0.99	1641	9	1725	35	1796	65	109
SD0607-8		77	2	24	0.025	0.0992	2.30	3.7712	4.75	0.2757	4.16	0.88	1609	42	1587	39	1570	58	98
SD0607-9	83741	1435	77	430	0.053	0.0997	0.55	3.6934	4.15	0.2688	4.11	0.99	1618	10	1570	34	1535	56	95
SD0607-10	113111	870	81	271	0.093	0.1006	0.57	3.8469	4.14	0.2773	4.10	0.99	1635	11	1603	34	1578	58	96
SD0607-11		970	73	360	0.075	0.1001	0.47	4.5720	4.13	0.3314	4.11	0.99	1625	9	1744	35	1845	66	114
SD0607-12	41233	442	15	156	0.034	0.1006	0.70	4.4132	4.17	0.3182	4.11	0.99	1635	13	1715	35	1781	64	109
SD0607-13	3583	936	44	300	0.047	0.0994	0.63	3.9502	4.15	0.2882	4.10	0.99	1613	12	1624	34	1632	59	101
SD0607-14	114250	375	21	128	0.055	0.1017	0.75	4.2814	4.18	0.3052	4.11	0.98	1656	14	1690	35	1717	62	104
SD0607-15	23626	416	10	126	0.024	0.1010	0.81	3.8216	4.19	0.2744	4.11	0.98	1643	15	1597	34	1563	57	95
SD0607-16	106963	1143	79	401	0.069	0.1011	0.47	4.3597	4.14	0.3129	4.11	0.99	1644	9	1705	35	1755	63	107
SD0607-17	3582	419	11	140	0.026	0.1009	0.86	4.1910	4.20	0.3012	4.11	0.98	1641	16	1672	35	1697	62	103
SD0607-18	357579	1200	127	405	0.106	0.1000	0.62	4.1081	4.15	0.2980	4.10	0.99	1624	11	1656	34	1682	61	104
SD0607-19	125258	661	18	208	0.027	0.1008	0.58	3.9459	4.14	0.2838	4.10	0.99	1640	11	1623	34	1610	59	98

误差为1s；采用实测的 ^{204}Pb 进行普通铅扣除；谐和度：$t_{206/238}/t_{207/206} \times 100$。

在前人工作基础上，根据本轮在泰山一带同位素测年结果（表3-28），泰山岩群表壳岩组合、侵入岩序列及年龄谱系可小结如下：

表3-28　　泰山主要侵入体锆石U-Pb年龄测定结果一览表

采样地点	测年样品岩石类型	年龄数据及方法	年代范围	资料来源
泰山红门	辉绿玢岩（岩墙）	1621.1±8.8 Ma 斜锆石U-Pb	中元古代	陆松年等，2008
		1632.4±4.2 Ma 斜锆石U-Pb		相振群等，2012
泰山普照寺	细粒闪长岩	2480.1±6.8 Ma（S）		
泰山泰澳山庄	细粒闪长岩	2481±17Ma（S）		
泰山中天门	二长闪长岩	2479±65 Ma（S）		
泰山傲徕山黑龙潭瀑布长寿桥侧	二长花岗岩	2520.5±8.5Ma（S）	新太古代晚期	陆松年等，2008
泰山玉皇顶	片麻状石英闪长岩	2523±16 Ma（S）		
泰山大众桥	片麻状石英闪长岩	2551±28 Ma（S）		
黄前水库	英云闪长岩	2557±20Ma（S）		
泰山玉皇顶	花岗岩	2561±23Ma（S）		
栗杭村公路边	白色长英质脉	2609±19Ma（S）		陆松年等，2008
栗杭村	奥长花岗片麻岩	2611±19Ma（S）		
上港	奥长花岗片麻岩	2623±9Ma	新太古代中期	王世进等，2012
新甫山	片麻状花岗闪长岩	2625±15Ma（S）		
栗杭村	英云闪长片麻岩	2627±18Ma（S）		
泰山望府山十八盘	英云闪长片麻岩	2637±22Ma（S）		陆松年等，2008
泰山彩石溪	白色长英质脉	2663±16 Ma（S）		陆松年等，2008
泰山彩石溪	斜长角闪岩	2678±26 Ma（S）		
徂徕山	英云闪长质片麻岩	2711±11Ma（S）		万渝生等，2015
泰山桃花峪	英云闪长质片麻岩	2711±10Ma（S）	新太古代早期	
泰安市钟秀山庄	英云闪长质片麻岩	2712±7Ma（S）		王世进等，2012
栗杭村	闪长质片麻岩	2741±47Ma（L）2729±37Ma（S）		陆松年等，2008

表中S代表SHRIMP锆石U-Pb测年法、L代表LA-ICPMS锆石U-Pb测年法。

中元古代早期基性岩墙群

8）中元古代早期红门辉绿玢岩岩墙，～1.62Ga

新太古代晚期泰山岩群上亚群及以GMS组合为主的侵入岩

7）花岗岩－伟晶岩岩脉群2.42～2.45Ga（？）

6）新太古代晚期正长花岗岩 ～2.45Ga

5）新太古代晚期普照寺闪长岩 ～2.48Ga

4）新太古代晚期泰山岩群上亚群及花岗岩－傲徕山二长花岗岩 2.50～2.55Ga

新太古代中期TTG组合

3）新太古代中期英云闪长岩－奥长花岗岩－（花岗闪长岩）（TTG）及深熔淡色脉体及由孟家屯岩组石榴石英岩揭示的变质作用2.65～2.60Ga

新太古代早期泰山岩群及早期侵入体

2）新太古代中期彩石溪辉长岩的侵入（斜长角闪岩）～2.68Ga

1）新太古代早期泰山岩群的形成及闪长岩－英云闪长岩的侵入2.70～2.75Ga

泰山仅为鲁西花岗岩－绿岩带的一部分，在鲁西新太古代三条岩浆岩带中也仅为中带的西北端，但由于极佳的岩石露头、清晰的侵入与被侵入的地质关系、多种复杂的岩石类型和岩石组合及较高水平的研究程度，不仅使泰山成为我国新太古代花岗岩－绿岩带的标准之一，而且成为全球新太古代地质演化的窗口。然而，泰山岩群各类岩石组合的相互关系和精细年代及新太古代侵入体岩石组合揭示的地质演化规律仍有不少未解之谜，特别是造成多期次从TTG向GMS演化的原因仍需不断地探索和解惑。

参考文献（上篇）

［1］艾宪森, 张成基, 王世进. 1998. 山东省十年来区域地质调查工作新进展. 中国区域地质, 17（3）: 228-235.

［2］白瑾, 戴凤岩. 1994. 中国早前寒武纪的地壳演化. 地球学报, 3-4: 73-87.

［3］白瑾, 黄学光, 王惠初等. 1996. 中国前寒武纪地壳演化（第二版）. 北京: 地质出版社, 1-250.

［4］白瑾, 王汝铮, 郭进京. 1992. 五台山早前寒武纪重大地质事件及其年代. 北京: 地质出版社, 1-65.

［5］白瑾. 1986. 五台山早前寒武纪地质. 天津: 天津科学技术出版社, 1-473.

［6］白瑾. 1993. 华北陆台北缘前寒武纪地质及铅锌成矿作用. 北京: 地质出版社, 9-14, 47-59.

［7］曹国权, 王致, 董一杰等. 1987. 鲁西山区与早、中前寒武系有关的几个地质问题的新认识. 中国地质科学院院报, 16: 189-200.

［8］曹国权. 1996. 鲁西早前寒武纪地质, 北京: 地质出版社, 1-210.

［9］陈克强. 2013. 纪念程裕淇先生诞辰100周年. 中国地质科学院编, 程裕淇纪念文集. 北京: 地质出版社, 92-106.

［10］陈亮. 2007. 固阳绿岩带的地球化学和年代学. 博士后出站报告. 北京: 中国科学院地质与地球物理研究所, 1-40.

［11］陈文, 万渝生, 李华芹等. 2011. 同位素地质年龄测定技术及应用. 地质学报, 85（11）: 1917-1947.

［12］陈雪, 陈岳龙, 李大鹏等. 2015. 华北克拉通五台岩群LA-ICP-MS锆石U-Pb年龄和Hf同位素特征. 地质通报, 34（5）: 861-876.

［13］陈毓川, 朱裕生. 1993. 中国矿床成矿模式. 北京: 地质出版社, 17-23.

［14］程玉明等. 1996. 吉辽地区绿岩带金矿成矿找矿模式. 北京: 地震出版社, 1-243.

[15] 程裕淇, 沈其韩, 王泽九. 1982. 山东太古代雁翎关变质火山–沉积岩. 北京: 地质出版社, 1-72.

[16] 程裕淇. 1987. 有关混合岩和混合岩化作用的一些问题——对半个世纪以来某些基本认识的回顾. 中国地质科学院院报, 16: 5-19.

[17] 程裕淇. 1994. 中国区域地质概论. 北京: 地质出版社, 1-517.

[18] 程裕淇文选编委会, 2005. 程裕淇文选（中卷）: 变质岩的一些基本问题和工作方法. 北京: 地质出版社, 827-1010.

[19] 邓晋福, 吴宗絮, 赵国春等. 1999. 华北地台前寒武花岗岩类、陆壳演化与克拉通形成. 岩石学报, 15（2）: 190-198.

[20] 董申保等. 1986. 中国变质作用及其与地壳演化的关系. 北京: 地质出版社, 1-233.

[21] 杜利林, 庄育勋, 杨崇辉等. 2003. 山东新泰孟家屯岩组锆石特征及其年代学意义. 地质学报, 77: 359-366.

[22] 杜利林, 庄育勋, 杨崇辉等. 2006. 鲁西新泰地区孟家屯岩组岩石学、地球化学及原岩特征. 地质通报, 25（5）: 585-589.

[23] 杜利林, 庄育勋, 杨崇辉. 2003. 鲁西孟家屯岩组中发现红柱石和锌尖晶石. 地质通报, 22（1）: 65-66.

[24] 郭安林, 周鼎武. 1990. 河南中部太古宙登封花岗–绿岩带. 河南地质, 8（2）: 31-37.

[25] 侯贵廷, 李江海, 金爱文等. 2005. 鲁西前寒武纪基性岩墙群. 地质学报. 79（2）: 190-200.

[26] 黄吉友, 宋立品. 2000. 胶北太古宙花岗岩绿岩带概述. 山东地质, 16（3）.

[27] 简平, 张旗, 刘敦一等. 2005. 内蒙古固阳晚太古代赞岐岩（sanukite）–角闪花岗岩的SHRIMP定年及其意义. 岩石学报, 21（1）: 151-157.

[28] 江博明, 沈其韩, 刘敦一等. 1988. 中国太古代地壳演化——泰山杂岩及长期亏损地幔新地壳增生的证据. 中国地质科学院, 地质研究所所刊, 18: 3-57.

[29] 金巍, 李树勋, 刘喜山. 1991. 内蒙大青山地区早前寒武纪高级变质岩系特征和变质动力学. 岩石学报, 4: 27-35.

[30] 荆振刚, 曹希英, 郑云龙, 胡平. 2014. 夹皮沟钾质花岗岩与金矿关系及找矿方向. 吉林地质, 33（1）: 27-30.

［31］劳子强，王世炎，张良等．1996．嵩山区前寒武纪地质构造特征及演化．河南地质矿产与环境文集．北京：中国环境科学出版社，87-95．

［32］劳子强，王世炎．1999．河南省嵩山地区登封群研究的新进展．中国区域地质，18（1）：9-16．

［33］劳子强．1989．登封群剖面特征及其划分．河南地质，7（3）：20-26．

［34］李洪奎，耿科，2012．鲁东地区早前寒武纪花岗岩类演化及大陆地壳生长．山东国土资源，28（4）：8-14．

［35］李惠民，陈志宏，相振群等．2006．秦岭造山带商南—西峡地区富水杂岩的变辉长岩中斜锆石与锆石U-Pb同位素年龄的差异．地质通报，25（6）：1-7．

［36］李俊建，沈保丰，李双保等．1996．辽北—吉南地区太古宙花岗岩-绿岩带．地质地球化学，25（5）：458-467．

［37］李俊建，沈保丰，李双保等．1999．辽北—吉南地区太古宙绿岩带．华北地质矿产杂志，14（1）：27-34．

［38］李俊建，沈保丰．2000．辽吉地区早前寒武纪大陆壳的地质年代表．前寒武纪研究进展，23（4）：242-249．

［39］李曙光，Hart S R，郭安林等．1987．河南中部登封群全岩Sm-Nd同位素年龄及其构造意义．科学通报，32（22）：1728-1731．

［40］李树勋，刘喜山，张履桥．1987．内蒙古色尔腾山地区花岗岩-绿岩的地质特征．长春地质学院学报（变质地质学专辑）．81-102

［41］刘成如，孙占亮，潘永胜．阜平、五台山地区有关地质问题之我见．华北国土资源，2004，1：29-32．

［42］刘敦一，Page R W，Compston W等．1984．太行山—五台山区前寒武纪变质岩系同位素地质年代学研究．中国地质科学院院报，3：57-79．

［43］刘建辉，刘福来，丁正江等．2013．乌拉山地区早古元古代花岗质片麻岩的锆石U-Pb年代学、地球化学及成因．岩石学报，29（2）：485-500．

［44］刘利，张连昌，代堰锫等．2012．内蒙古固阳绿岩带三合明BIF型铁矿的形成时代、地球化学特征及地质意义．岩石学报，28（11）：3623-3637

［45］刘树文．1996．阜平地区麻粒岩的P-T路径研究．高校地质学报，2（1）：75-84．

［46］刘喜山，金巍，李树勋．1992．内蒙古中部早元古代造山事件中麻粒岩相低压

变质作用.地质学报,66（3）:244-256.

［47］陆松年,郝国杰,王惠初等.2017.中国变质岩大地构造.北京:地质出版社,
1-338.

［48］陆松年,陈志宏,相振群.2008.泰山世界地质公园古老侵入岩系年代格架.
北京:地质出版社,1-90.

［49］陆松年,郝国杰主编.2015.中国变质岩大地构造图（1:2500000）说明书.
北京:地质出版社,1-92.

［50］马杏桓,白瑾,索书田等.1987.中国前寒武纪构造格架及研究方法.北京:
地质出版社,1-131.

［51］马旭东,范宏瑞,郭敬辉.2013.阴山地块晚太古代岩浆作用、变质作用对地
壳演化及BIF成因的启示.岩石学报,29（07）:2329-2339.

［52］马旭东,郭敬辉,陈亮等.2010.内蒙古固阳晚太古代绿岩带中科马提岩的
Re-Os同位素研究.科学通报,（55）19:1900-1907.

［53］毛德宝,沈保丰,李俊建等.1997.辽北清原地区太古宙地质演化及其对成矿
控制作用.前寒武纪研究进展,20（3）:1-9.

［54］内蒙古自治区地质矿产局,1986.内蒙古中部东五分子—朱拉沟地区太古宙
地质特征及含矿性研究报告.1-85.

［55］裴荣富.1995.中国矿床模式.北京:地质出版社,39-42.

［56］任云伟.2010.内蒙古西红山地区花岗-绿岩带的研究.博士学位论文.长春:
吉林大学,1-69.

［57］沈保丰,毛德宝.2003.论五台岩群的地质时代.地质调查与研究,26（2）:
72-79.

［58］沈保丰,骆辉,韩国刚等.1994a.辽北—吉南太古宙地质及成矿.北京:地质
出版社,1-255.

［59］沈保丰,孙继源,田永清等.1994b.五台山—恒山绿岩带金矿床地质.北京:
地质出版社,1-180.

［60］沈其韩,耿元生,宋会侠.2016.华北克拉通的组成及其变质演化.地球学报,
37（4）:387-406.

［61］沈其韩,耿元生,杨崇辉.2004.等我国早前寒武纪地层研究的主要新进展.
地层学杂志,28（4）:289-296.

［62］沈其韩, 钱祥麟. 1995. 中国太古宙地质体组成、阶段划分和演化. 地球学报, 2: 113-119.

［63］沈其韩, 宋会侠. 2013. 河南鲁山原"太华岩群"的重新厘定. 地层学杂志, 38（1）: 1-7.

［64］沈其韩. 2008. 再论我国早前寒武纪地层研究的新进展. 地层学杂志, 32（3）: 231-238.

［65］宋志勇, 张增奇, 赵光鲁等. 1994. 鲁西前寒武纪岩石地层清理意见. 山东地质, 10卷增刊: 2-13.

［66］孙大中, 白瑾, 金文山等. 1984. 冀东早前寒武地质. 天津: 天津科学技术出版社, 1-273.

［67］谭锡畴. 1924. 中国1∶100万地质图北京济南幅及其说明书. 农商部地质调查所出版, 4-73（中文）; 1-45（英文）

［68］陶继雄. 2003. 内蒙古固阳地区新太古代变质侵入岩特征及与成矿关系. 地质调查与研究, 26（1）: 21-26.

［69］田永清. 1991a. 五台山五台岩群研究的新进展和动向. 山西地质, 6（1）: 93-99.

［70］田永清. 1991b. 五台山—恒山绿岩带地质及金的成矿作用. 山西科学技术出版社, 1-244.

［71］万渝生, 董春艳, 颉颃强等. 2012a. 华北克拉通早前寒武纪条带状铁建造形成时代——SHRIMP锆石U-Pb定年. 地质学报, 86（9）: 1447-1478.

［72］万渝生, 刘敦一, 王世进等. 2012b. 华北克拉通鲁西地区早前寒武纪表壳岩系重新划分和BIF形成时代. 岩石学报28（11）: 3457-3475.

［73］万渝生, 刘敦一, 王世炎等. 2009. 登封地区早前寒武纪地壳演化: 地球化学和锆石SHRIMP U-Pb年代学制约. 地质学报, 83（7）: 982-999.

［74］万渝生, 苗培森, 刘敦一等. 2010. 华北克拉通高凡群、滹沱群和东焦群的形成时代和物质来源: 碎屑锆石SHRIM PU-Pb同位素年代学制约. 科学通报, 55（7）: 572-578.

［75］万渝生, 宋彪, 杨淳等. 2005. 辽宁抚顺—清原地区太古宙岩石SHRIMP锆石U-Pb年代学及其地质意义. 地质学报, 79（1）: 78-87.

［76］万渝生, 王世进, 任鹏等. 2015. 鲁西徂徕山地区新太古代岩浆作用——锆石

SHRIMP U-Pb定年证据.地球学报，36（5）：634-646.

[77] 万渝生.1986.山东雁翎关地区雌山混合花岗岩地球化学特征及其成因.岩石矿物学杂志，5（3）：203-211.

[78] 万渝生.1987.雌山混合花岗岩及有关岩石的副矿物组合、锆石特征及其地质意义.地质论评，33（3）：229-237.

[79] 万渝生.1990.山东雁翎关地区雌山岩体锆石铀铅年龄报道.地球化学，No.3：239-241.

[80] 王雪，黄小龙，马金龙等.2015.华北克拉通中部造山带南段早前寒武纪变质杂岩的Hf-Nd同位素特征及其地壳演化意义.大地构造与成矿学，39（6）：1108-1118.

[81] 王凯怡，郝杰，周少平，Simon Wilde，Cawood P A.1997.单颗粒锆石离子探针质谱定年结果对五台造山事件的制约.科学通报，42（12）：1295-1298.

[82] 王仁民，贺高品，陈珍珍等.1987.变质岩原岩图解判别法.北京：地质出版社，1-199.

[83] 王世进，万渝生，王伟等.2010.鲁西蒙山龟蒙顶、云蒙峰岩体的锆石SHRIMP U-Pb测年及形成时代.山东国土资源.1-6.

[84] 王世进，万渝生，张成基等.2008.鲁西地区早前寒武纪地质研究新进展.山东国土资源，24（1）：10-19.

[85] 王世进，万渝生，杨恩秀等.2012a.鲁西地区新太古代中期岩浆活动——新甫山与上港等岩体锆石SHRIMP U-Pb定年的证据.山东国土资源，28（4）：1-7.

[86] 王世进，万渝生，宋志勇等.2012b.鲁西峄山岩体的形成时代——锆石SHRIM PU-Pb定年的证据.山东国土资源，28（9）：1-6.

[87] 王世进，万渝生，宋志勇等.2012c.鲁西泰山岩群地层划分及形成时代——锆石SHRIMP U-Pb测年的证据.山东国土资源，28（12）：15-23.

[88] 王世进，万渝生，宋志勇等.2013.鲁西地区新太古代早期的岩浆活动——泰山岩套英云闪长质片麻岩锆石SHRIM PU-Pb年龄的证据.山东国土资源，29（4）：1-7.

[89] 王世进，万渝生，张成基等.2009.山东早前寒武纪变质地层形成年代.山东国土资源，25（10）：18-24.

［90］王世进. 1991. 鲁西地区早前寒武纪侵入岩期次划分及基本特征. 中国区域地质,（4）: 59-81.

［91］王伟, 王世进, 董春艳等. 2010. 山东鲁山地区新太古代壳源花岗岩锆石SHRIMP U-Pb定年. 地质通报, 29（7）: 993-1000.

［92］王伟, 杨恩秀, 王世进等. 2009. 鲁西泰山岩群变质枕状玄武岩岩相学和侵入的奥长花岗岩SHRIMP锆石U-Pb年代学. 地质论评, 55（5）: 737-744.

［93］王泽九, 沈其韩, 金守文. 1987. 河南登封石牌河"变闪长岩体"的部分岩石学和地球化学以及U-Pb同位素年龄. 中国地质科学院院报, 16: 215-225.

［94］伍家善, 耿元生, 沈其韩. 1998. 中朝古大陆太古宙地质特征及构造演化. 北京: 地质出版社, 192-211.

［95］相振群, 李怀坤, 陆松年等. 2012. 泰山地区古元古代末期基性岩墙形成时代厘定——斜锆石U-Pb精确定年. 岩石学报, 28（09）: 2831-2842.

［96］肖玲玲, 蒋宗胜, 王国栋等. 2011. 赞皇前寒武纪变质杂岩区变质反应结构与变质作用P-T-t轨迹. 岩石学报, 27（4）: 980-1002.

［97］徐朝雷, 徐有华, 范嗣昆等. 1991. 关于五台岩群上、下限年龄的讨论. 地球化学, 4: 321-330.

［98］徐惠芬, 董一杰, 施允亨等. 1992. 鲁西花岗岩-绿岩带. 北京: 地质出版社, 1-84.

［99］续世朝. 2004. 论恒山—五台山区五台岩群构造岩石地层划分. 华北国土资源, 60-63.

［100］杨全喜. 2000. 山东蒙阴苏家沟科马提岩岩石学特征. 岩矿测试, 19（1）: 58-62.

［101］杨长秀. 2008. 河南鲁山地区前寒武纪变质岩系的锆石SHRIMP U-Pb年龄, 地球化学特征及环境演化. 地质通报, 27（4）: 517-533.

［102］应思淮. 1980. 泰山杂岩. 北京: 科学出版社, 1-83.

［103］于志臣. 1998. 鲁东胶北地区中太古代唐家庄岩群. 山东地质, 14（2）: 4-10.

［104］翟明国, 卞爱国. 2000. 华北克拉通新太古代末超大陆拼合及古元古代末—中元古代裂解. 中国科学（D辑: 地球科学）, 30（增）: 129-136.

［105］张成基, 王世进. 1996. 山东省侵入岩岩石谱系单位划分序列. 山东地质,

12（2）：92-106.

[106] 张健,刘树文,潘元明等.2004.五台山晚太古代花岗岩的成因及其动力学意义.北京大学学报（自然科学版）,40（2）：216-227.

[107] 张连昌,翟明国,万渝生等.2012.华北克拉通前寒武纪BIF铁矿研究：进展与问题.岩石学报,28（11）：3431-3445.

[108] 张连昌,张晓静,崔敏利等.2011.华北克拉通BIF铁矿形成时代与构造环境.矿物学报,S1666-667.

[109] 张连峰.1994.初论鲁西太古宇"孟家屯岩组".山东地质,10（增刊）：18-20.

[110] 张荣隋,司荣军,宋炳忠等.1998.蒙阴苏家沟科马提岩.山东地质,14：26-33.

[111] 张荣隋,唐好生,孔令广等.2001.山东蒙阴苏家沟科马提岩的特征及其意义.中国区域地质,20（3）：236-244.

[112] 张荫树,强立志,薛良伟等.1996.河南华北地台南缘太古宙花岗岩-绿岩地体地质特征.见：关保德等著.河南华北地台南缘前寒武纪—早寒武世地质和矿产.武汉：中国地质大学出版社,12-32.

[113] 张增奇,刘明谓.1996.山东省岩石地层.武汉：中国地质大学出版社,1-310.

[114] 张增奇,杨恩秀,刘鹏瑞等.2012.鲁西地区"泰山红宝石"的发现及其地质特征.山东国土资源,28（1）：1-4.

[115] 张忠杰,门业凯,于凤金,2013.红透山铜锌矿床构造特征及控矿规律分析.资源环境与工程,27（5）：631-635.

[116] 赵国春、孙敏,Wilde S.2002.华北克拉通基底构造单元特征及早元古代拼合.中国科学（D辑）,32（7）：538-549.

[117] 赵子然,宋会侠,沈其韩,宋彪.2009.山东沂水杂岩中变基性岩的岩石地球化学特征及锆石SHRIMP U-Pb定年.地质论评,55（2）：286-299.

[118] 钟长汀,邓晋福,万渝生等.2014.内蒙古大青山地区古元古代花岗岩：地球化学、锆石SHRIMP定年及其地质意义.岩石学报,30（11）：3172-3188.

[119] 庄育勋,王新社,徐洪林等.1997.泰山地区早前寒武纪主要地质事件与陆壳演化.岩石学报,13（3）：313-330.

[120] 庄育勋,徐洪林,王新社等. 1995. 泰山地区太古代—古元古代地壳演化新进展. 中国区域地质, 4: 360-367.

[121] Alexander F M Kisters, Richard W Belcher, Marc Poujol, Annika Dziggel. 2010. Continental growth and convergence-related arc plutonism in the Mesoarchaean: Evidence from the Barberton granitoid-greenstone terrain, South Africa. Precambrian Research,178:15-26.

[122] Anhaeusser C R. 1976. Archean metallogeny in southern Africa. Econ. Geol. 71,16-43.

[123] Anhaeusser C R, Mason R, Viljoen M J, Viljoen R P. 1969. A reappraisal of some aspects of Precambrian shield geology. Geol. Soc. Am. Bull. 80, 2175-2200.

[124] Anhaeusser C R, Robb L J. 1983. Geological and geochemical characteristics of the Heerenveen and Mpuluzi batholiths south of the Barberton greenstone belt and preliminary thoughts on their petrogenesis. Geological Society of South Africa 9, 131-151.

[125] Anhaeusser Carl R. 2014.Archaean greenstone belts and associated granitic rocks - A review. Journal of African Earth Sciences 100: 684-732.

[126] Bai X, Liu S W, Guo R R, Wang W. 2015. Zircon U-Pb-Hf isotopes and geo-chemistry of two contrasting Neoarchean charnockitic rock series in EasternHebei, North China Craton: implications for petrogenesis and tectonic setting. Precambrian Research. 267, 72-93.

[127] Bai X, Liu S W, Guo R R, Zhang L F, Wang W. 2014. Zircon U-Pb-Hf isotopesand geochemistry of Neoarchean dioritic-trondhjemitic gneisses, Eastern Hebei,North China Craton: constraints on petrogenesis and tectonic implications. Precambrian Research. 251, 1-20.

[128] Baines T L. 1877. The Gold Regions of South Eastern Africa. Edward Stanford, London (reprinted 1968 by Books of Rhodesia Publications Company, Bulawayo).

[129] Bell R. 1873. Report on the Country between Lake Superior and LakeWinnipeg. Geological Survey of Canada, Report on Progress 1872-1873, pp. 87-111.

[130] Brandl G, Cloete M, Anhaeusser C R. 2006. Archaean greenstone belts. In:

Johnson M R, Anhaeusser C R, Thomas R J（Eds.）, The Geology of South Africa. Geological Society of South Africa, Johannesburg, and the Councol for Geoscience, Pretoria, 9-56.

［131］Zhang G W, Bai Y B, Sun Y, Guo A L, Zhou DW. 1985. Composition and evolution of the archaean crust in central Henan, China. Precambrian Research, 27: 7-35.

［132］Condie K C. 1981. Archean Greenstone Belts. Amsterdam: Elsevier Scientific Publishing Company. 1-425.

［133］Condie K C, Macke J E, Reimer T O. 1970. Petrology and geochemistry of early Precambrian graywackes from the Fig Tree Group, South Africa. Geol. Soc. Am. Bull. 81, 2759-2776.

［134］De Ronde C E J, De Wit M J. 1994. Tectonic history of the Barberton greenstone belt, South Africa; 490 million years of Archean crustal evolution. Tectonics 13, 983-1005.

［135］De Ronde C E J, Kamo S L.2000. An Archaean arc-arc collisional event: a short-lived（ca. 3 Myr）episode, Weltetvreden area, Barberton Greenstone Belt, South Africa. Journal of African Earth Sciences 30, 219-248.

［136］De Wit M J, Furnes H, Robins B. 2011a. Geology and stratigraphic architecture of the upper Onverwacht Suite, Barberton Mountain Land, South Africa. Precambrian Research.186, 1-27.

［137］De Wit, M.J., Furnes, H., Robins, B., 2011b. Geology and tectonostratigraphy of the Onverwacht Suite, Barberton greenstone belt, South Africa. Precambrian Research. 186（1-4）, 1-27.

［138］Diener J, Stevens G, Kisters A F M and Poujol M. 2005. Metamorphism and exhumation of the basal parts of the Barberton greenstone belt,South Africa:constraining the rates of Mesoarchaean tectonism. Precambrian Research, 143（1-4）,87-112.

［139］Dziggel A, Stevens G, Poujol M, Anhaeusser C R, Armstrong R A. 2002. Metamorphism of the granite-greenstone terrane south of the Barberton greenstone belt, South Africa: an insight into the tectono-thermal evolution of the "lower" portions of the Onverwacht Group. Precambrian Research, 114, 221–247.

[140] Edward W Sawyer, Bwrnardo Cesare, and Michael Brown. 2011. When the Continental Crust Melts. Elements, 219–288.

[141] Edward W Sawyer. 2008. Atlas of Migmatites. Mineralogical Association of Canada, Special Publication 9. 1–372.

[142] Eriksson K A. 1979. Marginal marine depositional processes from the Archaean Moodies Group, Barberton Mountain Land, South Africa:evidence and significance. Precambrian Research, 8:153–182.

[143] Eriksson K A . 1980. Hydrodynamic and palaeographic interpretation of turbidite deposits from the Archean Fig Tree Group of the Barberton Mountian Land, South Africa Bull Geol Amer., 91:21–26.

[144] Furnes H, De Wit M J, Robins B. 2013. A review of new interpretations of the tectonostratigraphy, geochemistry and evolution of the Onverwacht Suite, Barberton greenstone belt, South Africa. Gondwana Research. 23（2）, 403–428.

[145] Furnes H, De Wit M J, Robins B, Sandst N R. 2011. Volcanic evolution of the upper Onverwacht Suite, Barberton greenstone belt, South Africa. Precambrian Research. 186, 28–50.

[146] Furnes H, Robins B, De Wit M J. 2012. Geochemistry and petrology of lavas in the upper Onverwacht Suite, Barberton Mountain Land, South Africa. South African Journal of Geology. 115（2）, 171–210.

[147] Geng Y S, Liu F L, Yang C H. 2006. Magmatic event at the end of the Archean in Eastern Hebei Province and its geological implication. Acta Geol. Sin. Engl. Ed.80, 819–833.

[148] Goodwin A M. 1981. Archaean plates and greenstonee belt. In Kr ner: Precambrian plate tectonic. Elsevier. Amsterdam. 105–135.

[149] Gorman B E. 1978. On the structure of Archean greenstone belts. Precambrian Research. 6: 23–41.

[150] Guo R R, Liu SW, Santosh M, Li Q G, Bai X, Wang W. 2013. Geochemistry,

zirconU−Pb geochronology and Lu−Hf isotopes of metavolcanics from eastern Hebeireveal Neoarchean subduction tectonics in the North China Craton. Gondwana Research. 24, 664−686.

[151] Guo R R, Liu SW, Wyman D, Bai X, Wang W, Yan M, Li Q G. 2015. Neoarchean subduction: a case study of arc volcanic rocks in Qinglong−Zhuzhangzi area of the Eastern Hebei Province, North China Craton. Precambrian Research. 264, 36−62.

[152] Heubeck C, Lowe D R. 1994. Depositional and tectonic setting of the Archean Moodies Group, Barberton Greenstone Belt, South Africa. Precambrian Research,68, 257−290.

[153] Hugh Rollinson. 2007. Early Earth Systems—A Geochemical Approach. Blackwell Publishing,1−285.

[154] Jahn B M, Auvray B, Shen Q H, et al. 1988. Archean crustal evolution in China: The Taishan complex , and evidence for juvenile crus al additi on from long−term depleted mantle. Precambrian Reseach , 38: 381− 403.

[155] Jahn B M, Liu D Y, Wan Y S, Song B, Wu J S. 2008. Archean crustal evolution of the Jiaodong peninsula, China, as revealed by zircon SHRIMP geochronology, elemental and Nd−isotope geochemistry. American Journal of Science, 308（3）: 232−269.

[156] Jamieson R A, Beaumont C, Nguyen M H, and Grujic D. 2006. Provenance of the Greater Himalayan Sequence and associated rocks: Predictions of channel flow models, in Law R D, Godin L, and Searle M P, eds., Channel Flow, Ductile Extrusion, and Exhumation of Lower Mid−Crust in Continental Collision Zones: Geological Society of London Special Publication 268, p. 165−182.

[157] Semprich J, Moreno J A, Oliveira E P. 2015. Phase equilibria and trace element modeling of Archean sanukitoid melts. Precambrian Research, 269:122−138.

[158] Kamo S L, Davis D W. 1994. Reassessment of Archaean crustal development in the Barberton Mountain Land, South Africa, based on U−Pb dating. Tectonics, 13, 165−192.

[159] Kisters A F M, Belchera R W, Poujolb M, Dziggel A. 2010. Continental

growth and convergence-related arc plutonism in the Mesoarchaean: Evidence from the Barberton granitoid-greenstone terrain, South Africa. Precambrian Research,178:15-26.

[160] Kohler E A, Anhaeusser C R. 2002. Geology and geodynamic setting of Archaean silicic metavolcaniclastic rock of the Bien Venue Formaton, Fig Tree Group, northeast Barberton greenstone belt,South Africa. Precambrian Research,116,199-235.

[161] Kröner A , Compston W , Zhang G W, Guo A L, Todt, W. 1988 . Age and tectonic setting of Late Archean greenstone-gneiss terrain in Henan Province, China, as revealed by grain zircon dating . Geology , 16: 211-215 .

[162] Kröner A, Cui W Y, Wang S Q, Wang C Q ,Nemchin A A. 1998. Single zircon ages from high-grade rocks of the Jianping Complex, Liaoning Province, NE China. Journal Asian Earth Science, 16: 519-53.

[163] Kröner A, Anhaeusser C R, Hoffmann J E, Liu D Y. 2016. Chronology of the oldest supracrustal sequences in the Palaeoarchaean Barberton Greenstone Belt, South Africa and Swaziland. Precambrian Research 279:123-143

[164] Kröner A, Byerly G R, Lowe D R. 1991. Chronology of early Archaean granite greenstone evolution in the Barberton Mountain Land, South Africa, based on precise dating by single zircon evaporation. Earth Planet. Sci. Lett. 103,41-54.

[165] Kröner A, Hegner E, Wendt J I, Byerly G R. 1996. The oldest part of the Barberton granitoid-greenstone terrain, South Africa: evidence for crust formation between 3.5 and 3.7 Ga. Precambrian Research. 78, 105-139.

[166] Kröner A. 1993. Contemporaneous evolution of an early Archaean gneiss-granitoid-greenstone terrain as exemplified by the Ancient Gneiss Complex and the Barberton greenstone belt, Swaziland and South Africa. In: Maphalala R and Mabuza M（Comp.）, 16th Colloquium of African Geology, Mbabane, Swaziland, 195-197.

[167] Liu S W, Santosh M, Wang W, et al. 2011. Zircon U-Pb chronology of the Jianping Complex: implications for the Precambrian crustal evolution history of the northern margin of North China Craton. Gondwana Research, 20: 48-63.

［168］Logan W E. 1863. Report on the geology of Canada. Geological Survey of Canada, Progress Report for Dawson Bros., Montreal, Quebec, 983.

［169］Lowe D R. 1994. Accretionary history of the Archean Barberton Greenstone Belt（3.55-3.22 Ga）, southern Africa. Geology. 22, 1099-1102.

［170］Lowe D R, Byerly G R. 1999. Stratigraphy of the west-central part of the Barberton greenstone belt, South Africa. In: Lowe D R, Byerly G R（Eds.）, Geologic Evolution of the Barberton Greenstone Belt, South Africa. Geological Society of America Special. 329, 1-36.

［171］Lowe D R, Byerly G R.2007. An overview of the geology of the Barberton greenstone belt and vicinity: implications for early crustal development. In: Van Kranendonk, M.J., Smithies, R.H., Bennett, V.C.（Eds.）, Earth's Oldest Rocks. Developments in Precambrian Geology, Elsevier, Amsterdam, 15, 481-526.

［172］Lowe D R.1999. Geologic evolution of the Barberton greenstone belt and vicinity. I In: Lowe D R, Byerly G R（Eds.）, Geologic Evolution of the Barberton Greenstone Belt, South Africa. Geological Society of America Special. 329, 287-312.

［173］Lü B, Zhai M G, Li T S, Peng P. 2012. Zircon U-Pb ages and geochemistry of the Qinglong volcano-sedimentary rock series in Eastern Hebei: implication for 2500 Ma intra-continental rifting in the North China Craton. Precambrian Research.208-211, 145-160.

［174］Ma X D, Guo J H, Liu F, et al. 2013. Zircon U-Pb ages,trace elements and Nd-Hf isotopic geochemistry of Guyang sanukitoids and related rocks: Implications for the Archean crustal evolution of the Yinshan Block,North China Craton. Precambrian Research. 230: 61-78.

［175］Nutman A P, Wan Y S, Du L L, Friend C R L, Dong C Y, Xie H Q, Wang W, Sun H Y, Liu D Y. 2011. Multistage late Neoarchaean crustal evolution of the NorthChina Craton, eastern Hebei. Precambrian Research. 189, 43-65.

［176］Poujol M, Robb L J. Anhaeusser C R, Gericke B. 2003. A review of the geochronological constraints on the evolution of the Kaapvaal Craton,South Africa.Precambrian Research. 127,181-213.

［177］Stern R J, Tsujimori T, George H, Groat L A. 2013.Plate tectonic gemstones. GEOLOGY, 41（7）: 723-726.

［178］Schoene B, Bowring S A. 2007. Determining accurate temperature-time paths in U-Pb thermochronology: an example from the SE Kaapvaal Craton, southern Africa. Geochimica et Cosmochimica Acta. 70, 426-440.

［179］Schoene B, De Wit M J, Bowring S A. 2008. Mesoarchean assembly and stabilization of the eastern Kaapvaal craton: a structural-thermochronological perspective. Tectonics. 27（5）: doi:10.1029/2008TC002267, TC5010.

［180］Semprich J, Moreno J A, Elson P O. 2015. Phase equilibria and trace element modeling of Archean sanukitoid melts. Precambrian Research 269:122-138.

［181］Simonet C, Fritsch E, and Lasnier B. 2008, A classification of gem corundum deposits aimed towards gem exploration. Ore Geology Reviews, 34（1-2）:127-133.

［182］Smithies R H, Champion D C, Cassidy K F. 2003. Formation of Earth's early Archaean continental crust. Precambrian Research,127:89-101.

［183］Sossi P A, Eggins S M, Nesbitt R W, Nebel O, Hergt J M, Campbell I H, O'Neill H St C, Van Kranendonk M, Davies D R. 2016. Petrogenesis and geochemistry of Archean komatiites. J. Petrol. 57, 147-184.

［184］Syracuse E M, Van Keken P E, Abers G A. 2010, The global range of subduction zone thermal models. Physics of the Earth and Planetary Interiors, 183（1-2）73-90.

［185］Tegtmeyer A R, Kr ner A. 1987. U-Pb zircon ages bearing on the nature of early Archaean greenstone belt evolution, Barberton Mountainland, Southern Africa. Precambrian Research. 36, 1-20.

［186］Tomaso R R Bontognali, Woodward W Fischer, Karl B F llmi. 2013. Siliciclastic associated banded iron formation from the 3.2Ga Moodies Group, Barberton Greenstone Belt, South Africa. Precambrian Research 226 :116-124.

［187］Tsujimori T, Harlow G E. 2012. Petrogenetic relationships between jadeitite and associated high-pressure and low-temperature metamorphic rocks in worldwide jadeitite localities; A review. European Journal of Mineralogy, 24（2）, 371-390.

［188］Vale rie Chavagnac. 2004. A geochemical and Nd isotopic study of Barberton komatiites（South Africa）: implication for the Archean mantle. Lithos 75: 253-281.

［189］Van Kranendonk M J. Wladyslaw Altermann, Brian L Beard, Paul F Hoffman, Clark M Johnson, James F Kasting, Victor A Melezhik, Allen P Nutman,Dominic Papineau, Franco Pirajno. 2012. A Chronostratigraphic Division of the Precambrian—Possibilities and Challenges.//Gradstein F M, Ogg J G, Schmitz M D,et al. The Geologic Time Scale 2012.Amsterdam:E lsevier Science Limited, 299-392.

［190］Viljoen M J, Viljoen R P. 1969a. An Introduction to the Geology of the Barberton Granite-Greenstone Terrane: Upper Mantle Project. Geological Society of SoutAfrica Special Publication 2, pp. 9-28.

［191］Viljoen M J, Viljoen R P. 1969b. The geology and geochemistry of the loweultramafic unit of the Onverwacht Group and a proposed new clasof igneous rocks: Upper Mantle Project. Geol. Soc. S. Afr. Spec. Publ. 255-85.

［192］Wan Y S, Liu D Y, Wang S J, Yang E X, Wang W, Dong C Y, Zhou H Y, Du L L, Yang Y H, Diwu C R. 2011. -2.7 Ga juvenile crust formation in the North China Craton（Taishan-Xintai area, western Shandong Province）: Further evidence of an understated event from U-Pb dating and Hf isotopic composition of zircon. Precambrian Res, 186: 169-180.

［193］Wan Y S, Wilde S M, Liu D Y, Yang C X, Song B, Yin X Y.2006.Further evidence for -1.85Ga metamorphism in the central zone of the North China Craton: SHRIMP U-Pb dating of zircon from metamorphic rocks in the Lushan area, Henan Province. Gondwana Research, 9:189-197.

［194］Westraat J D, Kisters A F M, Poujol M, Stevens G. 2005. Transcurrent shearing, granite sheeting and the incremental construction of the tabular 3.1 Ga Mpuluzi Batholith, Barberton granite-greenstone terrain, South Africa. Journal of the Geological Society of London 162, 373-388.

［195］Wilde S A, Cawood P, Wang KY, Nemchin A A. 1998. SHRIMP U-Pb Zircon Dating of Granites and Gneisses in the Taihangshan-Wutaishan Area: Implications for the Timing of Crustal Growth in the North China Craton. Chinese

Bulletin of Science, 43: 144.

[196] Wilde S A, Valley J W, Kita N T, Cavosie A J, Liu D Y. 2008. SHRIMP U-Pb and CAMECA 1280 oxygen isotope results from ancient detrital zircons in the Caozhuang quartzite, Eastern Hebei, North China Craton: evidence for crustal reworking 3.8 Ga ago. American Journal of Science. 308（3）: 185-199.

[197] Windley B F. 1981. Chapter 1 Precambrian Rocks in the Light of the Plate-Tectonic Concept. Developments in Precambrian Geology, 4:1-20.

[198] Yang J H, Wu F Y, Wilde S A, Zhao G C. 2008. Petrogenesis and geodynamicsof Late Archean magmatism in eastern Hebei, eastern North China Craton:geochronological, geochemical and Nd-Hf isotopic evidence. Precambrian Research.167, 125-149.

[199] Yoshiya Kazumi, Yusuke Sawaki, Takazo Shibuya, Shinji Yamamoto, Tsuyoshi Komiya, Takafumi Hirata, Shigenori Maruyama. 2015. In-situ iron isotope analyses of pyrites from 3.5 to 3.2 Ga sedimentaryrocks of the Barberton Greenstone Belt, Kaapvaal Craton. Chemical Geology 403:58-73.

[200] Zhang L C, Zhai M G, Zhang X J, Xiang P, Dai Y P, Wang C L, Pirajno F. 2012. Formation age and tectonic setting of the Shirengou Neoarchean banded irondeposit in eastern Hebei Province: constraints from geochemistry and SIMSzircon U-Pb dating. Precambrian Research. 222-223, 325-338.

[201] Zhao G C,Wilde S A,Cawood P A,Sun M. 2001.Archean blocks and their boundaries in the North China Craton: lithological,geochemical,structural and P-T path constraints and tectonic evolution. Precambrian Research, 107:45-73.

[202] Zhao G C, Cawood P A, Wilde S A, Sun M, Lu L Z. 1999. Thermal evolution of two textural types of mafic granulites in the North China craton: evidence for both mantle plume and collisional tectonics. Geological Magazine, 136: 223-240.